新工科建设之路·人工智能系列教材
普通高等教育应用型特色系列教材

人工智能实践教程
从Python入门到机器学习

邵一川　赵骞　李常迪　编著

电子工业出版社
Publishing House of Electronics Industry
北京·BEIJING

内 容 简 介

本书分为三部分，第一部分介绍 Python 编程，包括 Python 基础、Python 面向对象和 Python 高级编程；第二部分介绍机器学习，包括机器学习概述、机器学习-经典算法和机器学习-回归算法；第三部分介绍神经网络，包括从感知机到神经网络、神经网络-反向传播算法、神经网络的训练方法、卷积神经网络和项目实例-表情识别。从模型构造到模型训练，本书全面介绍了人工智能相关内容及其在计算机视觉、自然语言处理中的应用，不仅阐述算法原理，还基于 Python 语言实现了算法。本书的每个知识点都给出了与之对应的程序，读者不但能直接阅读，而且可以运行程序，以获得交互式的学习体验。

本书面向希望了解人工智能，特别是对实际应用人工智能感兴趣的本科生、研究生、工程师和研究人员，可作为高等院校人工智能相关课程的教材。

未经许可，不得以任何方式复制或抄袭本书之部分或全部内容。
版权所有，侵权必究。

图书在版编目（CIP）数据

人工智能实践教程：从 Python 入门到机器学习/邵一川，赵骞，李常迪编著. —北京：
电子工业出版社，2021.8
ISBN 978-7-121-41660-6

Ⅰ. ①人… Ⅱ. ①邵… ②赵… ③李… Ⅲ. ①软件工具－程序设计－高等学校－教材
Ⅳ. ①TP311.561

中国版本图书馆 CIP 数据核字（2021）第 150581 号

责任编辑：刘 瑀
印　　刷：三河市鑫金马印装有限公司
装　　订：三河市鑫金马印装有限公司
出版发行：电子工业出版社
　　　　　北京市海淀区万寿路 173 信箱　邮编：100036
开　　本：787×1 092　1/16　印张：20　字数：512 千字
版　　次：2021 年 8 月第 1 版
印　　次：2022 年 1 月第 2 次印刷
定　　价：59.90 元

凡所购买电子工业出版社图书有缺损问题，请向购买书店调换。若书店售缺，请与本社发行部联系，联系及邮购电话：（010）88254888，88258888。
质量投诉请发邮件至 zlts@phei.com.cn，盗版侵权举报请发邮件至 dbqq@phei.com.cn。
本书咨询联系方式：liuy01@phei.com.cn。

前言

概述

本书全面介绍了人工智能的相关内容及其在计算机视觉、自然语言处理中的应用。本书首先讲解 Python 编程技术，然后基于 Python 对人工智能相关算法进行了实现。在本书中，每个知识点都有与之对应的程序，读者不但可以直接阅读，而且可以通过运行程序获得交互式的学习体验。

面向的读者

本书面向希望了解人工智能，特别是对实际使用人工智能感兴趣的本科生、研究生、工程师和研究人员。本书不要求读者具有任何人工智能的背景知识，内容从 Python 语法入手，介绍它在人工智能应用中的编辑实现。虽然人工智能技术涉及很多数学和编程知识，但本书仅要求读者了解基础的数学知识（如线性代数、微积分和概率论）及编程知识。

内容和结构

本书的内容大体上可以分为三部分。

第一部分（第 1 章～第 3 章）：Python 编程。主要介绍进行人工智能实践所需的准备工作和 Python 核心知识。第 1 章为 Python 基础，介绍 Python 开发环境，以及 Python 中的变量、运算符、语句和函数等；第 2 章为 Python 面向对象，介绍如何利用 Python 进行面向对象编程；第 3 章为 Python 高级编程，介绍 Python 闭包和装饰器、迭代器、生成器等知识点。

第二部分（第 4 章～第 6 章）：机器学习。机器学习是一个从定义数据开始，到最终获得一定准确率的模型的过程。第二部分包括机器学习概述、机器学习中的经典算法、机器学习中的回归算法，帮助读者初步掌握机器学习技术。

第三部分（第 7 章～第 11 章）：神经网络。第 7 章介绍从感知机到神经网络，第 8 章～第 9 章介绍神经网络中的反向传播算法和神经网络的训练方法，第 10 章介绍卷积神经网络，第 11 章为项目实例-表情识别，使读者通过项目了解人工智能在计算机视觉中的重要应用。

代码

本书的一大特点是，每一部分都有示例代码，读者可以下载、修改、运行这些代码，通过运行结果进一步理解算法原理。案例式的学习体验对于学习 Python 与人工智能来说非常重要，因为人工智能技术目前并没有完美的理论解释框架，不足以覆盖所有细节。因此，读者需要在学习过程中不断修改代码、观察运行结果并总结经验，从而逐步领悟和掌握人工智能。

本书的代码基于 Python 3.8 和 PyTorch 框架，使用 Numpy、Pandas、Matplotlib 等模块或包的基础功能，以使读者尽可能了解人工智能算法的实现细节。即使读者在研究和工作中使用其他框架，书中的代码也有助于读者更好地理解和应用算法。

本书遵循开源的理念，希望得到持续的完善，如果读者想添加更多的内容进来，或者想改进任何内容，那么请慷慨地提交"pull request"，我们将无比高兴地将其合并进来。

本书的配套教学资源可在华信教育资源网（www.hxedu.com.cn）免费下载，本书公开的源代码可从"码云"或 GitHub 下载，网址如下：

https://gitee.com/shao1chuan/pythonbook　　　https://github.com/shao1chuan/pythonbook

编著者

目录

第一部分 Python 编程

第 1 章 Python 基础 ··· 3

- 1.1 Python 简介及开发环境搭建 ··· 3
  - 1.1.1 Python 的安装 ··· 3
  - 1.1.2 集成开发环境 ··· 4
- 1.2 Python 变量标识符和关键字 ··· 7
  - 1.2.1 变量定义 ··· 7
  - 1.2.2 变量的应用 ··· 8
  - 1.2.3 变量的命名 ··· 11
- 1.3 Python 运算符 ··· 13
  - 1.3.1 算术运算符 ··· 13
  - 1.3.2 比较（关系）运算符 ··· 13
  - 1.3.3 逻辑运算符 ··· 14
  - 1.3.4 赋值运算符 ··· 14
  - 1.3.5 运算符的优先级 ··· 14
- 1.4 Python 分支与循环 ··· 15
  - 1.4.1 条件语句 ··· 15
  - 1.4.2 循环语句 ··· 17
  - 1.4.3 随机数的处理 ··· 21
- 1.5 Python 函数 ··· 22
  - 1.5.1 函数定义 ··· 23
  - 1.5.2 函数的参数 ··· 24
  - 1.5.3 函数的返回值 ··· 25
  - 1.5.4 函数作用域 ··· 26
  - 1.5.5 匿名函数 ··· 27
  - 1.5.6 内置函数 ··· 28
  - 1.5.7 函数式编程 ··· 31
  - 1.5.8 将函数存储在模块中 ··· 33
  - 1.5.9 函数文档字符串 ··· 35

第 2 章 Python 面向对象 ·········· 36

2.1 面向对象基本特征 ·········· 36
2.2 类的定义 ·········· 37
2.2.1 定义只包含方法的类 ·········· 37
2.2.2 面向对象程序举例 ·········· 37
2.3 self 参数 ·········· 37
2.3.1 给对象设置属性 ·········· 38
2.3.2 理解 self 参数到底是什么 ·········· 38
2.4 __init__方法 ·········· 38
2.5 __str__方法 ·········· 39
2.6 面向过程和面向对象 ·········· 40
2.7 私有属性——封装 ·········· 43
2.8 将实例用作属性-对象组合 ·········· 43
2.9 类属性、类方法、静态方法 ·········· 46
2.10 继承 ·········· 49
2.11 __new__方法 ·········· 52
2.12 所有 Python 类型的父类 ·········· 53
2.13 单例模式 ·········· 54
2.14 参数注解 ·········· 54

第 3 章 Python 高级编程 ·········· 56

3.1 Python 闭包和装饰器 ·········· 56
3.1.1 闭包 ·········· 56
3.1.2 装饰器 ·········· 57
3.1.3 被装饰的函数有返回值 ·········· 60
3.1.4 装饰器带参数 ·········· 61
3.1.5 多个装饰器装饰同一个函数 ·········· 62
3.1.6 基于类实现的装饰器 ·········· 63
3.2 Python 可迭代对象、迭代器及生成器 ·········· 64
3.2.1 可迭代对象 ·········· 65
3.2.2 迭代器 ·········· 68
3.2.3 生成器 ·········· 71
3.3 Python 内置方法 ·········· 78
3.3.1 构造和初始化 ·········· 78
3.3.2 属性访问控制 ·········· 79
3.3.3 描述符 ·········· 79
3.3.4 构造自定义容器（Container） ·········· 83

目 录

  3.3.5 上下文管理器 ·················· 84
  3.3.6 比较运算 ······················ 87
  3.3.7 __str__和__repr__方法 ············ 89
  3.3.8 内置方法之__call__ ·············· 92

第二部分 机器学习

第 4 章 机器学习概述 ························ 95
 4.1 机器学习分类 ························ 95
 4.2 常用的机器学习算法 ···················· 96
 4.3 机器学习的步骤 ······················ 97
  4.3.1 问题定义 ······················ 97
  4.3.2 数据采集 ······················ 98
  4.3.3 数据准备 ······················ 98
  4.3.4 数据分割 ······················ 99
  4.3.5 算法的选择与训练 ················· 99
  4.3.6 算法的使用 ····················· 100

第 5 章 机器学习-经典算法 ····················· 110
 5.1 主成分分析 ························· 110
  5.1.1 主成分分析简介 ·················· 110
  5.1.2 使用梯度上升法实现主成分分析 ··········· 113
  5.1.3 选取数据的前 k 个主成分 ·············· 117
  5.1.4 从高维数据向低维数据映射 ············· 120
  5.1.5 使用主成分分析对数据进行降维可视化 ········ 125
 5.2 K-Means 算法 ······················· 128
  5.2.1 K-Means 算法原理 ················ 129
  5.2.2 K-Means 程序实例 ················ 131
  5.2.3 MiniBatch 算法 ·················· 133
  5.2.4 K-Means 算法分析 ················ 134
 5.3 KNN 算法 ························· 138
  5.3.1 KNN 算法原理 ··················· 138
  5.3.2 KNN 算法程序实例 ················ 138
 5.4 梯度下降法 ························· 140
  5.4.1 一维梯度下降法 ·················· 140
  5.4.2 多维梯度下降法 ·················· 141

第6章 机器学习-回归算法 ... 144

6.1 线性回归 ... 144
- 6.1.1 线性回归简介 ... 144
- 6.1.2 简单线性回归的最小二乘法推导过程 ... 145
- 6.1.3 衡量线性回归的指标 ... 150
- 6.1.4 多元线性回归简介 ... 157

6.2 多项式回归 ... 161
- 6.2.1 多项式回归简介 ... 161
- 6.2.2 scikit-learn 中的多项式回归和 Pipeline ... 165
- 6.2.3 过拟合和欠拟合 ... 166
- 6.2.4 训练数据和测试数据 ... 170
- 6.2.5 学习曲线 ... 172
- 6.2.6 交叉验证 ... 175
- 6.2.7 模型正则化 ... 179
- 6.2.8 岭回归和 LASSO 回归 ... 179

第三部分 神经网络

第7章 从感知机到神经网络 ... 189

7.1 感知机 ... 189
- 7.1.1 简单逻辑电路 ... 190
- 7.1.2 感知机的实现 ... 191
- 7.1.3 感知机的局限性 ... 193
- 7.1.4 多层感知机 ... 195

7.2 神经网络 ... 197
- 7.2.1 神经网络举例 ... 197
- 7.2.2 感知机知识回顾 ... 197
- 7.2.3 激活函数初探 ... 198

7.3 激活函数 ... 199
- 7.3.1 阶跃函数 ... 199
- 7.3.2 Sigmoid 函数 ... 199
- 7.3.3 阶跃函数的实现 ... 200
- 7.3.4 Sigmoid 函数的实现 ... 201
- 7.3.5 比较 Sigmoid 函数和阶跃函数 ... 202
- 7.3.6 ReLU 函数 ... 203

7.4 多维数组的运算 ... 204
- 7.4.1 多维数组 ... 204

	7.4.2	矩阵乘法	205
	7.4.3	神经网络乘积	207
7.5	神经网络的实现		208
	7.5.1	符号确认	209
	7.5.2	各层间信号传递的实现	209
	7.5.3	代码实现小结	212
7.6	输出层的设计		213
	7.6.1	恒等函数和 Softmax 函数	213
	7.6.2	实现 Softmax 函数的注意事项	214
	7.6.3	Softmax 函数的性质	215
	7.6.4	输出层的神经元数量	216
7.7	手写数字识别		216
	7.7.1	MNIST 数据集	216
	7.7.2	神经网络的推理处理	218
	7.7.3	批处理	220

第 8 章 神经网络-反向传播算法 · 222

8.1	计算图		222
	8.1.1	用计算图求解	222
	8.1.2	局部计算	223
	8.1.3	为何用计算图解决问题	224
8.2	链式法则		225
	8.2.1	计算图的反向传播	225
	8.2.2	链式法则的原理	225
	8.2.3	链式法则和计算图	226
8.3	反向传播		227
	8.3.1	加法节点的反向传播	227
	8.3.2	乘法节点的反向传播	229
	8.3.3	"苹果"的例子	230
8.4	简单层的实现		230
	8.4.1	乘法层的实现	231
	8.4.2	加法层的实现	232
8.5	激活函数层的实现		233
	8.5.1	ReLU 层的实现	233
	8.5.2	Sigmoid 层的实现	234
8.6	Affine 层和 Softmax 层的实现		237
	8.6.1	Affine 层的实现	237

		8.6.2 Softmax 层的实现	240
	8.7	误差反向传播的实现	242
		8.7.1 神经网络的实现步骤	242
		8.7.2 误差反向传播的神经网络实现	242
		8.7.3 误差反向传播的梯度确认	245
		8.7.4 误差反向传播的神经网络学习	246

第 9 章 神经网络的训练方法 247

9.1	参数的更新	247
	9.1.1 最优化问题的困难之处	247
	9.1.2 随机梯度下降	247
	9.1.3 Momentum 方法	250
	9.1.4 AdaGrad 方法	251
	9.1.5 Adam 方法	253
	9.1.6 选择参数更新方法	253
9.2	权重初始值	255
	9.2.1 可以将权重初始值设为 0 吗	255
	9.2.2 隐藏层的激活值分布	255
	9.2.3 ReLU 的权重初始值	258
	9.2.4 基于 MNIST 数据集的不同权重初始值的比较	259
9.3	BatchNormalization 算法	260
	9.3.1 算法原理	260
	9.3.2 算法评估	261
9.4	正则化	263
	9.4.1 过拟合	263
	9.4.2 权重衰减	264
	9.4.3 Dropout 方法	265
9.5	超参数的验证	267
	9.5.1 验证数据	267
	9.5.2 超参数的最优化	268
	9.5.3 超参数最优化的实现	269

第 10 章 卷积神经网络 271

10.1	整体结构	271
10.2	卷积层	272
	10.2.1 全连接层存在的问题	272
	10.2.2 卷积运算	272

- 10.2.3 填充 274
- 10.2.4 步幅 275
- 10.2.5 3维数据的卷积运算 276
- 10.2.6 批处理 278
- 10.3 池化层 279
- 10.4 卷积层和池化层的实现 281
  - 10.4.1 问题简化 281
  - 10.4.2 卷积层的实现 283
  - 10.4.3 池化层的实现 284
- 10.5 卷积神经网络的实现 286
- 10.6 卷积神经网络的可视化 289
  - 10.6.1 卷积层权重的可视化 289
  - 10.6.2 基于分层结构的信息提取 290
- 10.7 具有代表性的卷积神经网络 291

第11章 项目实例-表情识别 293

- 11.1 典型的人脸表情识别数据集 fer2013 293
  - 11.1.1 fer2013 人脸表情数据集简介 293
  - 11.1.2 将表情图片提取出来 294
- 11.2 加载 fer2013 数据集 296
- 11.3 断点续训 298
  - 11.3.1 Checkpoint 神经网络模型 298
  - 11.3.2 Checkpoint 神经网络模型改进 298
  - 11.3.3 Checkpoint 最佳神经网络模型 300
  - 11.3.4 加载 Checkpoint 神经网络模型 301
- 11.4 表情识别的 PyTorch 实现 303
  - 11.4.1 数据整理 303
  - 11.4.2 简单分析 304
  - 11.4.3 数据增强处理 304
  - 11.4.4 模型搭建 305
  - 11.4.5 对比几种模型的训练过程 306

第一部分　Python 编程

第 1 章

Python 基础

Python 是由荷兰人吉多·范罗苏姆（Guido von Rossum，人们都称呼他为 Guido）发明的一种编程语言。Python 语言注重的是如何解决问题而不是编程语言的语法和结构。它的优点是简单明确，与其他很多语言相比，Python 更容易上手，而且开放源代码，拥有强大的社区和生态圈，能够在 Windows、Mac OS、Linux 等操作系统上运行。目前 Python 在 Web 服务器应用开发、云基础设施开发、网络数据采集（爬虫）、数据分析、量化交易、机器学习、自动化测试、自动化运维等领域都有"用武之地"。本章将会详细地讲解 Python 的编程基础。

1.1 Python 简介及开发环境搭建

1.1.1 Python 的安装

在 Python 官方网站下载 Python 的安装程序，对于 Windows 操作系统，可以下载"executable installer"。目前，Python 有两个版本，一个是 Python 2.x 版本，另一个是 Python 3.x 版本，这两个版本是不兼容的。本书安装的是 Python 3.8 版本。下载完安装程序后，直接安装，安装过程中，要勾选"Add Python 3.8 to PATH"复选框，然后单击"Install Now"按钮，如图 1.1 所示。

图 1.1　Python 安装

安装完成后，打开命令行窗口，手动输入"python"后，出现如图1.2所示的界面，证明Python安装成功了。当看到提示符">>>"时，就表示用户已经在Python交互式环境中了，可以输入任何Python代码，按回车键得到运行结果，如图1.2所示。

图1.2 Python交互式环境

1.1.2 集成开发环境

本书使用PyCharm作为Python的集成开发环境（IDE），在官方网站下载并安装PyCharm后，在Pycharm上运行第一个Python程序。

1. 新建项目

第一步：打开PyCharm，选择"File" - "New Project…"选项，如图1.3所示。

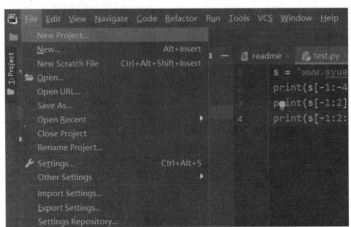

图1.3 新建项目

第二步：选择项目要保存的位置，然后单击"Create"按钮，如图1.4所示。

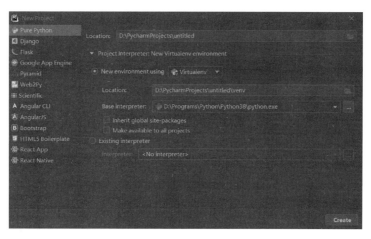

图 1.4 保存项目

第三步：在弹出的对话框中单击"OK"按钮，项目就新建好了，如图 1.5 所示。

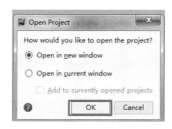

图 1.5 成功新建项目

2．新建 Python 文件

第一步：右击项目，选择"New"-"Python File"选项，创建新的 Python 文件，如图 1.6 所示。

图 1.6 新建 Python 文件

第二步：输入要创建的 Python 文件的名称，单击"OK"按钮，如图 1.7 所示。

图 1.7 输入要创建的 Python 文件的名称

3．写代码，运行

第一步：输入代码 print("Hello world！")，如图 1.8 所示。

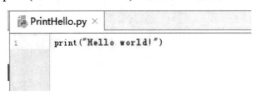

图 1.8　输入代码

第二步：右击界面空白处，在弹出的快捷菜单中选择"Run PrintHello"选项，如图 1.9 所示。

图 1.9　运行

4．运行结果

运行成功，控制台打印出了"Hello world！"，如图 1.10 所示。

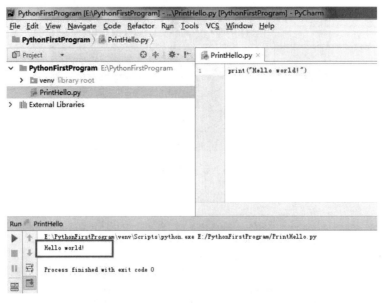

图 1.10　运行成功

1.2　Python 变量标识符和关键字

1.2.1　变量定义

在 Python 中，每个变量在使用前都必须被赋值，变量被赋值后才会被创建。等号（=）用来给变量赋值，"="左边是一个变量名，右边是存储在变量中的值。

【例 1.1】学生注册，注册学生学号与密码。代码如下：

```
#定义变量——学生学号
studentNo = "9527"
#定义变量——学生密码
studentPassword = "123"
#在程序中，如果要输出变量的内容，需要使用 print 函数
print(studentNo)
print(studentPassword)
```

"#"后面的内容是代码注释，添加注释的快捷键是"Ctrl+/"。Python 通过缩进来组织代码，这是 Python 的强制要求。例如，下面的代码有误：

```
#定义变量——学生学号
    studentNo = "9527"
#定义变量——学生密码
    studentPassword = "123"
#在程序中，如果要输出变量的内容，需要使用 print 函数
print(studentNo)
print(studentPassword)
```

下面的代码同样有误：

```
#定义变量——学生学号
studentNo = "9527"
#定义变量——学生密码
studentPassword = "123"
#在程序中，如果要输出变量的内容，需要使用 print 函数
    print(studentNo)
print(studentPassword)
```

和其他编程语言不同，Python 对格式的要求非常严格。若代码编写得"里出外进"，则无法通过编译。在讲解分支、循环、函数、类等知识点时，读者还会多次看到这种情况。

【例 1.2】超市买菜。柿子的价格是 8.5 元/斤，买了 7.5 斤柿子，计算付款金额。代码如下：

```
#定义柿子价格变量
price = 8.5
#定义购买重量
weight = 7.5
```

```
#计算金额
money = price * weight
print(money)
```

1.2.2 变量的应用

变量的四要素：
- 变量的名称；
- 变量保存的数据；
- 变量存储数据的类型；
- 变量的内存地址（标识）。

1. 变量的类型

在 Python 中，定义变量是不需要指定类型的（在其他很多高级语言中都需要指定），Python 数据类型可以分为数字型和非数字型。
- 数字型：整型（int）、浮点型（float）、布尔型（bool，包括 True 和 False）。
- 非数字型：字符串（string）、列表（list）、元组（tuple）、字典（dict）。
- 使用 type 函数可以查看一个变量的类型：

```
type(name)
```

2. 不同类型变量之间的计算

（1）数字型变量之间可以直接进行计算

在 Python 中，两个数字型变量是可以直接进行算术运算的。如果变量类型是 bool，在计算时，True 对应的数字是 1，False 对应的数字是 0。

例如，定义整数 i=10，定义浮点数 f=10.5，定义布尔型变量 b=True。在 PyCharm 中，使用上述三个变量进行加法运算，代码如下：

```
i = 10
f = 10.5
b = True
print(i+f+b)
21.5
```

可见，发生了自动类型转换，三个变量全部转换成了浮点数。

（2）字符串变量之间使用 "+" 拼接

在 Python 中，字符串变量之间可以使用 "+" 拼接，生成新的字符串，代码如下：

```
first_name = "三"
last_name = "张"
print(first_name + last_name)
```

（3）使用 "*" 将字符串变量可以和整数进行重复拼接

代码如下：

```
print("-" * 50)
```

输出结果：

```
'--------------------------------------------------'
```

（4）数字型变量和字符串变量之间不能进行其他计算

代码如下：

```
first_name = "zhang"
x = 10
print( x+first_name)
------------------------------------------------------------------------
TypeError：unsupported operand type(s) for +：'int' and 'str'
类型错误：'+' 不支持的操作类型：'int' 和 'str'
```

解决办法：使用 str(x)将 x 的类型强制转换成字符串类型。

```
first_name = "zhang"
x = 10
print(str(x)+first_name)
```

3．变量的输入

所谓输入，就是用代码获取用户通过键盘输入的信息，例如，去银行取钱，在 ATM 上输入密码。在 Python 中，如果要获取用户在键盘上的输入信息，需要使用 input 函数。

（1）关于函数

函数可以理解为一个提前准备好的功能（别人或者自己写的代码），可以直接使用，而不用关心其内部的细节。目前已经用过的函数有：print（输出到控制台）、type（查看变量类型）、str（将变量类型强制转换为字符串）。

（2）input 函数实现键盘输入

在 Python 中，可以使用 input 函数从键盘等待用户的输入，用户输入的任何内容都被 Python 视为一个字符串。语法如下：

```
字符串变量 = input("提示信息：")
```

（3）其他类型转换函数

int(x)：将 x 转换为一个整数。

float(x)：将 x 转换为一个浮点数。

【例 1.3】超市买苹果。收银员输入苹果的单价（单位：元/斤）和用户购买苹果的重量（单位：斤），要求计算并且输出付款金额。代码如下：

```
#1. 输入苹果单价
price_str = input("请输入苹果单价：")
#2. 要求苹果重量
weight_str = input("请输入苹果重量：")
#3. 计算金额
#1> 将苹果单价转换成浮点数
price = float(price_str)
#2> 将苹果重量转换成浮点数
weight = float(weight_str)
#3> 计算付款金额
money = price * weight
print(money)
```

4. 变量的格式化输出

【例 1.4】苹果的单价为 9.00 元/斤，消费者购买了 5.00 斤，需要支付 45.00 元。在 Python 中，可以使用 print 函数将信息输出到控制台。如果希望在输出文字信息的同时输出数据，那么就需要使用到格式化操作符。"%"为格式化操作符，专门用于处理字符串中的格式，包含"%"的字符串称为格式化字符串。"%"可以和不同的字符连用，不同类型的数据需要使用不同的格式化字符。

格式化字符的含义如下。

- %s：字符串。
- %d：有符号十进制整数，例如，%06d 表示输出的整数显示位数为 6，不足的地方使用 0 补全。
- %f：浮点数，%.02f 表示小数点后只显示两位。
- %%：输出%。

【例 1.5】定义字符串变量 name，输出"我的名字叫小明，请多多关照！"定义整数 student_no，输出"我的学号是 000001"；定义浮点数 price、weight、money，输出"苹果单价 9.00 元/斤，购买了 5.00 斤，需要支付 45.00 元"；定义浮点数 scale，输出"数据比例是 10.00%"。

代码如下：

```
print("我的名字叫 %s，请多多关照！" % name)
print("我的学号是 %06d" % student_no)
print("苹果单价 %.02f 元 / 斤，购买 %.02f 斤，需要支付 %.02f 元" % (price, weight, money))
print("数据比例是 %.02f%%" % (scale * 100))
```

format 函数的用法：它通过"{}"和":"来代替传统"%"方式，format 函数的基本使用格式是：

<模板字符串>.format(<逗号分隔的参数>)

其中，模板字符串是一个由字符串和槽组成的字符串，用来控制字符串和变量的显示效果。槽用花括号"{}"表示，对应 format 函数中逗号分隔的参数。例如：

```
str="{}曰：学而时习之，不亦说乎？".format("孔子")
print(str)
'孔子曰：学而时习之，不亦说乎？'
```

如果模板字符串中有多个槽，且槽内没有指定序号，则按照槽出现的顺序分别对应 format 函数中的不同参数。例如：

```
"{}曰：学而时习之，不亦{}？".format("孔子","说乎")
'孔子曰：学而时习之，不亦说乎？'
```

可以通过 format 函数参数的序号在模板字符串槽中指定参数的使用，参数从 0 开始编号。例如：

```
"{1}曰：学而时习之，不亦{0}？".format("说乎","孔子")
'孔子曰：学而时习之，不亦说乎？'
```

5. f-string 的用法

f-string 是 Python 3.6 及以上版本定义的一种字符串参数化的方式，主要目的是让格式化字符串的操作更加便捷。在 f-string 中，无须再使用"%"或者 format 函数中的复杂写法，可以直接在字符串中写入变量名。f-string 用"{}"标识变量，区别在于"{}"不再是用来占位的，而是用于直接写入变量名的。例如：

```
name=input('请输入姓名：')
fondness = input('请输入爱好：')
print(f'{name} 的爱好是 {fondness}！')    #字符串前面的 f 大小写均可
```

【例 1.6】制作个人名片。在控制台依次提示用户输入公司名称、姓名、职位、电话、邮箱，按照以下格式输出：

```
**************************************************
公司名称
姓名 (职位)
电话：
邮箱：
**************************************************
```

代码如下：

```python
"""
在控制台依次提示用户输入公司名称、姓名、职位、电话、邮箱
"""
company = input("请输入公司名称：")
name = input("请输入姓名：")
title = input("请输入职位：")
phone = input("请输入电话：")
email = input("请输入邮箱：")
print("*" * 50)
print(company)
print()
print("%s (%s)" % (name, title))
print()
print("电话：%s" % phone)
print("邮箱：%s" % email)
print("*" * 50)
```

1.2.3 变量的命名

1. 标识符和关键字

（1）标识符

标识符是程序员命名的变量名，变量名最好有见名知义的效果，不要随意起名。
不好的变量名如下：

```
c1 = '祖国您好'
n = 1500
```

好的变量命名如下：
```
company = '祖国您好'
employeeNum = 1500
```

注意：
- 标识符可以由字母、下画线和数字组成；
- 标识符不能以数字开头；
- 标识符不能与关键字重名。

（2）关键字

关键字是在 Python 内部已经使用的标识符，关键字具有特殊的功能和含义，开发者不允许定义和关键字相同的标识符。通过使用以下命令可以查看 Python 中的关键字：

```
import keyword
print(keyword.kwlist)
['False', 'None', 'True', 'and', 'as', 'assert', 'break', 'class', 'continue', 'def',
 'del', 'elif', 'else', 'except', 'finally', 'for', 'from', 'global', 'if', 'import',
 'in', 'is', 'lambda', 'nonlocal', 'not', 'or', 'pass', 'raise', 'return', 'try', 'while',
 'with', 'yield']
```

注意：
- import 关键字用于导入一个工具包；
- 在 Python 中，不同的工具包提供的工具不同。

2. 变量的命名规则

命名规则可视为一种惯例，只为增加代码的可读性。

注意：Python 中的变量是区分大小写的。例如：

```
userName = 'zhangsan'
print(username)
Traceback (most recent call last):
File "C:/Users/Administrator/PycharmProjects/hellopython/test.py", line 2, in <module>
print(username)
NameError: name 'username' is not defined
```

在定义变量时，为了保证代码格式，"="的左右两边应该各保留一个空格。在 Python 中，如果变量名需要由两个或多个单词组成，那么可以按照以下方式命名：每个单词都使用小写字母；单词与单词之间使用下画线"_"连接。例如，first_name、last_name、qq_number、qq_password。

3. 驼峰命名法

当变量名由两个或多个单词组成时，还可以使用驼峰命名法来命名。

小驼峰式命名法：第一个单词以小写字母开始，后续单词的首字母大写，如 firstName、lastName。

大驼峰式命名法：每个单词的首字母都采用大写字母，如 FirstName、LastName、CamelCase。

驼峰命名法如图 1.11 所示。

图 1.11　驼峰命名法

1.3　Python 运算符

1.3.1　算术运算符

算术运算符是完成基本算术运算使用的符号，用于实现四则运算，算术运算符如表 1.1 所示。

表 1.1　算术运算符

运算符	描述	实例
+	加	10+20=30
-	减	10-20=-10
*	乘	10*20=200
/	除	10/20=0.5
//	取整除	返回结果的整数部分（商），如 9//2=4
%	取余除	返回结果的余数，如 9%2=1
**	幂	又称次方、乘方，如 2**3=8

1.3.2　比较（关系）运算符

比较（关系）运算符如表 1.2 所示。

表 1.2　比较（关系）运算符

运算符	描述
==	检查两个操作数的值是否相等，如果是，那么条件成立，返回 True
!=	检查两个操作数的值是否不相等，如果是，那么条件成立，返回 True
>	检查左操作数的值是否大于右操作数的值，如果是，那么条件成立，返回 True

(续表)

运算符	描述
<	检查左操作数的值是否小于右操作数的值，如果是，那么条件成立，返回 True
>=	检查左操作数的值是否大于或等于右操作数的值，如果是，那么条件成立，返回 True
<=	检查左操作数的值是否小于或等于右操作数的值，如果是，那么条件成立，返回 True

1.3.3 逻辑运算符

逻辑运算符如表 1.3 所示。

表 1.3 逻辑运算符

运算符	逻辑表达式	描述
and	x and y	只有 x 和 y 的值都为 True，才会返回 True 只要 x 或者 y 有一个值为 False，就返回 False
or	x or y	只要 x 或者 y 有一个值为 True，就返回 True 只有 x 和 y 的值都为 False，才会返回 False
not	not x	如果 x 为 True，返回 False 如果 x 为 False，返回 True

1.3.4 赋值运算符

在 Python 中，使用"="可以给变量赋值，在算术运算时，为了简化代码的编写，Python 提供了一系列与算术运算符对应的赋值运算符，赋值运算符如表 1.4 所示。注意：赋值运算符中间不能使用空格。

表 1.4 赋值运算符

运算符	描述	实例
=	简单的赋值运算符	c=a+b，将 a+b 的运算结果赋值给 c
+=	加法赋值运算符	c+=a 等价于 c=c+a
-=	减法赋值运算符	c-=a 等价于 c=c-a
*=	乘法赋值运算符	c*=a 等价于 c=ca
/=	除法赋值运算符	c/=a 等价于 c=c/a
//=	取整除赋值运算符	c//=a 等价于 c=c//a
%=	取模（余数）赋值运算符	c%=a 等价于 c=c%a
**=	幂赋值运算符	c**=a 等价于 $c=c^a$

1.3.5 运算符的优先级

运算符的优先级如表 1.5 所示，表中按由高到低的顺序排列。

表 1.5 运算符的优先级

运 算 符	描　　述
**	幂（最高优先级）
*、/、%、//	乘、除、取余数、取整数
+、-	加法、减法
<=、<、>、>=	比较运算符
==、!=	等于运算符
=、%=、/=、//=、-=、+=、*=、**=	赋值运算符
not、or、and	逻辑运算符

1.4　Python 分支与循环

1.4.1　条件语句

Python 条件语句与其他语言的条件语句基本一致，都是通过一条或多条语句的执行结果（True 或 False）决定将要执行的代码块。Python 指定任何非 0 或非空（None）的布尔值为 True，0 或 None 的布尔值为 False。

1. if 语句的基本形式

在 Python 中，if 语句的基本形式如下：

```
if 判断条件:
    执行语句 1……
else:
    执行语句 2……
```

由于 Python 语言有严格的缩进要求，因此需要注意缩进，并且不要少写冒号。if 语句的判断条件可以用>（大于）、<（小于）、=（等于）、>=（大于或等于）、<=（小于或等于）进行表示。例如：

```
results = 59
if results >= 60:
    print ('及格')
else :
    print ('不及格')
```

输出结果：

```
不及格
```

又因为任何非 0 或非空（None）的布尔值为 True，否则为 False，因此又如：

```
num = 6
if num :
    print('Hello Python')
```

输出结果：

```
Hello Python
```

2. if 语句包含多个判断条件的形式

当需要多个判断条件时，比如在上面的例子中，分数大于或等于 60 且小于或等于 80 的为及格，但如果还要判断分数大于 90 的为优秀，分数在 80（不含）到 90（含）间的为良好，该怎么办呢？这就需要用到 if 语句包含多个判断条件的形式，用伪代码进行表示：

```
if 判断条件 1:
    执行语句 1......
elif 判断条件 2:
    执行语句 2......
elif 判断条件 3:
    执行语句 3......
else:
    执行语句 4......
```

【例 1.7】判断分数：大于 60 且小于或等于 80 的为及格，大于 90 的为优秀，在 80（不含）到 90（含）间的为良好。代码如下：

```
results = 89
if results > 90:
    print('优秀')
elif results > 80:
    print('良好')
elif results > 60:
    print ('及格')
else :
    print ('不及格')
```

输出结果：

良好

3. if 语句多个条件同时判断

Python 中没有 switch 语句，所以只能用 elif 语句实现多个条件的判断。当需要多个条件同时判断时，可以使用 or（或）——表示当两个条件中至少有一个成立时判断为真；还可以使用 and（与）——表示当两个条件同时成立时判断为真。代码如下：

```
#-*-coding:utf-8-*-
java = 86
python = 68
if java > 80 and python > 80:
    print('优秀')
else :
    print('不优秀')
```

输出结果：

不优秀

注意：当 if 语句中包含多个判断条件时，可使用括号区分判断条件的先后顺序，括号中的判断条件优先执行，此外 and、or 的优先级低于>、<等判断符号，即>、<在没有括号时优先于 and、or 进行判断。例如：

```
java= 86
python = 68
if (80 <= java < 90) or (80 <=python< 90):
    print('良好')
```

输出结果:
```
良好
```

【练习 1.1】实现下述实例。

若我的存款超过 500 万元,我就买路虎(车)。

否则,如果我的存款超过 100 万元,那么我就买宝马(车)。

否则,如果我的存款超过 50 万元,那么我就买迈腾(车)。

否则,如果我的存款超过 10 万元,那么我就买福特(车)。

否则,如果我的存款在 10 万元以下,那么我就买比亚迪(车)。

【练习 1.2】实现下述实例。

输入小明的考试成绩,显示所获奖励。

成绩==100 分,爸爸给他买辆车。

成绩>=90 分,妈妈给他买个 MP4。

90 分>成绩>=60 分,妈妈给他买本参考书。

成绩<60 分,什么都不买。

1.4.2 循环语句

一般地,编程语言都有循环语句,循环语句允许执行单个语句或语句组多次。循环语句的一般形式如图 1.12 所示。

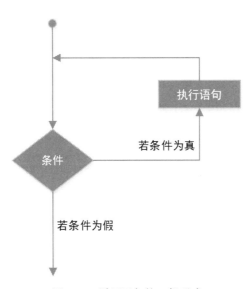

图 1.12 循环语句的一般形式

Python 提供了 for 循环和 while 循环，以及一些控制循环的语句，循环语句关键字如表 1.6 所示。

表 1.6　循环语句关键字

循环语句关键字	描　　述
break	在语句执行过程中终止循环，并跳出整个循环
continue	在语句执行过程中终止当前循环，跳出该次循环，执行下一次循环
pass	空语句，用于保持程序结构的完整性

1．for 循环

for 循环可以遍历任何序列，如字符串。for 循环的基本流程图如图 1.13 所示。

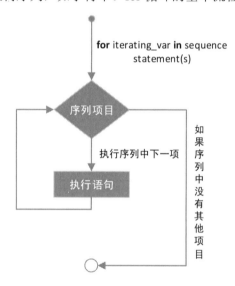

图 1.13　for 循环的基本流程图

基本的语法格式如下：

```
for iterating_var in sequence:
    statements(s)
```

实例如下：

```
for letter in 'www.neuedu.com':
    print(letter)
```

输出结果：

```
w
w
w
.
n
e
u
e
```

使用 Python 中的 range 函数可以轻松生成一系列的数字。例如，使用 range 函数打印一系列的数字，代码如下：

```
for value in range(1, 5):
    print(value)
```

输出结果：

```
1
2
3
4
```

可见，range 函数只打印出数字 1~4，体现了编程语言的差一行为。range 函数表示从指定的第一个值开始数，到指定的第二个值为止，但输出不包含第二个值（此处为 5）。因此如果要打印数字 1~5，那么需要使用 range(1, 6)：

```
for value in range(1, 6):
    print(value)
```

这样，输出将从 1 开始，到 5 结束：

```
1
2
3
4
5
```

2．while 循环

在 Python 中，while 循环用于循环执行程序，即在某条件下，循环执行某段程序，以处理需要重复处理的相同任务。其基本形式如下：

```
while 判断条件(condition):
    执行语句(statements)……
```

【例 1.8】计算从 1 至 100 的所有整数的和。代码如下：

```
count = 1
sum = 0
while count <= 100:
    sum = sum + count
    count = count + 1
print(sum)
```

输出结果：

```
5050
```

另外，while 循环中有两个重要的命令——continue 和 break，continue 用于跳出当次循环，break 用于跳出本层循环。比如，例 1.8 计算从 1 到 100 所有整数的和 sum，若 sum 大于 1000，则停止相加，此时就可以用 break 跳出循环。代码如下：

```
count = 1
sum = 0
while  count <= 100:
    sum = sum + count
    if  sum > 1000: #当 sum 大于 1000 时，跳出循环
        break
    count = count + 1
print(sum)
```

输出结果：

```
1035
```

有时，若只想统计从 1 到 100 之间的奇数的和，那么当 count 为偶数时，需要跳出当次循环，这时就可以用 continue，代码如下：

```
count = 1
sum = 0
while  count <= 100:
    if count % 2 == 0: #当 count 为偶数时，跳出当次循环
        count = count + 1
        continue
    sum = sum + count
    count = count + 1
print(sum)
```

输出结果：

```
2500
```

在 Python 的 while 循环中，还可以使用 else 语句，while…else 在循环条件为 False 时执行 else 语句块，例如：

```
count = 0 while count < 5:
    print (count)
    count = count + 1
else:
    print (count)
```

输出结果：

```
0
1
2
3
4
5
```

3. 嵌套循环

Python 语言允许在一个循环体中嵌套另一个循环。for 循环嵌套语句的语法如下：

```
for iterating_var in sequence:
    for iterating_var in sequence:
        statements(s)
    statements(s)
```
while 循环嵌套语句的语法如下：
```
while expression:
    while expression:
        statement(s)
    statement(s)
```
此外，也可以在 while 循环中嵌入 for 循环，或在 for 循环中嵌入 while 循环。for…else 语句在循环正常结束后执行 else 语句，while…else 也一样。代码如下：
```
for num in range(10, 20):          #迭代 10 到 20 之间的数字
    for i in range(2, num):        #根据因子迭代
        if num%i == 0:             #确定第一个因子
            j=num/i                #计算第二个因子
            print ('%d 是一个合数' % num)
            break                  #跳出当前循环
    else:                          #循环的 else 部分
        print ('%d 是一个质数' % num)
```
输出结果：
```
10 是一个合数
11 是一个质数
12 是一个合数
13 是一个质数
14 是一个合数
15 是一个合数
16 是一个合数
17 是一个质数
18 是一个合数
19 是一个质数
```

1.4.3 随机数的处理

在 Python 中，要使用随机数，首先需要导入随机数的模块——工具包，代码如下：
```
import random
```
在导入模块后，可以直接在模块名称后面输入 ".", 会自动提示该模块中包含的所有函数，如 random.randint(a, b)，表示返回[a, b]间的整数（包含 a 和 b）。再如：
```
random.randint(12, 20)    #生成随机数 n: 12 <= n <= 20
random.randint(20, 20)    #结果永远为 20
random.randint(20, 10)    #该语句是错误的，因为下限必须小于上限
```
【例 1.9】猜数字。

首先，计算机要求用户输入数值范围的最小值和最大值。接着，计算机随机给出这个

范围内的一个随机数,并且重复地要求用户猜测这个数,直到用户猜对。在用户每次进行猜测后,计算机都会给出一个提示,并且在最后会显示总的猜测次数。下述代码包含已学过的几种类型的 Python 语句,例如,输入语句、输出语句、赋值语句、条件语句和循环语句。猜数字的过程如下:

```
Enter the smaller number: 1
Enter the larger number: 20
Enter your guess: 5
Too small
Enter your guess: 9
Too small
Enter your guess: 15
Too small
Enter your guess: 17
Too large
Enter your guess: 16
You've got it in 5 tries!
```

代码如下:

```
import random
smaller = int(input("Enter the smaller number: "))
larger = int(input("Enter the larger number: "))
myNumber = random.randint(smaller, larger)
count = 0while True:
    count += 1
    userNumber = int(input("Enter your guess: "))
    if userNumber < myNumber:
        print("Too small")
    elif userNumber > myNumber:
        print("Too large")
    else:
        print("You've got it in", count, "tries!")
        break
```

1.5 Python 函数

函数一词起源于数学,但是编程中的函数和数学中的有很大不同。编程中的函数是组织好的,是可重复使用的,是用于实现单一功能或关联功能的代码块。Python 中包含内置函数,如 print;也包含用户自己创建的函数,称为用户自定义函数。

1.5.1 函数定义

1. 定义一个函数

（1）定义函数的语法格式

Python 使用 def 关键字定义函数，格式如下：

```
def 函数名（参数列表）:
    函数体
```

（2）函数名的命名规则

函数名必须以下画线或字母开头，可以包含任意字母、数字或下画线，但不能使用任何的标点符号，也不能是保留字。函数名是区分大小写的，例如：

```
def hello():
    print('Hello syuedu')

hello()
>>>:
Hello syuedu
```

（3）形参和实参

形参是形式参数，并非是实际存在的参数，是一种虚拟变量。在定义函数和函数体时使用形参，目的是在函数调用时接收实参（实参的个数、类型均应与形参一一对应）；实参是实际参数，是在调用函数时传给函数的参数，可以是常量、变量、表达式或函数。区别是形参是虚拟的，不占用内存空间，形参只有在被调用时才被分配内存单元；实参是一个变量，占用内存空间。数据单向传送，由实参传给形参，不能由形参传给实参。例如：

```
def area(width, height):
    return width * height
w = 4
h = 5

print(area(w, h))
>>>:
20
```

其中，width 和 height 是形参，w=4 和 h=5 是实参。

2. 使用函数的好处

使用函数的好处包括代码重用、便于修改、易扩展。用一个例子进行说明。

【例 1.10】使用函数改进下面的代码。

```
msg = 'abcdefg'
msg = msg[:2] + 'z' + msg[3:]
print(msg)
msg = '1234567'
msg = msg[:2] + '9' + msg[3:]
print(msg)
```

改进后的代码：

```
def setstr(msg, index, char):
    return msg[:index] + char + msg[index+1:]
msg = 'abcdefg'
setstr(msg, 2, 'z')
print(msg)
msg = '1234567'
setstr(msg, 2, '9')
print(msg)
```

1.5.2 函数的参数

1. 必需参数

必需参数须以正确的顺序传入函数，且调用时，数量必须和声明时的一致。代码如下：

```
def f(name, age):

    print('I am %s, I am %d'%(name, age))

f('alex', 18)
f('alvin', 16)
```

2. 关键字参数

当调用函数时，如果默认参数的值没有传入，那么认为其是默认值。例如：

```
def f(name, age):

    print('I am %s, I am %d'%(name, age))

#f(16, 'alvin') #报错
f(age=16, name = 'alvin')
```

3. 默认参数

当调用函数时，如果默认参数的值没有传入，那么认为其是默认值。例如：

```
def print_info(name, age, sex='male'):

    print('Name:%s'%name)
    print('age:%s'%age)
    print('Sex:%s'%sex)
    return

print_info('alex', 18)
print_info('铁锤', 40, 'female')
```

4. 不定长参数

如果需要函数处理比已声明的参数更多的参数，那么该类参数称为不定长参数，其不同于上述两种参数，在声明时不会命名。代码如下：

```
def add(*tuples):
    sum = 0
    for v in tuples:
        sum+ = v
    return sum
print(add(1, 4, 6, 9))print(add(1, 4, 6, 9, 5))
```

加"*"的变量名会存放所有未命名的变量参数，而加"**"的变量名会存放命名的变量参数。例如：

```
def print_info(**kwargs):

    print(kwargs)
    for i in kwargs:
        print('%s:%s'%(i，kwargs[i]))#根据参数可以打印任意相关信息了

    return

print_info(name='alex', age=18, sex='female', hobby='girl', nationality='Chinese', ability='Python')

##################位置

def print_info(name, *args, **kwargs):#def print_info(name, **kwargs, *args):报错

    print('Name:%s'%name)

    print('args:', args)
    print('kwargs:', kwargs)

    return

print_info('alex', 18, hobby='girl', nationality='Chinese', ability='Python')
#print_info(hobby='girl', 'alex', 18, nationality='Chinese', ability='Python')    #报错
#print_info('alex', hobby='girl', 18, nationality='Chinese', ability='Python')    #报错
```

注意，还可以这样传递参数：

```
def f(*args):
    print(args)3    4 f(*[1，2，5])5    6 def f(**kargs):7        print(kargs)8    9 f(**{'name':'alex'})
```

使用 PyCharm 的调试工具"F8 Step Over"可以单步执行代码，它会把函数调用看作一行代码直接执行；使用"F7 Step Into"也可以单步执行代码，如果遇到函数，那么它会进入函数内部执行。

1.5.3　函数的返回值

要获取函数的执行结果，可以用 return 语句。注意：函数在执行过程中只要遇到 return 语句，就会停止执行并返回结果，所以也可以理解为 return 语句代表着函数的执行结束。

如果没有在函数中指定 return 语句，那么该函数的返回值为 None。如果 return 多个值，那么解释器会把这些值组装成一个元组，将其作为一个整体结果输出。代码如下：

```
def sum_and_avg(list):
    sum = 0
    count = 0
    for e in list:
        #如果元素 e 是数值
        if isinstance(e, int) or isinstance(e, float):
            count += 1
            sum += e
    return sum, sum / count
my_list = [20, 15, 2.8, 'a', 35, 5.9, -1.8]
#获取 sum_and_avg 函数返回的多个值，多个返回值被封装成元组
tp = sum_and_avg(my_list)    #①
print(tp)
```

1.5.4 函数作用域

1．作用域介绍

Python 的作用域分为 4 种。

L：local，局部作用域，即函数中定义的变量；

E：enclosing，嵌套作用域，是嵌套父级函数的局部作用域，即包含此函数的上级函数的局部作用域，但不是全局的；

G：global，全局作用域，包含模块级别定义的变量；

B：built-in，内置作用域，包括系统固定模块中的变量，比如 int、bytearray 等。搜索变量的优先级顺序是 L>E>G>B。当然，L 和 E 是相对的，E 相对于其上层而言也是 L。

2．作用域产生

在 Python 中，只有模块（module）、类（class）及函数（def、lambda）才能引入新的作用域，其他的代码块（如 if、try、for 等）是不会引入新的作用域的。例如：

```
if 2>1:
    x = 1
print(x)    #1
```

上述代码是可行的，if 并没有引入一个新的作用域，x 仍处于当前作用域中，后面代码可用。又如：

```
def test():
    x = 2
print(x) #NameError：name 'x2' is not defined
```

可见，def、class、lambda 是可以引入新作用域的。

3. global 关键字

当在内部作用域中想修改外部作用域的变量时,需要使用 global 和 nonlocal 关键字。如果要修改的变量在全局作用域中,可先用 global 声明,代码如下:

```
count = 10
def outer():
    global count
    print(count)
    count = 100
    print(count)
outer()
#10
#100
```

4. nonlocal 关键字

用 global 关键字声明的变量必须在全局作用域中,不能在嵌套作用域中,若要修改嵌套作用域中的变量,应该怎么办?这时需要使用 nonlocal 关键字,代码如下:

```
def outer():
    count = 10
    def inner():
        nonlocal count
        count = 20
        print(count)
    inner()
    print(count)
outer()
#20
 #20
```

5. 小结

- 变量查找顺序:局部作用域>嵌套作用域>全局作用域>内置作用域。
- 只有模块、类及函数才能引入新的作用域。
- 对于一个变量,一旦先声明为内部变量,外部变量就会被覆盖;如果不声明直接使用,就会使用外部变量。
- 当在内部作用域要修改外部作用域变量的值时,全局变量要使用 global 关键字,嵌套作用域变量要使用 nonlocal 关键字。nonlocal 是 Python 3.x 新增的关键字,有了这个关键字,就能完美地实现闭包。

1.5.5 匿名函数

匿名函数指不需要显式地指定函数名的函数,如图 1.23 所示。

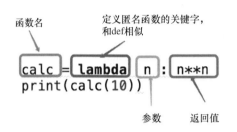

图 1.23 匿名函数

图 1.23 中，关键字 lambda 表示匿名函数，冒号前的 n 表示函数参数，可以有多个参数。匿名函数只能有一个表达式，且不用 return，返回值就是该表达式的结果。用匿名函数的好处在于，因为函数没有名字，所以不必担心函数名冲突。此外，匿名函数也是一个函数对象，也可以将其赋值给一个变量，再利用变量调用该函数。匿名函数的函数体比较简单，使用匿名函数可以减少代码量。使用匿名函数的代码如下：

```
#这段代码
def calc(x, y):
    return x**y
#换成匿名函数
calc = lambda x, y:x**y
print(calc(2, 5))
def calc(x, y):
    if x > y:
        return x*y
    else:
        return x / y
#三元运算换成匿名函数
calc = lambda x, y:x * y if x > y else x / y
print(calc(2, 5))
```

匿名函数主要与其他函数联合使用。

1.5.6 内置函数

Python 有很多内置函数，具体如下：

abs()	dict()	help()	min()	setattr()
all()	dir()	hex()	next()	slice()
any()	divmod()	id()	object()	sorted()
ascii()	enumerate()	input()	oct()	staticmethod()
bin()	eval()	int()	open()	str()
bool()	exec()	isinstance()	ord()	sum()
bytearray()	filter()	issubclass()	pow()	super()
bytes()	float()	iter()	print()	tuple()
callable()	format()	len()	property()	type()

chr()	frozenset()	list()	range()	vars()	
classmethod()	getattr()	locals()	repr()	zip()	
compile()	globals()	map()	reversed()	__import__()	
complex()	hasattr()	max()	round()		
delattr()	hash()	memoryview()	set()		

1. map 函数

map 函数接收两个参数：一个是函数，另一个是 Iterator。map 函数将传入的函数依次作用到序列的每个元素上，并把结果作为新的 Iterator 返回。通过遍历序列，对序列中的每个元素进行函数操作，最终获取新的序列。map 函数如图 1.24 所示。

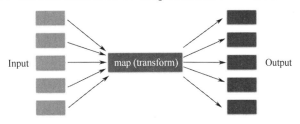

图 1.24　map 函数

【例 1.11】根据列表[1, 2, 3, 4, 5, 6, 7, 8, 9]，返回一个 n*n 的列表（list）。

```
#一般解决方案
li = [1, 2, 3, 4, 5, 6, 7, 8, 9]
for ind, val in enumerate(li):
    li[ind] = val * val
print(li)#[1, 4, 9, 16, 25, 36, 49, 64, 81]
#高级解决方案
li = [1, 2, 3, 4, 5, 6, 7, 8, 9]
print(list(map(lambda x:x*x, li)))
#[1, 4, 9, 16, 25, 36, 49, 64, 81]
```

2. reduce 函数

reduce 函数把一个函数作用到一个序列[x1, x2, x3, ...]上，如图 1.25 所示。该函数必须接收两个参数，把所得结果继续与序列的下一个元素做累乘计算，其效果就是：reduce(func, [1, 2, 3]) 等同于 func(func(1, 2), 3)，即实现对序列内所有元素进行累乘操作，累乘过程如图 1.26 所示。

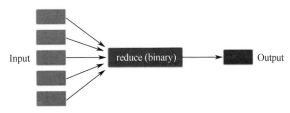

图 1.25　reduce 函数

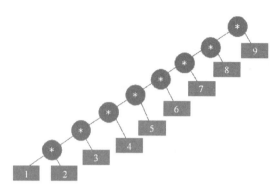

图 1.26　累乘过程

代码如下：

```
#接收一个列表并利用 reduce 函数求积
from functools import reduce
li = [1, 2, 3, 4, 5, 6, 7, 8, 9]
print(reduce(lambda x, y:x * y, li))
#结果=1*2*3*4*5*6*7*8*9 = 362880
```

3．filter 函数

filter 函数接收一个函数和一个序列，与 map 函数不同的是，filter 函数把传入的函数依次作用于每个元素，然后根据返回值 True 或 False 决定保留或丢弃该元素。它可以对序列中的元素进行筛选，最终获取符合条件的序列。filter 函数如图 1.27 所示。

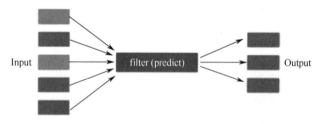

图 1.27　filter 函数

代码如下：

```
#在一个列表中，删除偶数，只保留奇数
li = [1, 2, 4, 5, 6, 9, 10, 15]
print(list(filter(lambda x:x % 2==1, li)))   #[1, 5, 9, 15]
#回数是指从左向右读和从右向左读都一样的数，如 12321、909，请利用 filter 筛选出回数
li = list(range(1, 200))
print(list(filter(lambda x:int(str(x))==int(str(x)[::-1]), li)))
[1, 2, 3, 4, 5, 6, 7, 8, 9, 11, 22, 33, 44, 55, 66, 77, 88, 99, 101, 111, 121, 131, 141, 151, 161, 171, 181, 191]
```

4．sorted 函数

sorted(iterable,/,*,key=None,reverse=False)函数接收一个 key 函数实现对可迭代对象的自定义排序。可迭代对象主要包括列表、字符串、元祖、集合和字典。key 函数表示接收一个函数，并根据此函数返回的结果进行排序；reverse 表示排序方向，默认为 False，即从小到大，当 reverse=True 时，逆向排序，即从大到小。

```python
#对列表按照绝对值大小进行排序
li= [-21, -12, 5, 9, 36]
print(sorted(li, key = lambda x:abs(x)))
#[5, 9, -12, -21, 36]
"""
sorted 函数按照 keys 对列表进行排序,并按照对应关系返回列表中相应的元素:
keys 排序结果   => [5, 9,  12,  21, 36]
最终结果       => [5, 9, -12, -21, 36]
"""
#把下面单词以首字母排序
li = ['bad', 'about', 'Zoo', 'Credit']
print(sorted(li, key = lambda x: x[0]))
#输出['Credit', 'Zoo', 'about', 'bad']
"""
对字符串排序时,按照 ASCII 码的大小进行比较,由于'Z' < 'a',因此大写字母 Z 会排在小写字母
a 之前
"""
#假设用一个元组(tuple)表示学生名字和成绩:
L = [('Bob', 75), ('Adam', 92), ('Bart', 66), ('Lisa', 88)]
#使用 sorted,对上述列表分别按名字排序
print(sorted(L, key = lambda x : x[0]))
#输出[('Adam', 92), ('Bart', 66), ('Bob', 75), ('Lisa', 88)]
#再按成绩从高到低排序
print(sorted(L, key = lambda x : x[1], reverse=True))
#输出[('Adam', 92), ('Lisa', 88), ('Bob', 75), ('Bart', 66)]
```

1.5.7 函数式编程

常见的编程有命令式编程和函数式编程,面向对象编程是一种命令式编程。命令式编程是面向计算机硬件的,有变量(对应存储单元)、赋值语句(如存储指令)、表达式(内存引用和算术运算)和控制语句(跳转指令),总之,命令式编程的程序是一个冯·诺依曼机的指令序列。函数式编程是面向数学的,是将计算描述为一种表达式求值的形式,总之,函数式编程的程序就是一个表达式。

函数式编程的本质:函数式编程中的"函数"不是指计算机中的函数,而是指数学中的函数,即自变量的映射。也就是说,一个函数的值仅取决于函数参数的值,不依赖于其他状态。比如,函数 $y=x \times x$ 用于计算 x 的平方根,只要 x 的值不变,不论什么时候调用该函数,值都是不变的。纯函数式编程语言中的变量也不是命令式编程语言中的变量,即存储状态的单元,而是代数中的变量,即一个值的名称。变量的值是不可变的,即不允许多次给一个变量赋值。比如,在命令式编程语言中,"$x = x + 1$"是可变的,但在数学中,这是一个不成立的等式。严格意义上的函数式编程意味着不可使用可变的变量、赋值、循环

或其他命令式控制结构进行编程。函数式编程关心的是数据的映射，命令式编程关心的是解决问题的步骤。

【例 1.12】计算 number = [2, –5, 9, –7, 2, 5, 4, –1, 0, –3, 8]中的正数的均值。

```
#计算数组中正数的均值
number =[2, -5, 9, -7, 2, 5, 4, -1, 0, -3, 8]
count = 0
sum = 0
for i in range(len(number)):
    if number[i] > 0:
        count += 1
        sum += number[i]
print sum, count
if count > 0:
    average = sum/count
print average
#========输出==========
6
5
```

由代码可见，首先循环列表中的值，对大于 0 的数进行累加并累计次数，最后求取均值。这就是命令式编程——将要达到的目的按步骤详细描述出来，然后交给机器运行实现，其体现了命令式编程的理论模型——"图灵机"的特点。换一种方式实现上例，代码如下：

```
number =[2, -5, 9, -7, 2, 5, 4, -1, 0, -3, 8]
positive = filter(lambda x: x>0, number)
average = reduce(lambda x, y: x+y, positive)/len(positive)
print average
#========输出==========
5
```

可见，上述代码得到结果与之前的相同，但是它得到结果的方式与之前的有本质的差别。它通过描述一个"列表->正数均值"的映射进行实现。

再如，计算阶乘。通过 reduce 函数加 lambda 表达式可以简单地实现：

```
from functools import reduce
print (reduce(lambda x, y: x*y, range(1, 6)))
```

又如，map 函数加上 lambda 表达式可以实现更强大的功能：

```
squares = map(lambda x : x*x, range(9))
print (squares)#<map object at 0x10115f7f0>迭代器
print (list(squares))#[0, 1, 4, 9, 16, 25, 36, 49, 64]
```

函数式编程的好处如下：
- 代码简洁、易懂。
- 由于函数式编程没有可变的状态，因此函数就是引用透明的和无副作用的。

1.5.8　将函数存储在模块中

函数的优点之一是可将代码块与主程序分离。通过给函数指定描述性名称，使主程序易于理解。更方便的是将函数存储在被称为"模块"的独立文件中，再将模块导入主程序。import 语句允许在当前运行的程序文件中使用模块中的代码。

将函数存储在独立文件中，可隐藏程序代码的细节，而将重点放在程序的高层逻辑上。另外，还能通过导入模块在不同的程序中重用函数。导入模块的方法有很多种，下面简要地进行介绍。

1. 导入整个模块

如果函数是可导入的，那么首先需要创建模块。模块是扩展名为".py"的文件，包含要导入的代码。下面创建一个包含 make_pizza 函数的模块，代码如下：

```python
def make_pizza(size, *toppings):
    """要制作的比萨"""
    print("\nMaking a " + str(size) +
        "-inch pizza with the following toppings:")
    for topping in toppings:
        print("- " + topping)
```

接着，在 pizza.py 所在的目录中创建另一个名为 making_pizzas.py 的文件，将该文件导入刚创建的模块，并调用两次 make_pizza：

```python
import pizza
pizza.make_pizza(16, 'pepperoni')
pizza.make_pizza(12, 'mushrooms', 'green peppers', 'extra cheese')
```

当 Python 读取这个文件时，代码行 import pizza 命令 Python 打开文件 pizza.py，并将其中的所有函数都复制到这个程序中，即在 making_pizzas.py 中，可以使用在 pizza.py 中定义的所有函数。但在程序运行时，程序员是看不到 Python 复制的代码的。

```
Making a 16-inch pizza with the following toppings:
- pepperoni
Making a 12-inch pizza with the following toppings:
- mushrooms
- green peppers
- extra cheese
```

可见，通过编写 import 语句并指定模块名，就可在程序中使用该模块的所有函数。如果使用 import 语句导入名为 module_name 的整个模块，那么就可使用下面的代码执行该模块中的任何一个函数：

```
_module_name.function_name_()
```

2. 导入特定的函数

导入模块中的特定函数的代码如下：

```
from _module_name_ import _function_name_
```

用逗号分隔函数名，可根据需要从模块中导入任意数量的函数：

```
from _module_name_ import _function_0, function_1, function_2_
```

对于上述的 making_pizzas.py 示例，如果只想导入需要的函数，代码如下：

```
from pizza import make_pizza
make_pizza(12, 'mushrooms', 'green peppers', 'extra cheese')
```

若使用这种语法，在调用函数时无须使用句点。由于在 import 语句中显式地导入了 make_pizza 函数，因此在调用时只需指定其名称。

3．使用 as 给函数指定别名

如果要导入的函数的名称太长或与程序中现有的名称有冲突，那么可使用关键字 as 给函数指定一个简短且独一无二的别名，类似于外号。比如，给函数 make_pizza 指定别名 mp，在 import 语句中使用 make_pizza as mp 实现，代码如下：

```
from pizza import make_pizza as mp
mp(16, 'pepperoni')
mp(12, 'mushrooms', 'green peppers', 'extra cheese')
```

可见，import 语句将函数 make_pizza 重命名为 mp。因此，在该程序中，当需要调用 make_pizza 时，都可简写为 mp，Python 将运行 make_pizza 中的代码。此外，这还能避免与该程序可能包含的函数 make_pizza 混淆。给函数指定别名的通用语法如下：

```
from _module_name_ import _function_name_ as _fn_
```

4．使用 as 给模块指定别名

还可以使用 as 给模块指定别名。通过给模块指定简短的别名（如给模块 pizza 指定别名为 p），可以更轻松简洁地调用模块中的函数，代码如下：

```
import pizza as p
p.make_pizza(16, 'pepperoni')
p.make_pizza(12, 'mushrooms', 'green peppers', 'extra cheese')
```

可见，虽然 import 语句给模块 pizza 指定了别名 p，但该模块中所有函数的名称都没变。当调用函数 make_pizza 时，可使用代码 p.make_pizza 实现，不仅代码更简洁，还可以让程序员专注于函数名。函数名明确地指出了函数的功能，对理解代码而言，它们比模块名更重要。给模块指定别名的通用语法如下：

```
import _module_name as mn_
```

5．导入模块中的所有函数

使用星号"*"可导入模块中的所有函数，代码如下：

```
from pizza import *
make_pizza(16, 'pepperoni')
make_pizza(12, 'mushrooms', 'green peppers', 'extra cheese')
```

可见，import 语句中的星号"*"将模块 pizza 中的所有函数都复制到程序文件中。由于导入了所有函数，因此可使用名称进行函数调用，而无须使用句点。然而，如果使用的是他人编写的大型模块，最好不要采用这种导入方法。最佳的做法是，要么只导入自己需要使用的函数，要么导入整个模块并使用句点表示法。这不仅能让代码更清晰，还使得代码更容易阅读和理解。这里之所以介绍这种导入法，是想让读者在阅读他人编写的代码时，能够理解类似下面的 import 语句：

```
from _module_name_ import *
```

1.5.9 函数文档字符串

函数文档字符串（Documentation String, 简称 DocString）是用于在函数开头解释其接口的字符串，主要包含函数的基础信息、函数的功能简介、每个形参的类型和使用等信息，必须放在函数的首行。经过验证，在函数首行进行注释性说明是可以的，不过最好使用三引号进行注释，如""" """ 或 """ """。函数文档字符串的第一行一般介绍函数的主要功能，第二行为空，第三行进行详细描述。

查看方式：在交互模式下，可使用 help 函数查看函数文档字符串，在查看时会跳到帮助界面，需要输入"q"退出界面；也可使用_doc_属性查看，该方法查看的函数文档字符串会直接显示在交互界面上，代码如下：

```
def test(msg):
    """
        函数名：test
        功能：测试
        参数：无
        返回值：无
    """
    print("函数输出成功"+msg)
test('hello')
print( help(test))
print(test.__doc__)
```

第 2 章 Python 面向对象

Python 从设计之初就是一个面向对象的语言,正因为如此,在 Python 中创建类和对象是很容易的。本章将详细介绍 Python 的面向对象编程。如果以前没有接触过面向对象的编程语言,那么你可能需要了解一些面向对象编程语言的基本特征,在头脑中形成基本的面向对象的概念,这样将有助于学习 Python 的面向对象编程。

本章将介绍 Python 的面向对象基本特征及相关功能。

2.1 面向对象基本特征

- 类(Class):用来描述具有相同属性和方法的对象的集合。它定义了该集合中每个对象所共有的属性和方法。对象是类的实例。
- 对象:通过类定义的数据结构实例。对象包括两个数据成员(类变量和实例变量)及方法。
- 类变量:类变量在整个实例化的对象中是公用的。类变量在类中且在函数体之外定义。类变量通常不作为实例变量使用。
- 数据成员:类变量或实例变量,用于处理类及其实例对象的相关数据。
- 方法重写:如果从基类(父类)继承的方法不能满足派生类(子类)的需求,可以对其进行改写,这个过程称为方法覆盖(Override),也称为方法重写。
- 局部变量:定义在方法中的变量,只作用于当前实例的类。
- 实例变量:在类的声明中,属性是用变量来表示的。这种变量就称为实例变量,是在类声明的内部及类的其他成员方法之外声明的。
- 继承:一个子类继承父类的字段和方法。继承也允许把一个子类对象作为一个父类对象对待。例如,Dog 类派生自 Animal 类,模拟"是一个(is-a)"关系(Dog 类的对象也是一个 Animal 类的对象)。
- 实例化:创建一个类的实例或类的具体对象。
- 方法:类中定义的函数。

2.2 类的定义

2.2.1 定义只包含方法的类

在 Python 中定义一个只包含方法的类,语法如下:

```
class 类名:
    def 方法 1(self, 参数列表):
        pass
    def 方法 2(self, 参数列表):
        pass
```

可见,方法的定义格式与之前所学的函数的定义格式几乎一样,区别在于,方法的第一个参数必须是 self,读者暂时先记住这个参数,稍后本书再对 self 进行介绍。

2.2.2 面向对象程序举例

【例 2.1】编写一个面向对象程序,输出"小猫爱吃鱼"和"小猫在喝水"。

对题干进行分析,我们需要定义一个猫类 Cat,并在类中定义两个方法 eat 和 drink,创建一个对象 tom。代码如下:

```
class Cat:
    """这是一个猫类"""
    def eat(self):
        print("小猫爱吃鱼")
    def drink(self):
        print("小猫在喝水")
tom = Cat()
tom.drink()
tom.eat()
```

使用 Cat 类再创建一个对象 lazy_cat,代码如下:

```
lazy_cat = Cat()
lazy_cat.eat()
lazy_cat.drink()
```

2.3 self 参数

与之前的经验不同,在 Python 中调用对象的方法时不需要传递 self 参数,self 参数是系统自动传递到方法中的。这个 self 参数到底是什么呢?本节将对其进行详细介绍。

2.3.1 给对象设置属性

在 Python 中，给对象设置属性是非常容易的，然而由于对象属性的封装一般在类的内部，因此不推荐在类的内部设置属性。若要给对象设置属性，则在类的外部的代码中直接设置一个属性即可，代码如下：

```
tom.name = "Tom"
lazy_cat.name = "大懒猫"
```

2.3.2 理解 self 参数到底是什么

继续用例 2.1 进行说明，当使用"对象.对象的方法"时，self 就指该方法前的"对象"。类中的每个实例方法的第一个参数都是 self，代码如下：

```
class Cat:
    """这是一个猫类"""
    def eat(self):
        print(f"小猫爱吃鱼，我是{self.name}，self 的地址是{id(self)}")
    def drink(self):
        print("小猫在喝水")
tom = Cat()
print(f'tom 对象的 id 是{id(tom)}')
tom.name = "Tom"
tom.eat()print('-'*60)
lazy_cat = Cat()print(f'lazy_cat 对象的 id 是{id(lazy_cat)}')
lazy_cat.name = "大懒猫"
lazy_cat.eat()
```

输出结果：

```
tom 对象的 id 是 36120000
小猫爱吃鱼，我是 Tom，self 的地址是 36120000
------------------------------------------------------------
lazy_cat 对象的 id 是 36120056
小猫爱吃鱼，我是大懒猫，self 的地址是 36120056
```

可见，当使用"对象.对象的方法"时，Python 会自动将对象作为实参传给对象的方法的 self 参数。

2.4 __init__方法

在第 2.3 节的代码中，存在在类的外部给对象增加属性的问题。将案例代码进行调整，先调用方法，再设置属性，观察程序运行效果。

```
tom = Cat()
tom.drink()
tom.eat()
tom.name = "Tom"
print(tom)
```

程序运行后，报错如下：

AttributeError: 'Cat' object has no attribute 'name'
属性错误：'Cat' 对象没有 'name' 属性

> **小提示**
>
> 在日常开发中，不推荐在类的外部给对象增加属性。如果程序在运行时没有找到属性，那么程序会报错。对象所需要的属性，应该封装在类的内部。

1. 初始化方法

当使用"类名()"创建对象时，Python 会自动执行以下操作：
- 为对象在内存中分配空间——创建对象（调用__new__方法）。
- 为对象的属性设置初始值——初始化方法（调用__init__方法，并将第一步创建的对象通过 self 参数传给__init__方法）。这个初始化方法就是__init__方法，__init__方法是对象的内置方法（也称为魔法方法、特殊方法）。__init__方法是专门用来定义一个类所具有的属性并且给出这些属性的初始值的。在 Cat 类中增加__init__方法，该方法在创建对象时会被自动调用。

2. 在初始化方法内部定义属性

- 在__init__方法的内部使用"self.属性名 = 属性的初始值"就可以定义属性。
- 定义属性之后，使用 Cat 类创建的对象都会拥有该属性。

3. 改造初始化方法——在初始化的同时设置对象属性

在代码开发过程中，如果希望在创建对象的同时设置对象的属性，那么可以对__init__方法进行改造：
- 把希望设置的属性值定义成__init__方法的参数；
- 在方法内部使用"self.属性 = 形参"接收外部传递的参数；
- 创建对象时，使用"类名(属性1, 属性2...)"进行调用。

2.5 __str__方法

在 Python 中，使用 print 函数输出对象变量，默认情况下，会输出这个变量的类型，以及其在内存中的地址（十六进制数表示）。代码如下：

```
class Cat:
    def __init__(self, new_name):
```

```
        self.name = new_name
        print("%s 来了" % self.name)
tom = Cat("Tom")
print(tom)
```

输出结果:

```
Tom 来了
<__main__.Cat object at 0x0000000002852278>
```

若在开发过程中,希望使用 print 函数输出对象变量,能够打印自定义的内容,则可以利用__str__这个内置方法。注意:__str__方法必须返回一个字符串,代码如下:

```
class Cat:
    def __init__(self, new_name):
        self.name = new_name
        print("%s 来了" % self.name)
    def __str__(self):
        return "我是小猫: %s" % self.name
tom = Cat("Tom")
print(tom)
```

输出结果:

```
Tom 来了
我是小猫: Tom
```

2.6 面向过程和面向对象

面向过程:分析解决问题所需的步骤,然后用函数依次实现这些步骤,使用时再依次调用即可。

面向对象:把构成问题的事物分解为各个对象,建立对象不是为了完成某个步骤,而是为了描述某个事物在整个解决问题的步骤中的行为。以下对面向过程和面向对象做进一步比较。

面向过程的代码如下:

```
def CarInfo(type, price):
    print ("the car's type %s, price:%d"%(type, price))
print('函数方式(面向过程)')
CarInfo('passat', 250000)
CarInfo('ford', 280000)
```

面向对象的代码如下:

```
class Car:
```

```
        def __init__(self, type, price):
            self.type = type
            self.price = price
        def printCarInfo(self):
            print ("the car's Info in class:type %s, price:%d"%(self.type, self.price))
    print('面向对象')
    carOne = Car('passat', 250000)
    carTwo = Car('ford', 250000)
    carOne.printCarInfo()
    carTwo.printCarInfo()
```

输出结果：

```
    函数方式（面向过程）
    the car's type passat, price:250000
    the car's type ford, price:280000
    面向对象
    the car's Info in class:type passat, price:250000
    the car's Info in class:type ford, price:250000
```

类能实现的功能，函数也可以实现，那么类的存在还有什么特殊的意义呢？

在上述代码中增加一个输出行驶里程的功能。

面向过程的代码如下：

```
    def CarInfo(type, price):
        print ("the car's type %s, price:%d"%(type, price))
    def driveDistance(oldDistance, distance):
            newDistance = oldDistance + distance
            return newDistance
    print('函数方式（面向过程）')
    CarInfo('passat', 250000)
    distance = 0
    distance = driveDistance(distance, 100)
    distance = driveDistance(distance, 200)print(f'passat 已经行驶了{distance}公里')
```

输出结果：

```
    函数方式（面向过程）
    the car's type passat, price:250000
    passat 已经行驶了 300 公里
```

面向对象的代码如下：

```
    class Car:
        def __init__(self, type, price):
            self.type = type
```

```
        self.price = price
        self.distance = 0 #新车
    def printCarInfo(self):
        print ("the car's Info in class:type %s, price:%d"%(self.type, self.price))
    def driveDistance(self, distance):
        self.distance += distance
print(f'面向对象')
carOne = Car('passat', 250000)
carOne.printCarInfo()
carOne.driveDistance(100)
carOne.driveDistance(200)
print('passat 已经行驶了 {carOne.distance}公里')
print('passat 的价格是{carOne.price}')
```

输出结果：

```
the car's Info in class:type passat, price:250000
passat 已经行驶了 300 公里
passat 的价格是 250000
```

通过对比可以发现，面向对象实现方式的封装性更好。在面向对象的实现方式中，已经行驶的里程数是对象内部的属性，由对象本身负责管理，外部调用代码无须管理，随时可以调用对象的方法和属性获取对象当前的各种信息。而对于面向过程的实现方式而言，外部调用代码显得很烦琐。

继续在代码中增加功能：车每行驶 1 公里，车的价值贬值 10 元。

使用面向对象的实现方式，只需添加如下代码：

```
    def driveDistance(self, distance):
        self.distance += distance
        self.price -= distance*10
```

面向对象的全部代码如下：

```
class Car:
    def __init__(self, type, price):
        self.type = type
        self.price = price
        self.distance = 0 #新车
    def printCarInfo(self):
        print ("the car's Info in class:type %s, price:%d"%(self.type, self.price))
    def driveDistance(self, distance):
        self.distance += distance
        self.price -= distance*10
print(f'面向对象')
carOne = Car('passat', 250000)
```

```
carOne.printCarInfo()
carOne.driveDistance(100)
carOne.driveDistance(200)
print(f'passat 已经行驶了 {carOne.distance}公里')
print(f'passat 的价格是{carOne.price}')
```
输出结果：

面向对象

the car's Info in class:type passat, price:250000

passat 已经行驶了 300 公里

passat 的价格是 247000

以公司运营方式为例，若将外部调用代码比作老板，则面向过程中的函数是员工，让员工完成一个任务，需要老板不断干涉，大大影响了老板的工作效率；而面向对象中的对象是员工，让员工完成一个任务，老板只要下命令即可，员工可以独挡一面，大大节省了老板的时间。

还有一种说法：世界上本没有类，代码写多了，也就有了类。面向对象开发方式是晚于面向过程开发方式出现的，几十年前，很多软件系统的代码量已经达到上万行，科学家们为了组织这些代码，将各种关系密切的数据和相关的方法分门别类后放到一起管理，从而形成了面向对象的开发思想和相应的编程语法。

2.7 私有属性——封装

在实际开发中，由于对象的某些属性或方法只希望在对象的内部使用，而不希望在对象的外部访问，因此，在定义属性或方法时，可在属性名或者方法名前增加两个下画线"__"。因为在实际开发过程中，私有属性也不是一成不变的，所以要给对象的私有属性提供外部能够操作的方法，常用的方法有以下三种：

- 通过自定义 get、set 方法提供私有属性的访问；
- 调用 property 方法提供私有属性的访问；
- 使用 property 标注提供私有属性的访问。

2.8 将实例用作属性-对象组合

在使用代码模拟实物时，我们会发现类的细节越来越多，属性、方法清单及文件越来越长。在这种情况下，我们考虑把类的一部分属性和方法作为一个独立的小类提取出来，从而将一个大型类拆分成多个协同工作的小类。

【例 2.2】摆放家具。

假设房子（House）包括户型、总面积和家具（注意：新房子中没有任何的家具）。家具（HouseItem）包括家具名称和占地面积，其中床（bed）占地 4 平方米，衣柜（chest）占地 2 平方米，餐桌（table）占地 1.5 平方米。将以上三件家具添加到新房子中。编程实现：输出房子的户型、总面积、剩余面积及家具名称列表。其中，在创建房子对象时，定义一个剩余面积属性，其初始值与房子总面积相等；在调用 add_item 方法时，向新房子中添加家具，此时令"剩余面积=剩余面积－家具面积"。

思考：应该先开发哪个类？

答：家具类。因为家具类相对简单，而且开发房子类要用到家具类，所以应该先开发家具类。

创建家具类，代码如下：

```python
class HouseItem:
    def __init__(self, name, area):
        """
        :param name: 家具名称
        :param area: 占地面积
        """
        self.name = name
        self.area = area
    def __str__(self):
        return "[%s]  占地面积 %.2f" % (self.name, self.area)
# 1\. 创建家具
bed = HouseItem("床", 4)
chest = HouseItem("衣柜", 2)
table = HouseItem("餐桌", 1.5)
print(bed)
print(chest)
print(table)
```

小结：
- 创建了一个家具类，用到__init__和__str__两个内置方法；
- 使用家具类创建了三个家具对象，并输出家具信息。

创建房子类，代码如下：

```python
class House:
    def __init__(self, house_type, area):
        """
        :param house_type: 户型
        :param area: 总面积
        """
        self.house_type = house_type
        self.area = area
```

```
        #剩余面积默认和总面积一致
        self.free_area = area
        #默认没有任何家具
        self.item_list = []
    def __str__(self):
        #Python 能够自动将一对括号内部的代码连接在一起
        return ("户型：%s\n 总面积：%.2f[剩余：%.2f]\n 家具：%s"
                % (self.house_type, self.area,
                   self.free_area, self.item_list))
    def add_item(self, item):
    print("要添加 %s" % item)
# 2\. 创建房子对象
my_home = House("两室一厅", 60)
my_home.add_item(bed)
my_home.add_item(chest)
my_home.add_item(table)
print(my_home)
```

小结：
- 创建了一个房子类，用到 __init__ 和 __str__ 两个内置方法；
- 设计了一个 add_item 方法用于添加家具；
- 使用房子类创建了一个房子对象；
- 令房子对象调用三次 add_item 方法，将三件家具作为实参传递到 add_item 内部。

在房子中添加家具，步骤如下：
- 判断家具的面积是否超过剩余面积，若超过，则提示不能添加该家具；
- 将家具名称增加到家具名称列表中；
- 计算剩余面积，用房子当前的剩余面积减去新添加家具的面积。

代码如下：

```
    def add_item(self, item):
        print("要添加 %s" % item)
        # 1\. 判断家具面积是否大于剩余面积
        if item.area > self.free_area:
            print("%s 的面积太大，不能添加到房子中" % item.name)
            return
        # 2\. 将家具名称增加到家具名称列表中
        self.item_list.append(item.name)
        # 3\. 计算剩余面积
        self.free_area -= item.area
```

小结：
- 主程序只负责创建房子对象和家具对象；

- 令房子对象调用 add_item 方法，将家具添加到房子中；
- 总面积和剩余面积的计算、家具名称列表等的处理都被封装到房子类的内部。

2.9 类属性、类方法、静态方法

1. 类对象和实例对象

类对象：用类名表示。

实例对象：类创建的对象。

类属性就是类对象所拥有的属性，为该类对象的所有实例对象共有，在内存中只存在一个副本，与 C++、Java 中类的静态成员变量类似。公有的类属性，在类外可以通过类对象或实例对象访问。

类属性：

```
#类属性
class people:
    name = "Tom"      #公有的类属性
    __age = 18        #私有的类属性
p=people()   print(p.name)   #实例对象
print(people.name)  #类对象
# print(p.__age)    #错误：不能在类外通过实例对象访问私有的类属性
print(people.__age) #错误：不能在类外通过类对象访问私有的类属性
```

实例属性：

```
class people:
    name = "tom"
p = people()
p.age = 18
print(p.name)
print(p.age)    #实例属性是实例对象特有的，类对象不能拥有
print(people.name)  #print(people.age)
#错误：实例属性，不能通过类对象访问
```

通常将实例属性放在构造方法中，代码如下：

```
class people:
    name = "tom"
    def __init__(self, age):
        self.age = age
p = people(18)
print(p.name)
```

```
    print(p.age)      #实例属性是实例对象特有的，类对象不能拥有
    print(people.name)
    # print(people.age)   #错误：实例属性，不能通过类对象访问
```

类属性和实例属性混合，代码如下：

```
class people:
    name = "tom"       #类属性：实例对象和类对象可以同时访问
    def __init__(self, age):   #实例属性
        self.age = age
p = people(18)      #实例对象
p.sex = "男"        #实例属性
print(p.name)
print(p.age)       #实例属性是实例对象特有的，类对象不能拥有
print(p.sex)
print(people.name)   #类对象
# print(people.age)   #错误：实例属性，不能通过类对象访问
# print(people.sex)   #错误：实例属性，不能通过类对象访问
```

如果要在类的外部修改类属性，必须通过类对象引用后再对其进行修改。若通过实例对象引用，则会产生一个与类属性同名的实例属性，这种方式修改的是实例属性，不但不会对类属性进行修改，而且当实例对象再引用该名称的属性时，实例属性会强制屏蔽类属性，除非删除该实例属性，否则都无法引用类属性。代码如下：

```
class Animal:
    name = "Panda"
print(Animal.name)     #类对象引用类属性
p = Animal()
print(p.name)          #当实例对象引用类属性时，会产生一个同名的实例属性
p.name = "dog"         #修改的只是实例属性，类属性不会被修改
print(p.name)          #dog
print(Animal.name)     #panda
#删除实例属性
del p.name
print(p.name)
```

2. 类属性的应用场景

例如，有一个班级类，在创建班级对象时，如果要按序号指定班级名称，那么就需要知道当前已经创建了多少个班级对象，班级对象的数量可以被设计为类属性，代码如下：

```
class syuEduClass:
    class_num = 0
    def __init__(self):
        self.class_name = f'沈阳大学 Python{syuEduClass.class_num+1}班'
```

```
            syuEduClass.class_num += 1
    classList = [syuEduClass() for i in range(10)]
    for c in classList:
        print(c.class_name)
```

输出结果:

```
沈阳大学 Python1 班
沈阳大学 Python2 班
沈阳大学 Python3 班
沈阳大学 Python4 班
沈阳大学 Python5 班
沈阳大学 Python6 班
沈阳大学 Python7 班
沈阳大学 Python8 班
沈阳大学 Python9 班
沈阳大学 Python10 班
```

3. 类方法

类方法即类对象所拥有的方法，用修饰器"@classmethod"进行标识。类方法的第一个参数必须是类对象，一般以"cls"作为第一个参数（也可用其他名称的类对象作为其第一个参数），类方法能够通过实例对象和类对象访问，代码如下：

```
class people:
    country = "china"
    @classmethod
    def getCountry(cls):
        return cls.country
p = people()
print(p.getCountry())        #实例对象访问类方法
print(people.getCountry())   #类对象访问类方法
```

类方法的另一个用途是修改类属性，代码如下：

```
class people:
    country = "china"
    @classmethod
    def getCountry(cls):
        return cls.country
    @classmethod
    def setCountry(cls, country):
        cls.country = country
p = people()
print(p.getCountry())        #实例对象访问类方法
```

```
print(people.getCountry())    #类对象访问类方法
p.setCountry("Japan")
print(p.getCountry())
print(people.getCountry())
```

4. 静态方法

静态方法用修饰器"@staticmethod"进行标识，不需要定义参数，代码如下：

```
class people3:
    country = "china"
    @staticmethod
    def getCountry():
        return people3.country
p = people3()
print(p.getCountry())    #实例对象访问类方法
print(people3.getCountry())    #类对象访问类方法
```

2.10 继承

继承的概念：子类自动拥有父类的所有方法和属性。继承的语法如下：

```
class 类名(父类名):
    pass
```

注意：

- 子类继承父类，直接拥有父类中已经封装好的方法，无须再次开发；
- 在子类中，应该根据需要，封装子类特有的属性和方法；
- 当父类中的方法无法满足子类需求时，可以对方法进行重写。

例如，计算不同图形的面积（area），以圆形（Circle）和矩形（Rectangle）为例。代码如下：

```
Import math
Class Circle:
    def __init__(self, color, r):
        self.r = r
        self.color = color
    def area(self):
        return math.pi * self.r * self.r
    def show_color(self):
        print(self.color)
```

```python
class Rectangle:
    def __init__(self, color, a, b):
        self.color = color
        self.a, self.b = a, b
    def area(self):
        return self.a * self.b
    def show_color(self):
        print(self.color)
circle = Circle('red', 3.0)
print(circle.area())
circle.show_color()
rectangle = Rectangle('blue', 2.0, 3.0)
print(rectangle.area())
rectangle.show_color()
```

输出结果：

```
28.274333882308138
red
6.0
blue
```

可见，Rectangle 类和 Circle 类有相同的 color 属性和 show_color 方法。定义一个父类 Shape，将 Rectangle 类和 Circle 类相同的部分提取到 Shape 类中，然后在子类的 __init__ 方法中，通过调用"super().__init__(color)"，把 color 属性传到父类的 __init__ 方法中。代码如下：

```python
import math
class Shape:
    def __init__(self, color):
        self.color = color
    def area(self):
        return None
    def show_color(self):
        print(self.color)
class Circle(Shape):
    def __init__(self, color, r):
        super().__init__(color)
        # Shape.__init__(self, color) #这样也行，但不推荐（假如父类的名称 Shape 改变了，怎么办？）
        self.r = r
    def area(self):
        return math.pi * self.r * self.r
```

```python
class Rectangle(Shape):
    def __init__(self, color, a, b):
        super().__init__(color)
        # Shape.__init__(self, color)     #这样也行,但不推荐(假如父类的名称 Shape 改变了,怎么办?)
        self.a, self.b = a, b
    def area(self):
        return self.a * self.b
circle = Circle('red', 3.0)
print(circle.area())
circle.show_color()
rectangle = Rectangle('blue', 2.0, 3.0)
print(rectangle.area())
rectangle.show_color()
```

输出结果:

```
28.274333882308138
red
6.0
blue
```

可见,在子类 Circle 和 Rectangle 中,并没有定义 show_color 方法,但子类拥有父类 Shape 中的 show_color 方法。子类 Circle 和 Rectangle 分别重写了父类的 area 方法,实现了各自的需求。注释 Circle 类中 __init__ 方法中的 "super().__init__(color)" 代码如下:

```python
class Circle(Shape):
    def __init__(self, color, r):
        # super().__init__(color)
        # Shape.__init__(self, color) #这样也行,但不推荐(假如父类的名称 Shape 改变了,怎么办?)
        self.r = r
```

再次运行代码时,程序错误输出:

```
File "C:/Users/Administrator/PycharmProjects/untitled16/shape.py", line 12, in show_color
    print(self.color)
AttributeError: 'Circle' object has no attribute 'color'
```

错误输出指定代码的出错位置在"print(self.color)"处,原因是 Circle 类的对象没有 color 属性。

```python
class Shape:
    def show_color(self):
        print(self.color)
```

这是因为子类 Circle 重写了父类 Shape 的 __init__ 方法,导致父类 Shape 的 __init__ 方法没有被调用,所以一定不能忘记在子类的 __init__ 方法中调用 "super().__init__()"。

再举一个例子,通过重写方法实现"英雄(Hero)与怪物(Monster)决斗"。我们发现 Hero 类和 Monster 类中有很多代码是相同的，便把这些相同的代码提取到父类 Sprite 中。代码如下：

```
from random import randint
class Sprite:
    def __init__(self, flood, strength):
        self.flood = flood
        self.strength = strength
    def calc_health(self):
        return self.flood
    def take_damage(self, attack_sprite):
        damage = randint(attack_sprite.strength - 5, attack_sprite.strength + 5)
        self.flood -= damage
        print(f"{self.name} 你被 {attack_sprite.name} 攻击，受到了 {str(damage)} 点伤害！还剩 {str(self.flood)}滴血")
        if self.calc_health() <= 0:
            print(f"{self.name}你被杀死了!胜败乃兵家常事 请重新来过。")
            return True
        else:
            return False
```

2.11 __new__方法

Python 中的类在创建实例对象时，会自动执行__init__方法，但在执行__init__方法之前，会先执行__new__方法。__new__方法的作用主要有两个：
- 在内存中为对象分配空间；
- 为 Python 解释器返回对象的引用（对象的内存地址）。Python 解释器会将获取的引用传递给__init__方法中的 self。代码如下：

```
class A:
    def __new__(cls, *args, **kwargs):
        print('__new__')
        return super().__new__(cls)#这里一定要调用 return，否则__init__方法不会被执行
    def __init__(self):#这里的 self 就是__new__方法中 return 的返回值
        print('__init__')
a = A()
```

输出结果：

```
__new__
__init__
```

注意：一定要在__new__方法的最后调用 return 语句，否则__init__方法不会被执行，代码如下：

```python
class A:
    def __new__(cls, *args, **kwargs):
        print('__new__')
        # return super().__new__(cls)#这里一定要调用 return，否则__init__方法不会被执行
    def __init__(self):#这里的 self 就是__new__方法中 return 的返回值
        print('__init__')
a = A()
```

输出结果：

```
__new__
```

先不执行__new__方法，代码如下：

```python
class A:
    # def __new__(cls, *args, **kwargs):
        # print('__new__')
        # return super().__new__(cls)#这里一定要调用 return，否则__init__方法不会被执行
    def __init__(self):#这里的 self 就是__new__方法中 return 的返回值
        print('__init__')
a = A()
```

输出结果：

```
__init__
```

2.12 所有 Python 类型的父类

在 Python 中，所有类都拥有一个默认隐藏的父类（object），2.11 节的代码还可写为：

```python
class A(object):
    # def __new__(cls, *args, **kwargs):
        # print('__new__')
        # return super().__new__(cls)#这里一定要调用 return，否则__init__方法不会被执行
    def __init__(self):#这里的 self 就是__new__方法中 return 的返回值
        print('__init__')
a = A()
```

如果类中没有定义__new__方法，那么在创建对象时，Python 会先调用父类（object）的__new__方法，在内存中创建一个实例，然后传递给__init__方法。如果类中定义了__new__方法，那么它会覆盖父类的__new__方法，此时父类的__new__方法不会被自动调用。若要调用父类的__new__方法，则要在内存中创建一个实例。__new__方法到底有什么作用呢？在下节中，我们会以单例模式为例进行说明。

2.13　单例模式

创建两个实例：

```
a1 = A()
a2 = A()
```

此时内存地址 id(a1)不等于 id(a2)，也就是说，Python 在内存中创建了两个实例对象，占用了两份内存。如果要实现不论创建多少个实例对象，这些实例对象的内存地址都能一样，即所有实例对象返回的内存地址都与第一个创建的实例对象相同，那么可进行如下实现：

```
class A():
    _instance = None
    def __new__(cls, *args, **kwargs): #重写__new__方法，很固定，返回值必须如此
        if A._instance == None: #避免了占用多份内存
#如果创建第一个实例的时候，_instance 是 None，那么会分配空间创建实例
            A._instance = super().__new__(cls) #此时的类属性已经被修改，_instance 不再为 None
        return A._instance#之后实例属性被创建的时候，_instance 不为 None
a1 = A()print(id(a1)) #返回第一个实例对象的引用，即内存地址
a2 = A()print(id(a2)) #这样就应用了单例模式
```

2.14　参数注解

写好了一个函数后，如果想为这个函数的参数添加一些额外的信息（比如每个参数的类型），以便其他程序员能清楚地知道这个函数的用法，那么参数注解是一个很好的办法，它能提示程序员应该如何正确使用该函数。例如，下面是一个有参数注解的函数：

```
def add(x:int, y:int) -> int:
    return x + y
```

Python 解释器不会对参数注解添加任何的语义，它们不会被类型检查，也不会影响函数运行结果，对于那些阅读源码的程序员来说是很有帮助的。第三方工具和框架可能不仅会对参数注解添加语义，还会将添加的语义显示在文档中，代码如下：

```
>>> help(add)
Help on function add in module __main__:
add(x: int, y: int) -> int
```

尽管可以使用任意类型的形式给函数添加注解（如数字、字符串、对象实例等），不过通常来讲，使用类或者字符串稍好一些。参数注解存储在函数的 annotations 属性中，代码如下：

```
>>> add.__annotations__
{'y': <class 'int'>, 'return': <class 'int'>, 'x': <class 'int'>}
```

尽管参数注解的用途有很多种，但主要用途还是文档提示。因为 Python 没有类型声明，通常来讲，仅通过阅读源码很难知道应该传递什么样的参数给这个函数。此时参数注解就能给程序员更多的文档提示，让他们可以正确地使用该函数。参数注解带来的好处还有，像 PyCharm 这样的 IDE 可以自动提示该类型对象拥有的方法，代码如下：

```
class A:
    def dosomething(self):
        print('hello')
def foo(a : A):
    a.dosomething()    #该方法为 IDE 自动提示的方法
a = A()
foo(a)
```

在 foo 函数的定义中，如果没有指定 a:A，那么当输入"a."时，IDE 不会自动提示 dosomething 方法。

第 3 章

Python 高级编程

本章主要介绍 Python 高级编程,包括 Python 闭包和装饰器,Python 可迭代对象、迭代器及生成器,以及 Python 内置方法。

3.1 Python 闭包和装饰器

3.1.1 闭包

在 Python 中,函数也是对象,Python 不仅允许把一个函数本身作为参数传给另一个函数,还允许把函数作为结果值返回。如果在函数内部再定义一个函数,并且内部函数使用了外部函数作用域里的变量,那么这个内部函数和被使用的外部函数作用域中的变量一起称为闭包(Closure),代码如下:

```
In [1]: def line(a, b):
   ...:     def get_y_axis(x):
   ...:         return a * x + b        #内部函数使用了外部函数作用域中的变量 a 和 b
   ...:     return get_y_axis           #返回值是闭包名,注意,因为不是函数调用,所以没有小括号
   ...:
   ...:
In [2]: L1 = line(1, 1)   #创建一条直线:y=x+1
In [3]: L1
Out[3]: <function __main__.line.<locals>.get_y_axis(x)>
In [4]: L1(3)    #在第一条直线中,当横坐标等于 3 时,获取对应的纵坐标的值
Out[4]: 4
In [5]: L2 = line(2, 3)    #再创建一条直线:y=2x+3
In [6]: L2
Out[6]: <function __main__.line.<locals>.get_y_axis(x)>
In [7]: L2(3)    #在第二条直线中,当横坐标等于 3 时,获取对应的纵坐标的值
Out[7]: 9
In [8]: L3 = line(2, 3)    #又创建一条直线: y=2x+3
```

```
In [9]: L3
Out[9]: <function __main__.line.<locals>.get_y_axis(x)>
In [10]: L2 == L3    #即使传入相同的参数,每次调用 line 返回的都是不同的函数
Out[10]: False
In [11]: L2 is L3
Out[11]: False
```

注意:在闭包中,不要引用外部函数中的任何循环变量或值不固定的变量。

错误的用法:

```
def count():
    fs = []
    for i in range(1, 4):
        def f():
            return i*i
        fs.append(f)
    return fs
f1, f2, f3 = count()
```

f1、f2 和 f3 的输出结果都是 9。原因是,在调用这三个函数时,闭包引用的外部函数中的变量 i 的值已经变为 3。

正确的用法:

```
def count():
    def f(j):
        return lambda: j * j
    fs = []
    for i in range(1, 4):
        fs.append(f(i))     # f(i)立刻被执行,因此 i 的当前值被传入闭包 lambda: j * j
    return fs
f1, f2, f3 = count()
print(f1())   #输出 1
print(f2())   #输出 4
print(f3())   #输出 9
```

3.1.2 装饰器

装饰器(Decorator)接收一个 callable 对象(可以是函数或实现了 __call__ 方法的类)作为参数,并返回一个 callable 对象。装饰器常用于有切面需求的场景,如插入日志、性能测试、事务处理、缓存、权限校验等。装饰器是解决这类需求的绝佳手段,有了装饰器,就可以抽离出大量与函数功能本身无关的代码,并将其形成新的函数以备调用。

例如,假设在 Flask 中写好了 100 个路由函数,在访问这些路由函数前,先判断用户是否有访问权限。如果在 100 个路由函数中都添加一遍权限判断代码,那么相当于要重复 100 遍权限认证代码添加工作,权限认证代码的行数越多,工作量越大。这时,可考虑把权限认证代码抽离出来形成一个新的函数,然后再用 100 个路由函数分别调用这个新的函

数，这样每个路由函数中只需添加一行调用函数的代码即可。根据开放封闭原则，不建议修改已经实现功能的代码，以免导致原代码出错，但可以对其进行扩展，扩展的最佳手段就是使用装饰器。

1. 被装饰的函数无参数

如果用户原来调用了 f1、f2...，那么在用户再次调用 f1、f2...时，尽管他们调用的函数名保持不变，但实际执行的函数体已经变了。这是因为在 Python 中，函数也是对象，函数名只是变量，每次调用函数名都可能改变它引用的函数体。在没有使用装饰器前：

```
def f1():
    print('function f1...')
def f2():
    print('function f1...')
f1() #输出 function f1...
f2() #输出 function f2...
```

创建装饰器，接收函数参数，返回一个闭包函数 inner：

```
def login_required(func):
    def inner(): # inner 是一个闭包函数，它使用了外部函数的变量 func，即传入的原函数引用 f1、f2...
        if func.__name__ == 'f1':  #权限验证逻辑判断，此处为了简化，假设只能调用 f1
            print(func.__name__,' 权限验证成功')
            func()  #执行原函数，相当于 f1()或 f2()...
        else:
            print(func.__name__,' 权限验证失败')
    return inner
```

使用装饰器，被装饰的函数无参数：

```
def f1():
    print('function f1...')
def f2():
    print('function f1...')
new_f1 = login_required(f1)    #将 f1 传入装饰器，返回 inner 引用，并赋值给新的变量 new_f1
new_f1()   #执行函数，即执行 inner()，这个闭包中使用的 func 变量指向原 f1 函数体
new_f2 = login_required(f2)    #将 f2 传入装饰器，返回 inner 引用，并赋值给新的变量 new_f2
new_f2()   #执行函数，即执行 inner()，func 变量指向原 f2 函数体，因此它不会通过权限验证，也就不会执行 func()
```

输出结果：

```
f1  权限验证成功
function f1...
f2  权限验证失败
```

上述使用装饰器的方式存在这样一个问题：用户原来调用的是 f1、f2...，然而现在调用的是 new_f1、new_f2...，这是不对的，需要进行如下修改：

```
f1 = login_required(f1)    #将 f1 引用传入装饰器，此时 func 指向了原 f1 函数体。返回 inner 引用，并赋值给 f1，即现在 func 指向原函数体，而 f1 重新指向了返回的 inner 闭包
f1()   #执行函数，即执行 inner()，这个闭包中使用的 func 变量指向原 f1 函数体
```

用 Python 中的@简写为:

```
# 1. 定义时
@login_required
def f1():
    print('function f1...')
# 2. 调用时
f1()
```

2. 被装饰的函数有参数

被装饰的函数有参数,代码如下:

```
def login_required(func):
    def inner():
        if func.__name__ == 'f1':
            print(func.__name__,' 权限验证成功')
            func()
        else:
            print(func.__name__,' 权限验证失败')
    return inner
@login_required
def f1(a):
    print('function f1, args: a=', a)
f1(10)
```

如果被装饰的函数有参数,当调用 f1(10)时,实际调用的是 inner(10),但装饰器中的闭包 inner 没有定义参数,所以程序会报错:

```
Traceback (most recent call last):
  File "test.py", line 14, in <module>
    f1(10)
TypeError: inner() takes 0 positional arguments but 1 was given
```

如果给 inner 定义一个形参:

```
def login_required(func):
    def inner(a):    #给 inner 定义了一个形参
        if func.__name__ == 'f1':
            print(func.__name__,' 权限验证成功')
            func()
        else:
            print(func.__name__,' 权限验证失败')
    return inner
@login_required
def f1(a):
    print('function f1, args: a=', a)
f1(10)
```

程序还是会报错,原因是,在执行 inner 函数体的过程中,当执行到 func 时,它指向的是传给装饰器的原函数 f1 的引用,而原函数 f1 需要一个位置参数:

```
f1  权限验证成功
```

```
Traceback (most recent call last):
    File "test.py", line 14, in <module>
        f1(10)
    File "test.py", line 5, in inner
        func()
TypeError: f1() missing 1 required positional argument: 'a'
```

所以正确的做法如下:

```
def login_required(func) :
    def inner(a) :
        if func.__name__ == 'f1':
            print(func.__name__,' 权限验证成功')
            func(a)
        else:
            print(func.__name__,' 权限验证失败')
    return inner
@login_required
def f1(a) :
    print('function f1, args: a=', a)
f1(10)
```

输出结果:

```
f1  权限验证成功
function f1, args: a= 10
```

可见,装饰器能正确装饰 f1(a)函数,但若要装饰一个包含三个参数的函数 f2(a,b,c),程序会报错,因此对装饰器进行修改,使用 Python 中的"*args"和"**kwargs"来匹配任意长度的位置参数或关键字参数:

```
def login_required(func):
    def inner(*args, **kwargs) :
        if func.__name__ == 'f1':
            print(func.__name__,' 权限验证成功')
            func(*args, **kwargs)
        else:
            print(func.__name__,' 权限验证失败')
    return inner
```

3.1.3 被装饰的函数有返回值

如果继续使用上述 3.1.2 节中的装饰器,在修改 f1 函数定义后,由于装饰器中有返回值,程序会出现问题:

```
def login_required(func) :
    def inner(*args, **kwargs):
        if func.__name__ == 'f1':
            print(func.__name__,' 权限验证成功')
            func(*args, **kwargs)
```

```
            else:
                print(func.__name__,' 权限验证失败')
        return inner
    @login_required
    def f1(a, b, c):
        print('function f1, args: a={}, b={}, c={}'.format(a, b, c))
        return 'hello, world'
    res = f1(10, 20, 30)
    print(res)
```

输出结果中返回的是 None，而不是 "hello, world"。

```
    f1 权限验证成功
    function f1, args: a=10, b=20, c=30
    None
```

原因是，当调用 f1(10,20,30)时，实际调用的是 inner(10,20,30)，然后执行 inner 闭包的函数体，执行完 func(*args,**kwargs)后，没有接收原 f1 函数体的返回值。当 inner 闭包执行完毕时，Python 解释器也没有发现 return 语句，于是默认返回 None。在 inner 中接收 func 函数的返回值，然后返回它。因为本示例中装饰器的 inner 执行完 func(*args, **kwargs)后没有其他代码了，所以可以直接修改为 return func(*args, **kwargs)。若还有其他代码,则可用变量 res 保存 func 的返回值,即 res = func(*args, **kwargs),然后在 inner 的最后一行返回 res。

```
    def login_required(func):
        def inner(*args, **kwargs):
            if func.__name__ == 'f1':
                print(func.__name__,' 权限验证成功')
                return func(*args, **kwargs)
            else:
                print(func.__name__,' 权限验证失败')
        return inner
    @login_required
    def f1(a, b, c):
        print('function f1, args:   a={}, b={}, c={}'.format(a, b, c))
        return 'hello, world'
    res = f1(10, 20, 30)print(res)
```

输出结果:

```
    f1 权限验证成功
    function f1, args:   a=10, b=20, c=30
    hello, world
```

3.1.4 装饰器带参数

Flask（使用 Python 编写的轻量级 Web 应用框架）中的 "@route('/index')" 就是带参数的，其实 route 只是一个函数，它返回的是真正的装饰器。装饰器带参数就是在原来的装饰器外再加一层函数：

```python
def logging(level):
    def decorator(func):
        def wrapper(*args, **kwargs):
            print('[日志级别 {}]: 被装饰的函数名是 {}'.format(level, func.__name__))
            return func(*args, **kwargs)
        return wrapper
    return decorator

@logging('DEBUG')  #等价于 f1 = logging('DEBUG')(f1)，即先执行 loggin('DEBUG')，返回 decorator 引用（真正的装饰器），再用 decorator 装饰 f1，返回 wrapper
def f1(a, b, c):
    print('function f1, args: a={}, b={}, c={}'.format(a, b, c))
    return 'hello, world'

@logging('INFO')
def f2():
    print('function f2...')

res = f1(10, 20, 30)
print(res)
f2()
```

输出结果：

```
[日志级别 DEBUG]: 被装饰的函数名是 f1
function f1, args: a=10, b=20, c=30
hello, world
[日志级别 INFO]: 被装饰的函数名是 f2
function f2...
```

3.1.5 多个装饰器装饰同一个函数

采用从下往上的顺序对多个装饰器进行包装。若把装饰器比喻为箱子，先包装一个小箱子@makeItalic，进入 makeItalic 装饰器中完成函数体执行（注意：它里面的 func 指向 test 函数体），print('这是斜体装饰器')会执行，之后返回闭包 italic_wrapped；再包装一个大箱子@makeBold，进入 makeBold 装饰器中完成函数体执行（注意：它里面的 func 指向 italic_wrapped），print('这是粗体装饰器')会执行，之后返回闭包 blod_wrapped。代码如下：

```python
#装饰器 1
def makeBold(func):
    print('这是加粗装饰器')
    def blod_wrapped():
        print('---1---')
        return '<b>' + func() + '</b>'
    return blod_wrapped
#装饰器 2
def makeItalic(func):
    print('这是斜体装饰器')
```

```
            def italic_wrapped():
                print('---2---')
                return '<i>' + func() + '</i>'
            return italic_wrapped
        @makeBold
        @makeItalic
        def test():
            print('---3---')
            return 'Hello, world'
        res = test()
        print(res)
```
输出结果:
```
    这是斜体装饰器    #这在调用 res = test()之前就会输出
    这是加粗装饰器    #这在调用 res = test()之前就会输出
    ---1---
    ---2---
    ---3---
    <b><i>Hello, world</i></b>
```

注意：当调用 res=test()时，先执行右边的"test()"，相当于从最外层开始拆包装。此时的 test 函数指向 blod_wrapped，若执行 test 函数，则会执行 blod_wrapped，即 print('---1---')会执行。然后执行 return''+func()+''，由于其中的 func 指向 italic_wrapped，因此会先执行 italic_wrapped，即 print('---2---')会执行。接着，再执行 return'<i>'+func()+'</i>'，同样其中的 func 指向原 test 函数体，所以先去执行它，即 print('---3---')会执行，并且返回'Hello,world'。之后，回到 italic_wrapped 函数体，返回'<i>Hello,world</i>'，然后再回到 blod_wrapped 函数体，返回'<i>Hello,world</i>'，即调用 test 的最终返回值，并赋值给 res 变量，然后打印输出到控制台。建议使用 PythonTutor 在线调试，可以清楚看到装饰器内部是如何执行的。

3.1.6 基于类实现的装饰器

只要类实现了__call__方法，类实例化后的对象就是 callable，可以直接调用：
```
    class Test():
        def __call__(self):
            print('call me!')
    t = Test()
    t()    #类实例化后的对象可以直接调用，输出：call me!
```
装饰器接收一个 callable 对象作为参数，并返回一个 callable 对象，如果让类的构造函数__init__接收一个函数，然后重载__call__方法并返回一个函数，也可以达到装饰器函数的效果：
```
    class logging(object):
        def __init__(self, func):
            self._func = func
```

```
        def __call__(self, *args, **kwargs):
            print('[DEBUG]: 被装饰的函数名是 {}'.format(self._func.__name__))return
            self._func (*args, **kwargs)
@logging
def f1(a, b, c):
    """This is f1 function"""
    print('function f1, args: a={}, b={}, c={}'.format(a, b, c))
    return 'hello, world'
res = f1(10, 20, 30)
print(res)
```

输出结果:

```
[DEBUG]: 被装饰的函数名是 f1
function f1, args: a=10, b=20, c=30
hello, world
```

带参数的基于类实现的装饰器, 代码如下:

```
class logging(object):
    def __init__(self, level='INFO'):
        self._level = level
    def __call__(self, func):  #接收函数
        def wrapper(*args, **kwargs):
            print('[日志级别 {}]: 被装饰的函数名是 {}'.format(self._level, func.__name__))
            return func(*args, **kwargs)
        return wrapper  #返回闭包
@logging('DEBUG')
def f1(a, b, c):
    """This is f1 function"""
    print('function f1, args: a={}, b={}, c={}'.format(a, b, c))
    return 'hello, world'
res = f1(10, 20, 30)
print(res)
```

输出结果:

```
[日志级别 DEBUG]: 被装饰的函数名是 f1
function f1, args: a=10, b=20, c=30
hello, world
```

3.2 Python 可迭代对象、迭代器及生成器

Python 中内置的序列, 如 list、tuple、string、bytes、dict、set、collections.deque 等, 都是可迭代对象, 但不是迭代器。迭代器可以被 next 函数调用, 并不断返回下一个值。Python 从可迭代对象中获取迭代器。迭代器和生成器都是为了实现惰性求值（Lazy Evaluation）,

避免浪费内存空间，并实现高效处理大量数据而存在的。在 Python 3.x 中，生成器有广泛的用途，所有生成器都是迭代器，因为生成器实现了迭代器的所有接口。迭代器用于从集合中取出元素，生成器用于生成元素。Python 3.4 给生成器增加了 send 方法，实现了"基于生成器的协程"；Python 3.8 允许在生成器中 return 返回值，并增加了 yield from 语法，用于建立调用方和子生成器间的双向通道。

3.2.1 可迭代对象

可迭代对象（Iterable Object）是指使用 iter 内置函数获取的迭代器（Iterator）的对象。Python 解释器需要可迭代对象 x 时，会自动调用 iter(x)，内置的 iter 函数有以下作用：

- 检查对象 x 是否实现了 __iter__ 方法，如果实现了，那么就调用它，同时获取一个迭代器；
- 如果没实现 __iter__ 方法，但是实现了 __getitem__(index) 方法，那么就顺序获取元素，参数 index 是从 0 开始的整数（索引），之所以检查 __getitem(index)__ 方法，是为了向后兼容；
- 如果上述两个方法都没实现，Python 发生 TypeError 异常，通常会提示 "'X' object is not iterable"，即 X 类的对象不可迭代，其中 X 是目标对象 x 所属的类。

具体来说，可迭代对象有哪些呢？

- 如果对象实现了能返回迭代器的 __iter__ 方法，那么该对象是可迭代的。
- 如果对象实现了 __getitem__(index) 方法，而且 index 参数是从 0 开始的整数（索引），那么该对象也是可迭代的。

Python 中内置的序列类型，如 list、tuple、string、bytes、dict、set、collections.deque 等都是可迭代对象，因为它们都实现了 __getitem__(index) 方法（注意：标准的序列类型还都实现了 __iter__ 方法）。

1. 判断对象是否可迭代

从 Python 3.4 开始，判断对象 x 是否可迭代最准确的方法是，调用 iter 函数，如果该对象不可迭代，会发生 TypeError 异常。这比使用 isinstance(x, abc.Iterable) 更准确，因为 iter 函数会检查 __getitem__(index) 方法，而 abc.Iterable 不会检查。

2. __getitem__(index) 方法

下面构造一个实现了 __getitem__(index) 方法的类，在类的构造方法中传入一些包含文本的字符串，然后逐个单词进行迭代，代码如下：

```
"""创建 test.py 模块"""
import reimport reprlib
RE_WORD = re.compile('\w+')
class Sentence:
    def __init__(self, text):
        self.text = text
        self.words = RE_WORD.findall(text)
```

```
            def __getitem__(self, index):
                return self.words[index]
            def __len__(self):  #为了让对象可迭代,没必要实现这个方法,这里是为了完善序列协议,
即可以用 len(s)获取单词个数
                return len(self.words)
            def __repr__(self):
                return 'Sentence({})'.format(reprlib.repr(self.text))
```

测试 Sentence 实例是否可迭代,代码如下:

```
In [1]: from test import Sentence    #导入刚创建的类
In [2]: s = Sentence('I love Python')   #传入字符串,创建一个 Sentence 实例
In [3]: s
Out[3]: Sentence('I love Python')
In [4]: s[0]
Out[4]: 'I'
In [5]: s.__getitem__(0)
Out[5]: 'I'
In [6]: for word in s:    # Sentence 实例可以迭代
   ...:     print(word)
   ...:
I
love
Python
In [7]: list(s)   #因为可迭代,所以 Sentence 对象可以用于构建列表或其他可迭代的类型
Out[7]: ['I', 'love', 'Python']
In [8]: from collections import abc
In [9]: isinstance(s, abc.Iterable)   #无法正确判断出 Sentence 类的对象 s 是否是可迭代对象
Out[9]: False
In [10]: iter(s)   #没有显示异常,返回迭代器,说明 Sentence 类的对象 s 是可迭代的
Out[10]: <iterator at 0x7f82a761e5f8>
```

3. __iter__方法

实现__iter__方法,但该方法没有返回迭代器,代码如下:

```
In [1]: class Foo:
   ...:     def __iter__(self):
   ...:         pass
   ...:
In [2]: from collections import abc
In [3]: f = Foo()
In [4]: isinstance(f, abc.Iterable)   #错误判断出 Foo 类的对象 f 是可迭代对象
Out[4]: True
In [5]: iter(f)   #使用__iter__方法会显示异常,即对象 f 不可迭代,不能用 for 循环迭代它
```

```
TypeError                                 Traceback (most recent call last)
<ipython-input-5-a2fd621ca1d7> in <module>()
----> 1 iter(f)
TypeError: iter() returned non-iterator of type 'NoneType'
```

Python 迭代协议要求__iter__方法必须返回特殊的迭代器对象。下一节会讲迭代器，迭代器对象必须实现__next__方法，并使用 StopIteration 异常告知迭代结束，代码如下：

```
In [1]: class Foo:
   ...:     def __iter__(self):    #将迭代请求委托给列表
   ...:         return iter([1, 2, 3])  # __iter__方法从列表创建迭代器，等价于[1, 2, 3].__iter__()
   ...:
In [2]: from collections import abc
In [3]: f = Foo()
In [4]: isinstance(f, abc.Iterable)
Out[4]: True
In [5]: iter(f)
Out[5]: <list_iterator at 0x7fbe0e4f2d30>
In [6]: for i in f:
   ...:     print(i)
   ...: 123
```

4．对 iter 函数的补充

iter 函数有以下两种用法。

- iter(iterable)->iterator：传入可迭代对象，返回迭代器；
- iter(callable,sentinel)->iterator：传入两个参数，第一个参数必须是可调用的对象，用于连续调用（没有参数），输出各自对应的值；第二个参数是哨符，这是个标记值，当可调用的对象返回这个值时，会触发迭代器发生 StopIteration 异常，而不输出哨符。

下面使用 iter 函数的第二种用法实现掷骰子，直到掷出 1 点，代码如下：

```
In [1]: from random import randint
In [2]: def d6():
   ...:     return randint(1, 6)
   ...:
In [3]: d6_iter = iter(d6, 1)   #第一个参数是 d6 函数，第二个参数是哨符
In [4]: d6_iter   #这里的 iter 函数返回一个 callable_iterator 对象
Out[4]: <callable_iterator at 0x473c5d0>
In [5]: for roll in d6_iter:  # for 循环的运行时间可能特别长，但肯定不会打印出 1，因为 1 是哨符
   ...:     print(roll)
   ...: 635244
```

再给出一个实用的例子：逐行读取文件，直到遇到空行或者到达文件末尾，代码如下：

```
with open('mydata.txt') as fp:
```

```
for line in iter(fp.readline, '\n'):    # fp.readline 每次返回一行
    print(line)
```

3.2.2 迭代器

迭代是数据处理的基础。当内存中存不下返回的数据时，要找到一种惰性获取数据的方式，即按次获取数据，这就要使用迭代器。迭代器如果实现了无参数的__next__方法，那么就返回下一个数据，如果没有数据了，会发生 StopIteration 异常。

在 Python 语言中，迭代器可用于：
- for 循环；
- 构建和扩展集合类型；
- 逐行遍历文本文件；
- 列表推导、字典推导和集合推导；
- 元组拆包（将元组中的元素，依次分配赋值给变量）；
- 调用函数时，使用"*"拆包实参。

1. 判断对象是否为迭代器

判断对象 x 是否为迭代器，最好的方式是调用 isinstance(x, abc.Iterator)，代码如下：

```
In [1]: from collections import abc
In [2]: isinstance([1,3,5], abc.Iterator)
Out[2]: False
In [3]: isinstance((2,4,6), abc.Iterator)
Out[3]: False
In [4]: isinstance({'name': 'wangy', 'age': 18}, abc.Iterator)
Out[4]: False
In [5]: isinstance({1, 2, 3}, abc.Iterator)
Out[5]: False
In [6]: isinstance('abc', abc.Iterator)
Out[6]: False
In [7]: isinstance(100, abc.Iterator)
Out[7]: False
In [8]: isinstance((x*2 for x in range(5)), abc.Iterator)    #生成器表达式
Out[8]: True
```

2. __next__和__iter__方法

标准的迭代器接口如下。
- __next__方法：返回下一个数据，如果没有数据了，发生 StopIteration 异常。调用 next(x)相当于调用 x.__next__()；
- __iter__方法：返回迭代器本身，以便在可使用可迭代对象的位置也可使用迭代器，比如在 for 循环、list(iterable)函数、sum(iterable, start=0, /)函数中。说明：如 3.2.1 节所述，如果对象实现了能返回迭代器的__iter__方法，那么该对象是可迭代的，因此，迭代器都是可迭代对象。

在下面的示例中,Sentence 类的对象是可迭代对象,SentenceIterator 类是典型的迭代器。

```python
import re
import reprlib
RE_WORD = re.compile('\w+')
class Sentence:
    def __init__(self, text):
        self.text = text
        self.words = RE_WORD.findall(text)
    def __repr__(self):
        return 'Sentence(%s)' % reprlib.repr(self.text)
    def __iter__(self):
        return SentenceIterator(self.words)   # __iter__方法返回一个迭代器
class SentenceIterator:
    def __init__(self, words):
        self.words = words
        self.index = 0
    def __next__(self):
        try:
            word = self.words[self.index]    #获取 self.index 索引位(从 0 开始)上的数据。
        except IndexError:
            raise StopIteration()   #如果 self.index 索引位上没有数据,抛出 StopIteration 异常
        self.index += 1
        return word
    def __iter__(self):
        return self   #返回迭代器本身
```

3. next 函数获取迭代器中的下一个元素

除了使用 for 循环获取迭代器中的数据外,还可以使用 next 函数,它实际上调用了 iterator.__next__(),每调用一次该函数,就返回迭代器中的下一个数据。如果已经是最后一个数据,再继续调用 next 函数就会发生 StopIteration 异常。一般来说,StopIteration 异常是用来宣告迭代结束的,代码如下:

```python
with open('/etc/passwd') as fd:
    try:
        while True:
            line = next(fd)
            print(line, end='')
    except StopIteration:
        pass
```

如果不想显示异常,那么可以为 next 函数的第二个参数指定默认值,当执行到迭代器最后一个数据时,会返回默认值:

```python
with open('/etc/passwd') as fd:
    while True:
```

```
        line = next(fd, None)
        if line is None:
            break
        print(line, end='')
```

4. 可迭代对象与迭代器的对比

首先,要明确可迭代对象和迭代器之间的关系:Python 从可迭代对象中获取迭代器。比如,用 for 循环迭代字符串'ABC',字符串是可迭代对象,for 循环会先调用 iter(s)将字符串转换为迭代器,代码如下:

```
In [1]: s = 'ABC'
In [2]: for char in s:
   ...:     print(char)
   ...:
A
B
C
```

如果没有 for 循环,那么可以使用 while 循环来模拟,代码如下:

```
In [3]: it = iter(s)    #从可迭代对象 s 中获取迭代器 it
In [4]: while True:
   ...:     try:
   ...:         print(next(it))    #不断在迭代器中调用 next 函数,获取下一个数据(字符)
   ...:     except StopIteration:  #如果没有数据(字符)了,迭代器会发生 StopIteration 异常
   ...:         del it
   ...:         break
   ...:
A
B
C
```

StopIteration 异常表明迭代器已迭代至最后一个数据,Python 语言会处理 for 循环和其他迭代器(如列表推导、元组拆包等)中的 StopIteration 异常。导入 Sentence 类,下面演示如何使用 iter 函数来获取迭代器,并使用 next 函数按次获取迭代器中的数据,代码如下:

```
In [1]: from test import Sentence
In [2]: s = Sentence('Pig and Pepper')
In [3]: it = iter(s)    #获取迭代器
In [4]: it
Out[4]: <iterator at 0x4148650>
In [5]: next(it)    #使用 next 函数获取下一个数据(单词)
Out[5]: 'Pig'
In [6]: it.__next__()    # __next__方法也能实现需求,但不推荐
Out[6]: 'and'
In [7]: next(it)
Out[7]: 'Pepper'
```

```
In [8]: next(it)   #没有数据了，迭代器发生 StopIteration 异常
---------------------------------------------------------------
StopIteration                             Traceback (most recent call last)
<ipython-input-8-bc1ab118995a> in <module>()
----> 1 next(it)
StopIteration:
In [9]: list(it)   #迭代至最后一个数据后，迭代器就没用了
Out[9]: []
In [10]: list(iter(s))   #如果想再次迭代，要重新获取迭代器
Out[10]: ['Pig', 'and', 'Pepper']
```

小结：
- 迭代器通过实现__next__方法，返回迭代器中的下一个数据；
- 迭代器通过实现__iter__方法，返回迭代器本身，因此，迭代器都是可迭代对象；
- 可迭代对象一定不能是自己的迭代器，也就是说，可迭代对象必须能实现__iter__方法，但不能实现__next__方法。

3.2.3 生成器

在 Python 中，可以使用生成器在迭代的过程中不断计算后续的值，且不必将它们全部存储在内存中。

【例 3.1】斐波那契数列从 0 和 1 开始，之后的斐波那契值由之前的两数相加而得，它是一个无穷数列，获取该斐波那契数列的代码如下：

```
def fib():   #生成器函数
    a, b = 0, 1
    while True:
        yield a
        a, b = b, a + b
g = fib()   #调用生成器函数，返回一个实现了迭代器接口的生成器对象，生成器一定是迭代器
counter = 1
for i in g:   #可以迭代生成器
    print(i)   #每当需要一个值时，才会去计算
    counter += 1
    if counter > 10:   #只生成斐波那契数列的前 10 个值
        break
```

1. 生成器函数

在 Python 中，只要函数的定义体中有 yield 关键字，该函数就是生成器函数。在调用生成器函数时，会返回一个生成器（Generator）对象。普通函数与生成器函数在语法上唯一的区别是：在后者的定义体中有 yield 关键字。调用生成器函数后会返回一个新的生成器对象，但此时还不会执行函数体。当第一次执行 next(g)时，会激活生成器，生成器函数会执行代码到函数定义体中的下一个 yield 语句，生成 yield 关键字后面的表达式的值，然后在函数定义体的当前位置暂停，并返回生成的值。具体步骤为：

- 执行 print('start')输出，start；
- 执行 yield 'A'，该"yield"关键字后面的表达式为'A'，即表达式的值为 A。所以整个语句会生成值 A，并在函数定义体的当前位置暂停，同时返回值 A，因此在控制台上会看到输出 A。

当第二次执行 next(g)时，生成器函数定义体中的代码由 yield 'A'执行到 yield 'B'，所以会先输出 continue，生成值 B，并在函数定义体的当前位置暂停，同时返回值 B。

当第三次执行 next(g)时，由于函数体中没有下一个 yield 语句，因此代码会执行到生成器函数的末尾，会先输出 end，待执行到生成器函数定义体的末尾时，生成器对象发生 StopIteration 异常。

注意：普通函数只返回值，但生成器函数会返回生成器对象，生成器会生成值。调用生成器函数后，会返回一个实现了迭代器接口的生成器对象，所以生成器一定是迭代器。

```
import re
import reprlib
RE_WORD = re.compile('\w+')
class Sentence:
    def __init__(self, text):
        self.text = text
        self.words = RE_WORD.findall(text)
    def __repr__(self):
        return 'Sentence(%s)' % reprlib.repr(self.text)
    def __iter__(self):
        #最简单的方式是委托迭代给列表，这里仅演示生成器函数的用法
        # return iter(self.words)   #等价于 self.words.__iter__()
        or word in self.words:
            yield word   #生成当前的 word
```

迭代器和生成器都是为了惰性求值而存在的，避免浪费内存空间。而上述代码中的 Sentence 类却不具有惰性，因为 RE_WORD.findall(text)会创建所有匹配项的列表，然后将其绑定到 self.words 属性上。如果传入一个非常大的文本，那么该列表使用的内存量可能与文本本身一样多；如果只需要迭代文本中的前几个数据，那么将浪费大量的内存。

re.finditer 函数是 re.findall 函数的惰性版本，返回的不是列表，而是一个迭代器，可按需生成 re.MatchObject 对象。当有很多数据匹配要求时，re.finditer 函数能节省大量内存。使用这个函数会让 Sentence 类变得"懒惰"，即按需生成下一个数据：

```
import re
import reprlib
RE_WORD = re.compile('\w+')
class Sentence:
    def __init__(self, text):
        self.text = text
    def __repr__(self):
        return 'Sentence(%s)' % reprlib.repr(self.text)
```

```
    def __iter__(self):
        #finditer 函数获取一个迭代器,包含在 self.text 中匹配 RE_WORD,并生成 MatchObject 对象
        for match in RE_WORD.finditer(self.text):
            yield match.group()    # match.group 方法从 MatchObject 对象中提取匹配正则表达式
```
的具体文本

2. 生成器表达式

将列表推导中的"[]"替换为"()",可以把简单的生成器函数(有 yield 关键字的)替换为生成器表达式(没有 yield 关键字的),从而让代码变得更简短。生成器表达式可以理解为列表推导的惰性版本:不会迫切地构建列表,而会返回一个生成器,按需生成数据。何时使用生成器表达式呢?生成器表达式是获取生成器的简洁语法,无须先定义函数再调用。不过,生成器函数灵活得多,不仅可以使用多个语句实现复杂的逻辑,还可以作为协程使用。遇到简单的逻辑时,可以使用生成器表达式,因为这样能使程序员扫一眼就知道代码的作用。如果生成器表达式要分成多行写,那么推荐使用生成器函数,以便提高可读性。此外,生成器函数有函数名,可以重用。如果将生成器表达式传入只有一个参数的函数,可以省略生成器表达式外面的"()",代码如下:

```
In [1]: list((x*2 for x in range(5)))
Out[1]: [0, 2, 4, 6, 8]
In [2]: list(x*2 for x in range(5))    #可以省略生成器表达式外面的"()"
Out[2]: [0, 2, 4, 6, 8]
```

3. 嵌套生成器

将多个生成器像管道(pipeline)一样链接起来使用,能更高效地处理数据,代码如下:

```
In [1]: def integers():    # 1. 获取生成整数的生成器
   ...:     for i in range(1, 9):
   ...:         yield i
   ...:
In [2]: chain = integers()
In [3]: list(chain)
Out[3]: [1, 2, 3, 4, 5, 6, 7, 8]
In [4]: def squared(seq):    # 2. 基于生成整数的生成器,获取生成平方数的生成器
   ...:     for i in seq:
   ...:         yield i * i
   ...:
In [5]: chain = squared(integers())
In [6]: list(chain)
Out[6]: [1, 4, 9, 16, 25, 36, 49, 64]
In [7]: def negated(seq):    # 3. 基于生成平方数的生成器,获取生成负数平方数的生成器
   ...:     for i in seq:
   ...:         yield -i
   ...:
In [8]: chain = negated(squared(integers()))    # 4.获取高效的嵌套生成器
```

```
In [9]: list(chain)
Out[9]: [-1, -4, -9, -16, -25, -36, -49, -64]
```

由于上面各生成器函数的功能都非常简单,所以可以使用生成器表达式进一步优化嵌套生成器,代码如下:

```
In [1]: integers = range(1, 9)
In [2]: squared = (i * i for i in integers)
In [3]: negated = (-i for i in squared)
In [4]: negated
Out[4]: <generator object <genexpr> at 0x7f2a5c09be08>
In [5]: list(negated)
Out[5]: [-1, -4, -9, -16, -25, -36, -49, -64]
```

4. 增强生成器

Python 3.5 通过了 PEP342 提案,这个提案为生成器对象增加了额外的方法和功能,其中最值得关注的是 send 方法。与 __next__ 方法一样,send 方法使生成器函数定义体执行到下一个 yield 语句。此外,send 方法还允许调用方把数据发送给生成器,即不论给 send 方法传递什么参数,该参数都会成为生成器函数定义体中对应的 yield 语句的值。也就是说,send 方法允许在调用方和生成器之间双向交换数据,而 __next__ 方法只允许调用方从生成器中获取数据。可以使用 inspect.getgeneratorstate 函数查看生成器对象的当前状态:

- 'GEN_CREATED': 等待开始执行;
- 'GEN_RUNNING': 正在被解释器执行(只有在多线程应用中才能看到这个状态);
- 'GEN_SUSPENDED': 在 yield 表达式处暂停;
- 'GEN_CLOSED': 执行结束。

增强生成器是一项重要的改进,甚至改变了生成器的本性:生成器变为基于生成器的协程。注意:给已结束的生成器发送任何值,都将发生 StopIteration 异常,且返回值(保存在异常对象的 value 属性中)是 None。

5. yield from

yield from 是在 Python 3.3 中才出现的语法,这个语法在 Python 2.x 中是没有的。yield from 后需要加可迭代对象,它可以是普通的可迭代对象,也可以是迭代器,还可以是生成器。

(1) 简单应用:拼接可迭代对象

对比 yield 和 yield from 两种方式,使用 yield 的代码如下:

```
#字符串
astr='ABC'
#列表
alist=[1,2,3]
#字典
adict={"name":"wangbm","age":18}
#生成器
agen=(i for i in range(4,8))
def gen(*args):
```

```
        for item in args:
            for i in item:
                yield i
new_list=gen(astr, alist, adict,agen)
print(list(new_list))
# ['A', 'B', 'C', 1, 2, 3, 'name', 'age', 4, 5, 6, 7]
```

使用 yield from 的代码如下：

```
#字符串
astr='ABC'
#列表
alist=[1,2,3]
#字典
adict={"name": "wangbm","age": 18}
#生成器
agen=(i for i in range(4,8))
def gen(*args):
    for item in args:
        yield from item
new_list=gen(astr, alist, adict, agen)print(list(new_list))# ['A', 'B', 'C', 1, 2, 3, 'name', 'age', 4, 5, 6, 7]
```

对比上面两种方式，可以看出，在 yield from 后加可迭代对象，能把可迭代对象中的每个数据一一 yield 出来，对比 yield 来说代码更简洁，结构更清晰。

（2）复杂应用：生成器的嵌套

在 yield from 后加生成器，就实现了生成器的嵌套。当然，要实现生成器的嵌套，并非必须使用 yield from，但是使用 yield from 可以避免处理各种意想不到的异常，从而专注于业务代码的实现，下面介绍几个概念。

- 调用方：指调用委派生成器的客户端代码。
- 委托生成器：指包含 yield from 表达式的生成器函数。
- 子生成器：指在 yield from 后加的生成器函数。

通过下面的例子来理解以上几个概念的含义。

【例 3.2】实现实时计算均值。例如，第一次传入 10，返回的平均数自然是 10；第二次传入 20，返回的平均数是（10+20）/2=15；第三次传入 30，返回的平均数是(10+20+30)/3=20。代码如下：

```
#子生成器
def average_gen():
    total = 0
    count = 0
    average = 0
    while True:
        new_num = yield average
        count += 1
        total += new_num
```

```python
        average = total/count
#委托生成器
def proxy_gen():
    while True:
        yield from average_gen()
#调用方
def main():
    calc_average = proxy_gen()
    next(calc_average)                #预激生成器
    print(calc_average.send(10))      #打印：10.0
    print(calc_average.send(20))      #打印：15.0
    print(calc_average.send(30))      #打印：20.0
if __name__ == '__main__':
    main()
```

委托生成器的作用是，在调用方与子生成器之间建立一个双向通道。所谓的双向通道是指调用方通过 send 方法直接发送消息给子生成器，将子生成器 yield 的值直接返回给调用方。你可能经常会看到在 yield from 前赋值的代码。这是什么用法？你可能会以为这是子生成器 yield 回来的值，被委托生成器拦截了。其实并不是这样的，因为委托生成器只起到一个桥梁作用，它建立的是一个双向通道，并没有权利拦截子生成器 yield 回来的值。为了解释这个用法，对例 3.2 进行一些改造，代码如下：

```python
#子生成器
def average_gen():
    total = 0
    count = 0
    average = 0
    while True:
        new_num = yield average
        if new_num is None:
            break
        count += 1
        total += new_num
        average = total/count
    #每一次return，都意味着当前协程结束
    return total,count,average
#委托生成器
def proxy_gen():
    while True:
        #只有子生成器要结束（return）了，yield from 前的变量才会被赋值，后面的代码才会执行
        total, count, average = yield from average_gen()
        print("计算完毕!! \n 共传入{}个数值，总和：{}，平均数：{}".format(count, total, average))
#调用方
def main():
```

```python
        calc_average = proxy_gen()
        next(calc_average)              #预激协程
        print(calc_average.send(10))    #打印：10.0
        print(calc_average.send(20))    #打印：15.0
        print(calc_average.send(30))    #打印：20.0
        calc_average.send(None)         #结束协程
        #如果此处再调用 calc_average.send(10)，由于上一协程已经结束，将重新开始新协程
if __name__ == '__main__':
    main()
```

输出结果：

```
10.0
15.0
20.0
计算完毕!!
共传入 3 个数值，总和：60，平均数：20.0
```

为什么要使用 yield from？既然委托生成器只起到一个桥梁作用，为什么还要用委托生成器？可不可以直接调用子生成器呢？答案是否定的。因为 yield from 可以自动捕获并处理异常，如果不使用委托生成器，而直接调用子生成器，就需要人为捕获异常并处理。代码如下：

```
#子生成器
def average_gen():
    total = 0
    count = 0
    average = 0
    while True:
        new_num = yield average
        if new_num is None:
            break
        count += 1
        total += new_num
        average = total/count
    return total,count,average
#调用方
def main():
    calc_average = average_gen()
    next(calc_average)              #预激协程
    print(calc_average.send(10))    #打印：10.0
    print(calc_average.send(20))    #打印：15.0
    print(calc_average.send(30))    #打印：20.0
    # ---------------注意---------------
    try:
        calc_average.send(None)
```

```
        except StopIteration as e:
        total, count, average = e.value
            print("计算完毕！！\n 共传入 {} 个数值， 总和：{}，平均数：{}".format(count, total, average))
        # ----------------注意-----------------
    if __name__ == '__main__':
        main()
```

3.3 Python 内置方法

在 Python 中，所有用双下画线包裹的方法，都为内置方法，比如__init__方法。内置方法有助于定义更加符合 Python 风格的对象。

3.3.1 构造和初始化

__new__方法在实例对象创建前被调用，因为它的任务是创建实例对象并返回该对象，是个静态方法。__init__方法在实例对象创建完成后被调用，需要通过它设置实例对象属性的初始值。

因此，本质上，__new__方法负责创建实例对象，__init__方法负责实例属性相关的初始化。执行顺序是先__new__后__init__，代码如下：

```
class Student(object):
    def __new__(cls,*args,**kwargs):
        print('我是 new 函数！')          #这是为了追踪__new__的执行过程
        print(type(cls))                 #这是为了追踪__new__的执行过程
        return object.__new__(cls)       #调用父类的（object）的__new__方法，返回一个Student实例对象，这个对象传递给__init__的self参数
    def __init__(self,name,age):
        self.name=name
        self.age=age
        print('我是 init')
    def study(self):
        print('我爱学习！')
if __name__=='__main__':
    s=Student('张三',25)
    print(s.name)
    print(s.age)
    s.study()
```

输出结果：

```
我是 new 函数！ <class 'type'>
我是 init
```

```
张三
25
我爱学习！
```

3.3.2 属性访问控制

通常情况下，在访问类或实例对象的时候，会涉及一些属性访问控制的内置方法，主要包括如下方法。
- __getattr__(self, name)：在访问不存在的属性时调用。
- __getattribute__(self, name)：在访问存在的属性时调用（先调用该方法，查看是否存在该属性，若不存在，则去调用 getattr(self, name)）。
- __Setattr__(self, name, value)：在设置实例对象的一个新的属性时调用。
- __delattr__(self, name)：在删除实例对象的属性时调用。

若要给字典 self.__dict__ 添加键值对，首先应获得 self.__dict__，并且__getattribute__ 方法需要返回 super().__getattribute__(item)，否则函数默认返回 None，程序报错。

3.3.3 描述符

一个实现了描述符协议的类称为一个描述符。实现了描述符协议是指实现了__get__、__set__、__delete__中的至少一个方法。
- __get__方法：用于访问属性并返回属性的值，若属性不存在、不合法等，则会发生相应的异常。
- __set__方法：在属性分配操作中调用，不会返回任何内容。
- __delete__方法：控制删除操作，不会返回任何内容。

为什么要使用描述符呢？下面用一个例子来说明。

【例 3.3】假设你为学校编写一个成绩管理系统，在编程经验不足时，你可能会这样写：

```
class Student:
    def __init__(self, name, math, chinese, english):
        self.name = name
        self.math = math
        self.chinese = chinese
        self.english = english
    def __repr__(self):
        return "<Student: {}, math: {}, chinese: {}, english:{}>".format(
            self.name, self.math, self.chinese, self.english
        )
```

看起来一切都很合理，输出结果：

```
>>> std1 = Student('小明', 76, 87, 68)
>>> std1
<Student: 小明, math: 76, chinese: 87, english: 68>
```

但是程序并没有人那么智能，不会自动根据使用场景判断数据的合法性，如果老师在录入成绩的时候，不小心将成绩录成了负数，或者大于 100 的数，程序是无法辨别的，所以在上述程序中加入判断逻辑，代码如下：

```python
class Student:
    def __init__(self, name, math, chinese, english):
        self.name = name
        if 0 <= math <= 100:
            self.math = math
        else:
            raise ValueError("Valid value must be in [0, 100]")
        if 0 <= chinese <= 100:
            self.chinese = chinese
        else:
            raise ValueError("Valid value must be in [0, 100]")
        if 0 <= chinese <= 100:
            self.english = english
        else:
            raise ValueError("Valid value must be in [0, 100]")
    def __repr__(self):
        return "<Student: {}, math: {}, chinese: {}, english: {}>".format(
            self.name, self.math, self.chinese, self.english
        )
```

如果在__init__方法中有过多的判断逻辑，那么会影响程序的可读性。使用@property来提高代码的可读性，代码如下：

```python
class Student:
    def __init__(self, name, math, chinese, english):
        self.name = name
        self.math = math
        self.chinese = chinese
        self.english = english
    @property
    def math(self):
        return self._math
    @math.setter
    def math(self, value):
        if 0 <= value <= 100:
            self._math = value
        else:
            raise ValueError("Valid value must be in [0, 100]")
    @property
    def chinese(self):
        return self._chinese
```

```python
        @chinese.setter
        def chinese(self, value):
            if 0 <= value <= 100:
                self._chinese = value
            else:
                raise ValueError("Valid value must be in [0, 100]")
        @property
        def english(self):
            return self._english
        @english.setter
        def english(self, value):
            if 0 <= value <= 100:
                self._english = value
            else:
                raise ValueError("Valid value must be in [0, 100]")
        def __repr__(self):
            return "<Student: {}, math: {}, chinese: {}, english: {}>".format(
                self.name, self.math, self.chinese, self.english
            )
```

程序是智能的，对于类中的三个属性 math、chinese 和 english，程序都使用@property 对属性的合理性进行了有效控制。但是代码的重复率太高，要输入成绩的属性越多，代码越冗余。

下述代码中的 Score 类是一个描述符，当从 Student 类的实例对象中访问 math、chinese、english 这三个属性时，都会先调用 Score 类中的三个方法。这里的 Score 类避免了出现大量代码冗余的问题，代码如下：

```python
class Score:
    def __init__(self, default=0):
        self._score = default
    def __set__(self, instance, value):
        if not isinstance(value, int):
            raise TypeError('Score must be integer')
        if not 0 <= value <= 100:
            raise ValueError('Valid value must be in [0, 100]')
        self._score = value
    def __get__(self, instance, owner):
        return self._score
    def __delete__(self):
        del self._score
class Student:
    math = Score(0)
    chinese = Score(0)
    english = Score(0)
```

```python
    def __init__(self, name, math, chinese, english):
        self.name = name
        self.math = math
        self.chinese = chinese
        self.english = english
    def __repr__(self):
        return "<Student: {}, math: {}, chinese: {}, english:{}>".format(
            self.name, self.math, self.chinese, self.english
        )
```

代码实现的效果和前面的一样,可以对属性的合法性进行有效控制。

下面介绍一个描述符的应用——验证参数类型。

```python
class Typed:
    def __init__(self, key, expected_type):   #构造函数接收传递的参数和参数类型
        self.key = key
        self.expected_type = expected_type
    def __get__(self, instance, owner):
        print('get 方法')
        return instance.__dict__[self.key]   #从底层字典获取值
    def __set__(self, instance, value):
        print('set 方法')
        if not isinstance(value, self.expected_type):    #类型判断
            raise TypeError('%s 传入的类型不是%s' % (self.key, self.expected_type)) #格式化显示异常
        instance.__dict__[self.key] = value #修改底层字典
    def __delete__(self, instance):
        print('delete 方法')
        instance.__dict__.pop(self.key)
class People:
    name = Typed('name', str)   # p1.__set__()  self.__set__(),触发描述符__set__方法,设置参数类型传递给构造函数
    age = Typed('age', int)    # p1.__set__()  self.__set__()
    salary = Typed('salary', float)  # p1.__set__()  self.__set__()
    def __init__(self, name, age, salary):
        self.name = name
        self.age = age
        self.salary = salary
# p1=People('alex','13',13.3)#类型有误,报错
p1 = People('alex', 13, 13.3)
print(p1.__dict__)
print(p1.name)
p1.name = 'egon'
print(p1.__dict__)
```

```
del p1.name
print(p1.__dict__)
# print(p1.name)    #相应的键值对在底层字典中已被删除,报错
```

3.3.4 构造自定义容器(Container)

在 Python 中,如果想创建类似于序列或映射的类(可以迭代及通过"[]"返回数据),那么可以通过重写内置方法__getitem__、__setitem__、__delitem__及__len__去实现。内置方法的作用如下:

- __getitem__(self,key):返回键对应的值;
- __setitem__(self,key,value):设置给定键的值;
- __delitem__(self,key):删除给定键对应的数据;
- __len__():返回数据的数量。

```
'''        desc:尝试定义一种新的数据类型——等差数列
'''class ArithemeticSequence:
    def __init__(self, start=0, step=1):
        print('Call function __init__')
        self.start = start
        self.step = step
        self.myData = {}
    #定义获取值的方法
    def __getitem__(self, key):
        print('Call function __getitem__')
        try:
            return self.myData[key]
        except KeyError:
            return self.start + key * self.step
    #定义赋值方法
    def __setitem__(self, key, value):
        print('Call function __setitem__')
        self.myData[key] = value
    #定义获取长度的方法
    def __len__(self):
        print('Call function __len__')
        return len(self.myData)
    #定义删除数据的方法
    def __delitem__(self, key):
        print('Call function __delitem__')
        del self.myData[key]
s = ArithemeticSequence(1, 2)
print(s[0])
print(s[1])
```

```
print(s[2])
print(s[3])      #这里会执行 self.start+key*self.step，因为没有"3"这个 key
s[3] = 100       #进行赋值
print(s[3])      #前面进行了赋值，那么直接输出赋的值 100
print(len(s))
del s[3]         #删除"3"这个 key
```

输出结果：

```
Call function __init__
Call function __getitem__
1
Call function __getitem__
3
Call function __getitem__
5
Call function __getitem__
7
Call function __setitem__
Call function __getitem__
100
Call function __len__
1
Call function __delitem__
```

这些内置方法的原理是，当对类的属性 item 进行下标操作时，首先会被 __getitem__、__setitem__、__delitem__ 拦截，从而执行在方法中设定的操作，如赋值、修改内容、删除内容等。

3.3.5 上下文管理器

上下文管理器（Context Manager）是指 Python 在执行一段代码前后做的一些预处理和后处理，使得代码块运行于一个小的环境中，出了这个环境之后，资源被释放，环境中的各种配置失效。

使用上下文管理器的基本语法如下：

```
with EXPR as VAR:
    BLOCK
```

下面用一个示例来说明。
- 上下文表达式：with open('test.txt') as f。
- 上下文管理器：open('test.txt')。

注意：f 不是上下文管理器，而是资源对象。

如何实现上下文管理器呢？首先要知道上下文管理协议。简单地说，就是在一个类中，如果实现了 __enter__ 和 __exit__ 方法，那么这个类的实例对象就是一个上下文管理器。例如：

```python
class Resource():
    def __enter__(self):
        print('===connect to resource===')
        return self
    def __exit__(self, exc_type, exc_val, exc_tb):
        print('===close resource connection===')
    def operate(self):
        print('===in operation===')
with Resource() as res:
    res.operate()
```

运行代码，通过日志的打印顺序，可以知道其运行过程。

```
===connect to resource===
===in operation===
===close resource connection===
```

从这个示例中可以明显地看出，在编写代码时，可以将资源的连接或获取语句写在 __enter__ 方法中，将资源的关闭语句写在 __exit__ 方法中。__enter__ 方法需要返回当前的实例对象。Python 中的上下文管理器与 Python 崇尚的优雅风格有关，可以用一种更加优雅的方式来操作（创建/获取/释放）资源，如文件操作、数据库连接，也可以用一种更加优雅的方式来处理异常。

Python 通常使用"try...except..."来捕获和处理异常。这样做的缺点是，在代码的主逻辑中，会有大量的异常待处理，从而影响了代码的可读性。一种改进的做法是使用 with 将异常隐藏起来。仍然以上述的代码为例，将"1/0"这行一定会显示异常的代码写入 operate 函数中。

```python
class Resource():
    def __enter__(self):
        print('===connect to resource===')
        return self
    def __exit__(self, exc_type, exc_val, exc_tb):
        print('===close resource connection===')
        print(exc_type)
        print(exc_val)
        print(exc_tb)
        return True
    def operate(self):
        1/0
with Resource() as res:
    res.operate()
```

运行代码，惊奇地发现没有报错，这就是上下文管理协议的一个强大之处，异常可以在 __exit__ 方法中被捕获并由程序员决定如何处理——显示或立刻解决。如果 __exit__ 方法返回 True（没有 return 就默认返回 False），就相当于告知 Python 解释器，这个异常已经解决了，不需要再显示出来。在写 __exit__ 方法时，需要注意，它必须包含以下三个参数。

- exc_type：异常类型。
- exc_val：异常值。
- exc_tb：异常的错误栈信息。

当主逻辑代码没有显示异常时，这三个参数将都为 None。

接下来介绍 contextlib 的使用。在上述例子中，仅为了构建一个上下文管理器，就写了一个类，显得有些烦琐，能不能只写一个函数就实现上下文管理器呢？Python 提供了一个装饰器，只要按照它的代码协议来写函数内容，就可以将这个函数变成一个上下文管理器。按照 contextlib 的协议来实现一个能够打开文件（with open）的上下文管理器，代码如下。

```python
import contextlib
@contextlib.contextmanager
def open_func(file_name):
    # __enter__方法
    print('open file: ', file_name, 'in __enter__')
    file_handler = open(file_name, 'r')
    # 【重点】：yield
    yield file_handler
    # __exit__方法
    print('close file: ', file_name, 'in __exit__')
    file_handler.close()
    return
with open_func('mytest.txt') as file_in:
    for line in file_in:
        print(line)
```

被装饰的函数必须是一个生成器（带 yield），yield 语句之前的代码，相当于 __enter__ 方法中的内容，yield 语句之后的代码，相当于 __exit__ 方法中的内容。上述这段代码只能实现上下文管理器的第一个目的——管理资源，并不能实现第二个目的——处理异常。如果要处理异常，可以将代码改成下面这样：

```python
import contextlib
@contextlib.contextmanager
def open_func(file_name):
    # __enter__方法
    print('open file: ', file_name, 'in __enter__')
    file_handler = open(file_name, 'r')
    try:
        yield file_handler
    except Exception as exc:
        # deal with exception
        print('the exception was thrown')
    finally:
        print('close file: ', file_name, 'in __exit__')
        file_handler.close()
```

```
            return
with open_func('mytest.txt') as file_in:
    for line in file_in:
        1/0
        print(line)
```

综上所述，使用上下文管理器有三个好处：
- 提高代码的复用率；
- 提高代码的优雅度；
- 提高代码的可读性。

3.3.6 比较运算

如果想让某个类的实例对象支持标准的比较运算（>、>=、!=、<=、<、==等），但是又不想定义太多的特殊方法（例如，为了支持>=运算，需要定义一个__get__方法，为每个运算都定义一个特殊方法，会比较烦琐），可以使用装饰器 functools.total_ordering 来解决。当使用该装饰器时，只需定义一个__eq__方法，以及其他方法（__lt__、__le__、__gt__、__orge__）中的一个即可。然后装饰器会自动填充其他比较运算需要的方法。例如，构建一个房屋（House）类，然后在类中添加一些房间（Room），最后比较房间大小，代码如下：

```
from functools import total_ordering
class Room:
    def __init__(self, name, length, width):
        self.name = name
        self.length = length
        self.width = width
        self.square_feet = self.length * self.width
@total_ordering
class House:
    def __init__(self, name, style):
        self.name = name
        self.style = style
        self.rooms = list()
@property
def living_space_footage(self):
    return sum(r.square_feet for r in self.rooms)
def add_room(self, room):
    self.rooms.append(room)
def __str__(self):
    return '{}: {} square foot {}'.format(self.name,
        self.living_space_footage,
        self.style)
```

```
    def __eq__(self, other)
        return self.living_space_footage == other.living_space_footage
    def __lt__(self, other):
        return self.living_space_footage < other.living_space_footage
```

可见，只为 House 类定义两个方法__eq__和__lt__，就能支持所有的比较运算：

```
# Build a few houses, and add rooms to them
h1 = House('h1', 'Cape')
h1.add_room(Room('Master Bedroom', 14, 21))
h1.add_room(Room('Living Room', 18, 20))
h1.add_room(Room('Kitchen', 12, 16))
h1.add_room(Room('Office', 12, 12))
h2 = House('h2', 'Ranch')
h2.add_room(Room('Master Bedroom', 14, 21))
h2.add_room(Room('Living Room', 18, 20))
h2.add_room(Room('Kitchen', 12, 16))
h3 = House('h3', 'Split')
h2.add_room(Room('Master Bedroom', 14, 21))
h2.add_room(Room('Living Room', 18, 20))
h2.add_room(Room('Office', 12, 16))
h2.add_room(Room('Kitchen', 15, 17))
houses = [h1, h2, h3]
print('Is h1 bigger than h2?', h1 > h2) #打印 True
print('Is h2 smaller than h3?', h2 < h3) #打印 True
print('Is h2 greater than or equal to h1?', h2 >= h1) #打印 False
print('Which one is biggest?', max(houses)) #打印'h3: 1101-square-foot Split'
print('Which is smallest?', min(houses)) #打印'h2: 846-square-foot Ranch'
```

其实 total_ordering 装饰器也没那么神秘，它定义了一个从每个支持比较运算的特殊方法到所有需要定义的其他方法的映射。比如，如果定义了__le__方法，那么它会被用来定义所有需要的其他方法。实际上就是在类中，像下面这样定义了一些特殊方法：

```
class House:
    def __eq__(self, other):
        pass
    def __lt__(self, other):
        pass
    # Methods created by @total_ordering
    __le__ = lambda self, other: self < other or self == other
    __gt__ = lambda self, other: not (self < other or self == other)
    __ge__ = lambda self, other: not (self < other)
    __ne__ = lambda self, other: not self == other
```

当然，不使用 total_ordering 装饰器也是可以的，只不过使用其能简化代码。

3.3.7 __str__和__repr__方法

在计算机终端查看类的实例对象或将其打印输出时,经常会看到一个不太满意的结果。代码如下:

```
>>> class Car:
...     def __init__(self, color, mileage):
...         self.color = color
...         self.mileage = mileage
...
>>> my_car = Car('red', 37281)
>>> print(my_car)
<__main__.Car object at 0x000001BEDBDDEAC8
>>>> my_car
<__main__.Car object at 0x000001BEDBDDEAC8>
```

这是因为类默认转化的字符串仅仅包含了类的名称及实例对象的 id(理解为内存地址即可)。所以,需要手动打印实例对象的一些属性或者在类中定义一个方法来打印所需要的信息。

使用__str__和__repr__方法实现类到字符串的转化时,可以直接在类中定义__str__和__repr__方法,进行类的字符串描述,从而实现类到字符串的转化。下面通过示例来说明这两种方法是怎么工作的。

首先,在上述的类中加入一个__str__方法,代码如下:

```
>>> class Car:
...     def __init__(self, color, mileage):
...         self.color = color
...         self.mileage = mileage
...     def __str__(self)
:  ...         return f'a {self.color} car'
...
```

当重新查看和打印输出这个类的实例对象时,结果稍有变化:

```
>>> my_car = Car('red', 37281)
>>> print(my_car)
a red car
>>> my_car
<__main__.Car object at 0x000001BEDBDDEC18>
```

当查看 my_car 时,输出仍然和之前一样,不过当打印输出 my_car 时,打印的内容和新加入的__str__方法中的打印内容一致。类的__str__方法会在某些需要将实例对象转化为字符串的时候被调用,代码如下:

```
>>> print(my_car)
a red car
```

```
>>> str(my_car)
'a red car'
>>>
'{}'.format(my_car)
'a red car'
```

有了 __str__ 这个方法,就不需要手动打印实例对象的一些属性或者用在类中额外定义的方法去达到目的了,使用 __str__ 方法就可实现类到字符串的转化。下面介绍使用 __repr__ 方法实现类到字符串的转化。上述代码在查看 my_car 时,输出结果没有变化。这是因为在 Python 3.x 中,有两种方式实现类到字符串的转化,第一种就是前面提到的 __str__ 方法,第二种是 __repr__ 方法。后者的工作方式与前者类似,但是它被调用的时机不同。在上述同一个类中进行如下改动:

```
>>> class Car:
...     def __init__(self, color, mileage):
...         self.color = color
...         self.mileage = mileage
...     def __str__(self):
...         return '__str__ for car'
...     def __repr__(self):
...         return '__repr__ for car'
...
```

通过下面的代码来说明什么时候调用 __str__ 方法,什么时候调用的 __repr__ 方法。

```
>>> my_car = Car('red', 37281)
>>> print(my_car)
__str__ for car
>>> '{}'.format(my_car)
'__str__ for car'
>>> my_car
__repr__ for car
```

可见,当查看实例对象时调用的是 __repr__ 方法。另外,查看列表和字典等容器时总使用 __repr__ 方法,即使显式调用 __str__ 方法也是徒劳的。

__str__ 和 __repr__ 方法都可用于实现类到字符串的转化,那么它们的差别究竟在哪里呢? 带着这个问题,试着到 Python 的标准库中找找答案。首先,看看 datetime.date 这个类是怎么使用没有双下画线的这两个方法的,代码如下:

```
>>> today = datetime.date.today()
>>> today
datetime.date(2019, 4, 30)
>>> str(today)
'2019-04-30'
>>> repr(today)
'datetime.date(2019, 4, 30)'
```

可见,没有双下画线的这两个方法的区别如下:

- str 方法打印输出的结果可读性强，也就是说，str 方法的意义是便于人们阅读信息，比如上面的'2019-04-03'。
- repr 方法打印输出的结果更为准确，repr 方法的目的在于调试，便于开发者使用。如果将 repr 的打印方式直接复制到命令行中，是可以直接执行的。

str 或 repr 方法会调用类中对应的双下画线方法，因此，对于__str__方法和__repr__方法来说，两者的区别也是这样的。对于个人来说，如果按照通常的原则去编写代码，需要做很多额外的工作。两个方法的打印输出结果只是为了方便开发者的，并不需要存储某个实例对象的完整状态，因此，每个类最好都有一个__repr__方法。如果没有定义__str__方法，Python 在需要时，会去调用__repr__方法。因此，建议在写类的时，至少要定义一个__repr__方法，从而保证类到字符串始终有一个有效的自定义转化方式。

在 Car 类中定义一个__repr__方法，代码如下：

```
>>> class Car:
...     def __init__(self, color, mileage) :
...         self.color = color
...         self.mileage = mileage
...     def __repr__(self):
...         return (f'{self.__class__.__name__}('
...                 f'{self.color!r}, {self.mileage!r})')
...     def __str__(self):
...         return f'a {self.color} car'
```

注意：这里用了"!r"标记，是为了保证 self.color 与 self.mileage 在转化为字符串时使用__repr__(self.color)和__repr__(self.mileage)，而不是 str(self.color)和 str(self.mileage)。在定义了__repr__方法后，当查看类的实例或者直接调用 repr 方法时，就会得到一个比较满意的结果。打印输出或直接调用 str 方法也能得到相同的结果，代码如下：

```
>>> my_car = Car('red', 37281)
>>> print(my_car)
a red car
>>> str(my_car)
'a red car'
>>> my_car
Car('red', 37281)
>>> repr(my_car)
"Car('red', 37281)"
```

小结：

可以定义__str__和__repr__方法实现类到字符串的转化，无须手动打印某些属性或在类中定义额外的方法。一般来说，__str__打印输出的结果可读性强，__repr__打印输出的结果准确性高。至少需要定义一个__repr__方法来保证类到字符串的转化的有效性，__str__方法是可选的。因为在默认情况下，如果需要却找不到__str__方法时，会自动调用__repr__方法。

3.3.8 内置方法之__call__

在 Python 中，函数其实是一个对象：

```
>>> f = abs
>>> f.__name__
'abs'
>>> f(-123)
123
```

由于 f 可以被调用，因此，f 被称为可调用对象。所有的函数都是可调用对象。一个类的实例对象只需要实现一个特殊方法__call__，就可以变为一个可调用对象，例如，把 Person 类的实例对象变为一个可调用对象，代码如下：

```
class Person(object):
    def __init__(self, name, gender):
        self.name = name
        self.gender = gender
    def __call__(self, friend):
        print 'My name is %s...' % self.name
        print 'My friend is %s...' % friend
```

现在可以对 Person 类的实例对象进行直接调用：

```
>>> p = Person('Bob', 'male')
>>> p('Tim')
My name is Bob...
My friend is Tim...
```

只看 p('Tim')是无法确定 p 是一个函数还是一个类实例对象的，所以，在 Python 中，函数也是对象，对象和函数的区别并不显著。对实例对象用类似函数的形式进行表示，进一步模糊了函数和对象之间的概念，代码如下：

```
class Fib(object):
    def __init__(self):
        pass
    def __call__(self,num):
        a,b = 0,1;
        self.l = []
        for i in range (num):
            self.l.append(a)
            a,b = b,a+b
        return self.l
    def __str__(self):
        return str(self.l)
f = Fib()
print(f(10))
```

第二部分　机器学习

第4章 机器学习概述

机器学习是人工智能的一个重要学科,能用于很多场景,取得许多令人满意的结果。机器学习是一个定义数据并建立具有一定准确率的模型的过程,本章将学习这个过程。

4.1 机器学习分类

机器学习是人工智能领域的热点研究内容。机器学习的算法有很多种,算法的学习方式也各不相同,下面介绍几种主要的学习方式。

1. 监督式学习

在监督式学习中,输入数据称为"训练数据",每组"训练数据"有一个明确的标识或结果(数据标签)。在建立模型时,监督式学习会建立一个学习模型,把模型的预测结果与"训练数据"的实际结果进行比较,并根据比较情况不断地调整模型,直到模型的预测结果满足预期的准确率为止。监督式学习的常见应用场景包括分类和回归。

2. 非监督式学习

在非监督式学习中,数据无标识,建立模型是为了推断出一些数据的内在结构。非监督式学习常见的应用场景包括关联规则的学习和聚类等。

3. 半监督式学习

在半监督式学习中,只有部分数据有标识,这种模型可以用于预测,但是首先需要学习数据的内在结构,以便合理地组织数据并进行预测。半监督式学习的应用场景包括分类和回归,半监督式学习算法通常是由常用的监督式学习算法延伸出来的,这些算法首先对无标识的数据进行建模,在此基础上,再对有标识的数据进行预测。

4. 强化学习

与监督式学习的模型不同,强化学习的输入数据仅作为一个检查模型对错的方式,是对模型的反馈。在强化学习中,输入数据直接反馈到模型中,模型必须立刻对此做出调整。

强化学习常见的应用场景包括动态系统和机器人控制等。

目前最常用的机器学习方式是监督式学习和非监督式学习。在图像识别等领域，由于存在大量的无标识的数据和少量的有标识数据，因此也常使用半监督式学习。强化学习多应用于机器人控制及其他需要进行系统控制的领域。

4.2 常用的机器学习算法

根据算法功能与形式的类似性，可以对算法进行分类，比如基于树的算法、基于神经网络的算法等。当然，机器学习的范围非常广泛，有的算法很难明确归到某一类。而对于某些分类而言，同一类的算法针对的是不同类型的问题。因此，尽量把常用的算法按照最容易理解的方式进行分类。下面列举几种比较常用的机器学习算法。

1. 回归算法

回归算法是一种通过衡量误差探索变量之间的关系的算法，回归算法是统计学习的"利器"。在机器学习中，回归有时指一类问题，有时指一类算法，这常常会使初学者感到困惑。常见的回归算法包括最小二乘法、逻辑回归（Logistic Regression）、逐步式回归、多元自适应回归样条及本地散点平滑估计等。

2. 基于实例的算法

基于实例的算法常用于为决策问题建立模型，这种模型通常先选取一批样本数据，然后根据某些近似性，对新数据与样本数据进行比较，再通过这种比较寻找最佳匹配。因此，基于实例的算法也称为"赢家通吃学习"或"基于记忆的学习"。常见的基于实例的算法包括 K 近邻（K-Nearest Neighbor，KNN）、学习矢量量化（LVQ）及自组织映射（SOM）等。

3. 正则化算法

正则化算法是其他算法（比如回归算法）的延伸，它可根据算法的复杂度对算法进行调整。正则化算法通常对简单模型予以奖励而对复杂算法予以惩罚。常见的正则化算法包括岭回归（Ridge Regression）、LASSO 回归及弹性网络（Elastic Net）。

4. 决策树算法

决策树算法根据数据的属性，采用树状结构建立决策模型，该模型常用于解决分类和回归问题。常见的决策树算法包括分类及回归树（CART）、ID3、C4.5、卡方自动交互检测（Chi-squared Automatic Interaction Detection，CHAID）、决策树桩（Decision Stump）、随机森林（Random Forest）、多元自适应回归样条（MARS）及梯度推进机（GBM）。

5. 贝叶斯算法

贝叶斯算法是基于贝叶斯定理的算法，主要用于解决分类和回归问题。常见的贝叶斯算法包括朴素贝叶斯、平均单依赖估计（AODE）及贝叶斯信念网络（Bayesian Belief Network，BBN）。

6. 基于核的算法

在基于核的算法中,最著名的莫过于支持向量机(Support Vector Machine,SVM)。基于核的算法把输入数据映射到一个高阶的向量空间中,使得某些分类或回归问题能被更容易地解决。常见的基于核的算法还包括径向基函数(Radial Basis Function,RBF)及线性判别分析(Linear Discriminant Analysis,LDA)等。

7. 聚类算法

聚类与回归一样,有时指一类问题,有时指一类算法。聚类算法通常按照中心点或利用分层的方式对输入数据进行归类。所有的聚类算法都试图找到数据的内在结构,以便根据最大的共同点对数据进行归类。常见的聚类算法包括 K 均值(K-Means)及期望最大化(Expectation Maximum,EM)。

8. 关联规则学习算法

关联规则学习算法通过寻找最能解释数据变量间关系的规则,确定对大部分多元数据适用的关联规则。常见的关联规则学习算法包括 Apriori 和 Eclat 等。

9. 降低维度算法

与聚类算法一样,降低维度算法试图分析数据的内在结构,但是降低维度算法是通过非监督式学习,利用较少的信息进行归纳或解释数据的。这类算法可用于高维数据的可视化或简化数据,以供监督式学习使用。常见的降低维度算法包括主成分分析(Principal Component Analysis,PCA)、偏最小二乘回归(PLS)、Sammon 映射、多维尺度(MDS)及投影追踪等。

10. 集成算法

集成算法首先用一些学习能力不强的模型分别对同样的样本数据进行训练,然后把训练结果整合起来进行整体预测。集成算法的主要难点在于学习能力不强的模型的集成和训练结果的整合。这是一类非常强大且非常流行的算法。常见的集成算法包括 Boosting、Bootstrapped Aggregation(Bagging)、AdaBoost、堆叠泛化、梯度推进机(GBM)及随机森林(Random Forest)。

4.3 机器学习的步骤

4.3.1 问题定义

问题定义常常是从一个商业任务开始的。机器学习的需求是什么?这个任务真的需要用高级的预测算法来解决吗?问题定义提供了解决方案的思考方向,基本上分为以下两个方面。

1. 问题是什么

问题是什么不仅涵盖了问题的定义,还使问题显得更加正式。假设想要确认一幅图片中是否包含人像。定义这个问题,将其分为任务(T)、经验(E)和性能(P)。

任务（T）：根据图片中是否包含人像对图像进行分类。

经验（E）：包含人像的图片。

性能（P）：错误率，错误预测的百分比称为错误率。在分类的所有图片中，错误率越低，准确率越高。

2. 为什么需要解决方案

这个方面更侧重于商业任务，它包括解决问题的动机。假设有名研究者，希望解决某个问题并发表论文，使其成为解决问题的基准，这就是这名研究者的动机。关于解决方案，需要确定的是：

- 可以使用此解决方案的场景，例如，在没有安全措施的情况下，判断夜间在银行的自动取款机旁是否有人员活动；
- 这是一个通用型的解决方案，还是为特定任务（检测自动取款机旁的人员）所设计的解决方案呢；
- 解决方案的失效日期；

4.3.2 数据采集

在问题定义后，开始进行数据采集。数据采集的方式有很多种，例如，如果想把评论与评级联系起来，就要从抓取网站开始。比如，若要分析 Twitter 上的数据并将其与情感联系起来，则要从 Twitter 提供的 API 入手，采集情感标签数据或与 Twitter 公司相关联的数据。市场调查人员会创建不同的调查表格，并将其放在网站上收集数据。对于像 Amazon、Facebook 这些拥有众多用户的公司，其数据量是巨大的，因此需要根据问题的不同，分别采集数据和对应的标签。又如，假设要建立一个新闻分类器，新闻分为体育新闻、市场新闻和政治新闻。那么，收集到的每条新闻都需要一个与之对应的标签，再通过这些数据构造新闻分类器。

高质量的数据是机器学习解决问题的关键。即使只使用基本算法，高质量的数据也能获取令人满意的结果。

4.3.3 数据准备

在数据采集后，要进行数据准备，把采集到的数据处理为机器学习算法所能使用的格式。算法不是魔术，数据必须以正确的格式输入算法中才能获取结果。不同算法库中的算法可以适应不同格式的数据。

数据准备是从数据选择开始的，并不是每个采集到的数据都有助于解决问题。例如，假设要分析服务器上的日志，每个用户活动后会生成许多与系统相关的信息，如果正在分析的是营销活动的市场反应，那么这个日志可能就没有太多作用了。所以，基于待解决的问题，应在后续的分析中将没有作用的数据删除。在数据选择完成后，需要对数据进行转换或预处理，使其更好地应用于机器学习算法。下面给出数据预处理的过程。

1. 清理
- 删除数据中需要删除的错误。
- 如果数据中缺少某些属性的数值，由于目前没有合适的算法能解决数值缺失问题，因此可以用数值的均值、中值或分类值的默认值等代替缺失数值。
- 如果数据中包含敏感信息，如电子邮件的 ID 或用户的联系方式，那么需要在与团队共享数据之前删除数据中的敏感信息。

2. 格式化

算法需要定义数据的格式。根据 Python 机器学习库的要求，采用 Python 中的列表定义数据的格式。一些实时的机器学习库使用 JSON 格式的数据，Excel 使用 CSV 格式的数据。根据使用工具或技术的不同，需要对数据进行格式化（格式定义），使其满足所用工具或技术的数据格式要求。

3. 采样

并非所有的数据都是有用的。一些在模型中存储数据的算法很难实现实时预测，因此可以删除无用的数据。如果使用的是分类模型，可以根据标签按照比例对数据进行采样。

4. 分解

分解会使一些属性更有用。以数据库中的日期属性为例，日期属性可分解为年、月、日，还可以分解为诸如周末、工作日、季度、闰年等，使其在预测中更有用。

5. 缩放

不同的属性对应不同的单位和数值。一个人的身高通常以厘米为单位，但在有些数据中，其可能以英寸为身高的单位。所以，需要先将其单位换算成厘米。

另外，一个属性的数值大小可能会影响到其他属性。例如，有三个属性：人的年龄、体重和年收入，要求根据这三个属性预测医疗保险计划。如果直接使用数据，那么模型会主要根据年收入进行预测，因为年收入的数值远高于其他属性的值。所以，需要对每个属性的值进行缩放，将它们调整到[0,1]或[-1,1]区间之中。

4.3.4 数据分割

机器学习算法的目标是对未知的新数据进行预测。首先需要使用训练数据建立模型。在训练时，算法会逐渐减小训练的误差。但是，不能将训练数据计算的所建模型的准确率（Accuracy）视为广义的准确率，因为该算法可能会记住实例并对其进行分类。所以，为了评估建立的模型，需要将数据分为训练数据和测试数据。先利用训练数据进行算法训练，再利用测试数据计算所建模型的准确率，视为广义的准确率。测试数据不参与算法训练。一般将 60%～80%的数据作为训练数据，剩余部分作为测试数据。因此，在测试数据上获取最好结果的算法可以作为目标算法。

4.3.5 算法的选择与训练

算法的选择取决于待解决的问题。比如，若要将电子邮件分为垃圾邮件和非垃圾邮件，则选择的是能够根据输入变量，输出相应的结果（垃圾邮件或非垃圾邮件）的算法，这类算法称为分类算法（如决策树、朴素贝叶斯、神经网络等）；如果想预测任意连续变量的值（如下一季度销售量），那么应使用回归算法（如线性回归、核回归等）；如果待解决的问题没有任何输出，那么可以使用聚类算法，根据问题的特性对其进行分组。每类算法中都包括大量的具体算法，将在后续的章节中给出示例。

在选择算法后，开始训练算法，其过程如图 4.1 所示。训练是在训练数据上进行的，大多数算法的权重/参数在训练开始时是随机分配的，并在每次训练中加以改进。在训练算法的过程中，会在训练数据上多次运行算法并产生结果。例如，线性回归算法在开始时随机放置分离线，在每次训练中不断地改进，即移动分离线。

图 4.1 训练算法的过程

利用训练数据生成最佳算法后，在测试数据上对算法的性能进行评估。测试数据不参与算法训练，因此测试数据不会影响算法的决策。在选择出最佳算法后，可以对其进行改进以获得更好的性能。

每种算法都有不同的参数设置方式，可以对其进行参数设置，这称为参数调整。例如，通过改变算法学习的速率（学习率）提高算法性能。对于机器学习而言，参数调整更像一门艺术。

4.3.6 算法的使用

完成上述所有步骤后，就可以获得在训练数据上训练生成，并在测试数据上完成性能评估的算法了。我们可以使用这个算法预测新数据的值。对于生产环境，可以将算法部署到服务器上，并通过 API 接口使用算法的预测功能。当然，这个算法并不是一成不变的，每当获得新数据时，都要将上述所列出的步骤重新进行一遍，以改进算法的性能。

因此，机器学习的过程从问题定义开始，到获取一个能解决问题的最佳算法结束。下面通过 4 个例子，进一步说明机器学习算法是如何解决问题的。

【例 4.1】假设需要购买一栋房屋，查看市场上的在售房屋，并据此核对预算。考虑购买房屋的要求，首先考虑房屋的面积，图 4.2 展示了两栋房屋面积与价格的对比图。先查看了一栋面积为 55 平方米的房屋，价格是 200 万元，该房屋不满足要求——面积太小，无法让每个人都住得舒适。所以，继续查看下一栋房屋，房屋面积为 160 平方米，价格是 660 万元。这栋房屋的面积满足要求，但是价格不满足要求——超出预算，价格预算介于这两栋房屋的价格之间。

在二维（2D）平面上分析一下所查看房屋的两个属性，如图 4.3 所示。

找到一栋面积介于以上两栋房屋面积之间的房屋。这栋新找到的房屋的面积大约为 116 平方米，但不知道价格。想预测房屋的价格，看其是否符合要求。将新房屋的属性放在图 4.3 所示的二维平面上，预测这栋房屋的价格，如图 4.4 所示。

房屋面积=55平方米　　　　　　房屋面积=160平方米
价格=200万元　　　　　　　　价格=660万元

图 4.2　房屋面积与价格的对比图

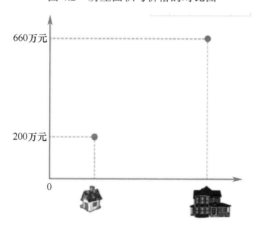

图 4.3　分析房屋属性

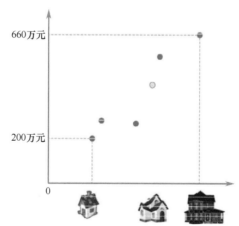

图 4.4　预测房屋价格

　　为了预测房屋的价格，根据已知的两栋房屋的面积和价格绘出一条直线，表示房屋价格走势，如图 4.5 所示。

　　通过这条直线，可以预测出 116 平方米的房屋的价格是 430 万元。所以，这是一条根据房屋面积预测房屋价格的直线。

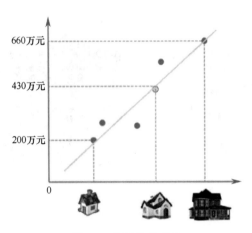

图 4.5 房屋价格走势

这种预测方法称为线性回归（Linear Regression），可以理解为在现有的数据点上寻找最佳直线的方法。例如，计算三个点到直线距离之和的最小值。首先，随机选择一条线，直线上方有三个点 A、B、C，如图 4.6 所示。

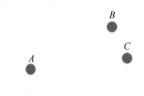

图 4.6 直线及位于其上方的 3 个点 A、B、C

然后，计算每个点到直线的距离，如图 4.7 所示。

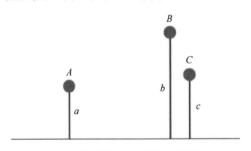

图 4.7 计算每个点到直线的距离

可以得到总距离是 a+b+c。接着，向下移动直线的位置，并再次计算每个点到直线的距离，如图 4.8 所示。

直线的位置向下移动后，总距离 a+b+c 增加了，这更不符合要求。因此，向上移动直线的位置，如图 4.9 所示。

显然，该直线（见图 4.9）比第一条直线（见图 4.7）更符合要求。继续移动这条直线，并重复同样的步骤。最终通过这种方式选择最佳直线，确定最佳直线的位置，如图 4.10 所示。

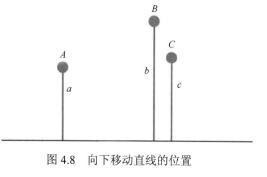

图 4.8　向下移动直线的位置

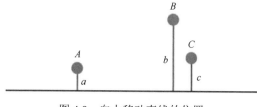

图 4.9　向上移动直线的位置

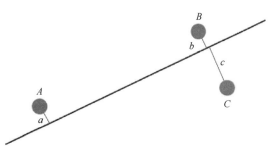

图 4.10　确定最佳直线的位置

对于给定的三个点（A、B、C）而言，图 4.10 所示的直线是最符合要求的。这种不断移动直线的位置并计算三个点到直线的非负距离，直到找到这条最佳直线的方法称为梯度下降法。

有时在所有数据点上拟合一条直线并没有太大意义，比如图 4.11 所示的点集。

图 4.11　点集

如果使用线性回归方法拟合一条直线，结果如图 4.12 所示。

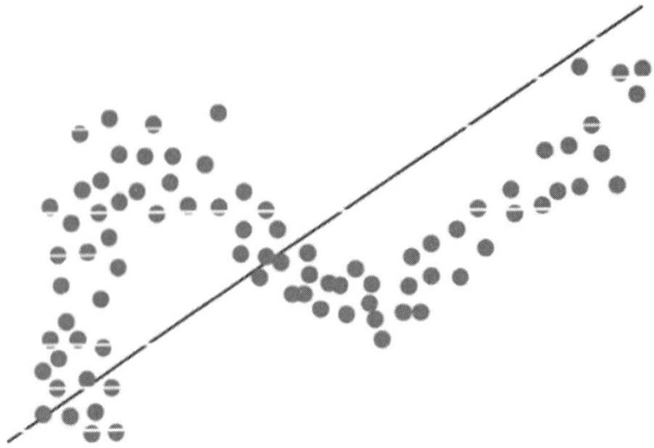

图 4.12 使用线性回归方法拟合一条直线

显然，该直线不适合用来预测。相反，可以用图 4.13 所示的曲线对数据进行拟合。

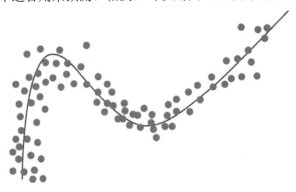

图 4.13 利用曲线对数据进行拟合

这种方法称为多项式回归（Polynomial Regression）。

【例 4.2】有一个售鞋网站，出售不同公司的鞋，顾客可以通过该售鞋网站进行购买。交易成功后，公司将发送电子邮件获取顾客对鞋的反馈。顾客在评论区内留言，其中，有些留言是正面的，有些留言是负面的。假设某公司每天销售数千双鞋，且跟踪每条留言并采取相应的行动。如果顾客留言鞋质量不佳，那么公司需向生产商询问有关产品的质量问题；如果顾客留言鞋不错，那么公司可将其放于网站的首页。为达到以上目的，首先从一组顾客留言开始，将每条留言分为正面的或负面的，下面给出部分留言示例。

正面留言：

A1：质量不错！我很喜欢这双鞋。

A2：非常好的鞋。

A3：给我爸爸买的，他很喜欢。

负面留言：

B1：材质不好，不适合。

B2：不喜欢这双鞋，包装也不好。

B3：千万不要买这双鞋。

分析示例中的正面留言和负面留言，发现正面留言中大多包含"喜欢"这个词。因此，建立这条规则并分析所有留言，发现60%的正面留言中包含"喜欢"这个词，只有10%的负面留言中包含"喜欢"这个词。其他词在正/负面留言中所占的比例如表 4.1 所示。

表4.1 其他词在正/负面留言中所占的比例

词	正面留言	负面留言
喜欢	60%	10%
很好	45%	7%
好	36%	8%
差	4%	62%
很差	2%	23%

因此，对于将来获取的留言，根据其所包含的词，可以判定该留言是正面的还是负面的，这就是朴素贝叶斯分类器（Naive Bayes Classifier）。

【例 4.3】向不同的用户推荐杂志。假设已经记录了用户的年龄、性别、位置及他们阅读的杂志类型，表 4.2 所列为记录的用户信息。

表4.2 记录的用户信息

年　　龄	性　　别	位　　置	杂志类型
21	女	美国	运动
15	男	美国	儿童
37	男	印度	政治
42	女	英国	商业
32	女	美国	运动
14	女	印度	儿童
53	男	印度	政治

对表 4.2 中的数据进行观察，发现年龄小于或等于 15 岁的用户喜欢阅读儿童杂志，以此为一个决策节点画分支图，如图 4.14 所示。在图中，圆节点表示决策节点，箭头表示相应的决策，矩形节点表示通过分支后采取的决策。因此，每个年龄小于或等于 15 岁的用户都可能喜欢阅读儿童杂志。然后处理年龄大于 15 岁的用户的分支，以性别作为观察特征，发现男用户都喜欢阅读政治杂志。以此为一个决策节点画分支图，如图 4.15 所示。

接着，观察年龄在 15 岁以上的女用户的选择——以地区作为观察特征。我们发现，来自美国的女用户喜欢阅读体育杂志，而其他地区的女用户则喜欢阅读商业杂志。以此为一个决策节点画分支图，如图 4.16 所示。

在正确地对每个数据进行分类的过程中，形成决策树。可能存在多种形成决策树的方法。根据现有的数据，这些方法都可以做出正确的预测。图 4.17 所示的这棵决策树对数据进行了准确分类。

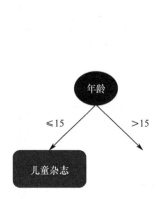
图 4.14 年龄小于或等于 15 岁的用户的决策分支

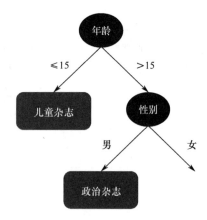
图 4.15 年龄大于 15 岁的男用户的决策分支

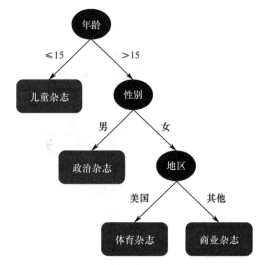
图 4.16 年龄大于 15 岁的女用户的决策分支

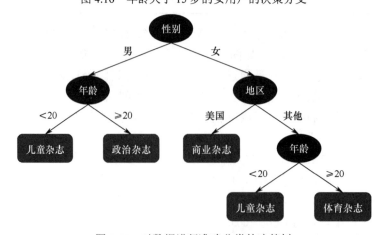
图 4.17 对数据进行准确分类的决策树

【例 4.4】有些人每年申请贷款，银行根据他们的收入和贷款额度决定是否提供贷款，目标是给在规定时间内贷款人准时偿还债务，且没有给任何违约的人提供贷款。如果一个人的月收入是 2 万元，他申请 10 万元的贷款，银行根据他的收入决定提供贷款；如果一个人的记录月收入是 3000 元，他申请 60 万元的贷款，银行拒绝提供贷款。银行基于每个人的违约记录历史创建一个数据图，如图 4.18 所示。深色点表示银行拒绝提供贷款的申请，浅色点表示银行已提供贷款的申请。横坐标是请求的贷款额度，纵坐标是月收入。

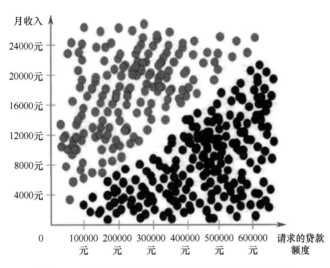

图 4.18　银行基于每个人的违约历史创建的数据图

那么，一个月收入 1 万元的人申请 30 万元的贷款额度，银行会提供贷款吗？通过一条直线进行数据分割，如图 4.19 所示。

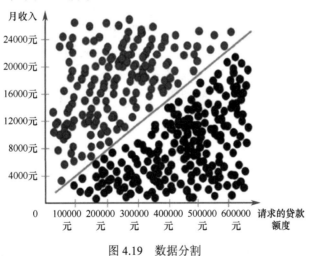

图 4.19　数据分割

可见，银行会拒绝给此人提供贷款，根据预测，银行会给月收入 2 万元（以上）的人提供 30 万元的贷款额度。用这条直线对现有的数据进行分割是合适的，所使用的算法——梯度下降法与在线性回归过程中使用的算法相同，只不过目标变量是类别而不是连续的预测值，这种技术称为逻辑回归（Logistics Regression）。

假设银行来了一位新的经理，他要检查所有记录，他认为银行提供或拒绝贷款的参数是不合理的，比如像 1 万元或 2 万元的贷款额度并没有风险，银行可以提供这部分贷款。所以，他改变了规则，新的数据图如图 4.20 所示。

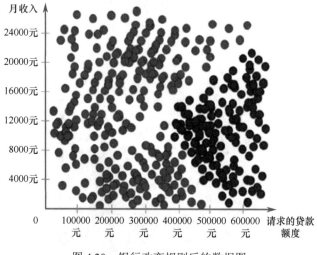

图 4.20　银行改变规则后的数据图

显然，仅使用一条直线并不能实现数据分割，考虑使用两条直线，如图 4.21 所示。

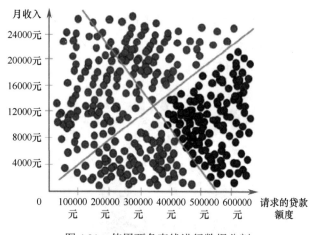

图 4.21　使用两条直线进行数据分割

与仅使用一条直线相比，使用两条直线可以实现数据分割，这种技术被称为神经网络（Neural Network）。神经网络是基于大脑中神经元的概念提出的。大脑中的神经元收集信息并将其传递给其他神经元。简单地说，就是基于先前神经元的输入，由下一个神经元接收信号并决定输出，并将信息传递给其他神经元。最后，通过处理不同神经元的信息，大脑做出决定。这个概念可以用图 4.22 所示的模型进行理解。在这个模型中，两个神经元使用不同的假设建立模型，并将它们发现的信息传递给另一个神经元。根据收集到的信息，输出神经元做出决策。

在处理数据时，数据分割线可能有不同的选择，如图 4.23 所示。

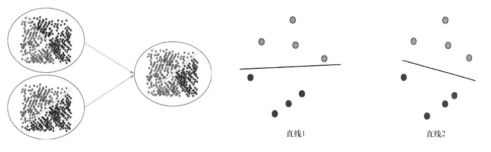

图 4.22　神经信号在神经元间的传递　　　　图 4.23　对数据分割线的不同选择

与直线 1 相比，直线 2 的边距（具有的最大宽度）更大，其在分割数据方面的效果似乎更好，如图 4.24 所示。

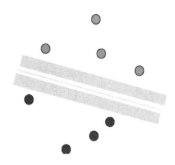

图 4.24　直线 2 的边距

要寻找最佳数据分割线，梯度下降法无法解决，可以通过线性优化实现。这种技术称为最大间隔分类器或支持向量机（SVM）。

实际上，有些数据无法被完全分割开，如图 4.25 所示。

图 4.25　无法被完全分割开的数据

在图 4.25 中无法通过一条直线把深色点和浅色点分割开。但是如果通过一个平面分割深色点和浅色点，就可以用分类器对它们进行分类。创建一个新的平面并用这个平面分割深色点和浅色点，发现数据可以被完全分割开，如图 4.26 所示，这种技术称为核函数（Kernel Trick）。实际上，真实的数据非常复杂，而且有很多维度，带有支持向量机分类器的核函数可用于解决这些问题。

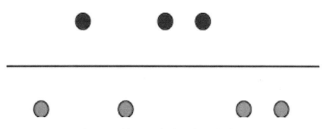

图 4.26　被平面完全分割开的数据

第 5 章 机器学习-经典算法

机器学习中的经典算法有很多，比如线性回归、支持向量机、K 近邻、逻辑回归、决策树、K 均值、随机森林、朴素贝叶斯等。本章主要介绍 4 种经典算法——主成分分析（PCA）、K 均值（K-Means）、K 近邻（KNN）算法及梯度下降法，其他算法在本书前言给出的开源网站中有相应的讲解与源码，读者可自学。

5.1 主成分分析

5.1.1 主成分分析简介

主成分分析（Principal Component Analysis，PCA）是一种统计方法。通过正交变换将一组可能存在相关性的变量转换为一组互不相关的变量，转换后的这组变量称为主成分。以 PCA 为基础的数学分析方法应用十分广泛，在人口统计学、数量地理学、分子动力学、数学建模、数理分析等学科中均有应用，是一种常用的多变量分析方法。PCA 也可用于梯度分析和降维，它不仅是机器学习中的算法，还是统计学中的经典算法。

PCA 是考查多个变量间相关性的一种多元统计方法，研究如何从原始变量中转换出少数新变量，并使它们尽可能多地反映原始变量的信息，且彼此互不相关。通常在数学上就是将原来的 P 个指标做线性组合，作为新的综合指标。

1. PCA 基本原理

PCA 是一种降维统计方法，它通过正交变换，将分量相关的原始变量转换为分量不相关的新变量，比如数学中的将原始向量的协方差矩阵转换为对角形矩阵；几何中的将原坐标系转换为新的正交坐标系，指向样本点最分散的 P 个正交方向，然后对高维变量系统降维，使其以一个较高的精度转换为低维变量系统，再通过构造价值函数，进一步把低维变量系统转换为一维变量系统。PCA 的原理是将原始变量转换后重新组合成互不相关的新变量，使少数的新变量就能反映原始变量的信息。例如，假设 F_1 是第一个线性组合（综合指标），方差 Var(F_1) 越大，F_1 反映的信息越多。因此在所有的线性组合中，选取方差最大

的线性组合 F_1 作为第一个主成分。如果第一主成分不足以反映原来 P 个指标的信息，再考虑选取 F_2，即第二个线性组合，为了有效地反映原来的 P 个指标的信息，F_1 中的信息无须出现在 F_2 中，用数学语言表达为 Cov（F_1，F_2）=0，F_2 称为第二个主成分，以此类推，可以选取出第三个、第四个、…、第 k 个主成分。

2. PCA 的特点

PCA 的特点如下：

- 一种非监督式学习算法；
- 主要用于数据的降维；
- 通过降维，可发现更易于理解的特征；
- 可用于可视化及数据去噪。

3. PCA 的主要步骤

PCA 的主要步骤如下：

- 数据预处理：中心化 $\boldsymbol{X} - \bar{\boldsymbol{X}}$。
- 求样本的协方差矩阵 $\boldsymbol{XX}^\mathrm{T}/m$。
- 对协方差矩阵 $\boldsymbol{XX}^\mathrm{T}/m$ 做特征值分解。
- 选取最大的 k 个特征值对应的 k 个特征向量。
- 将原始数据投影到选取的特征向量上。
- 输出投影后的数据集。

4. 代码示例

PCA 的一个简单示例如下：

```
#载入数据
data = np.genfromtxt("data.csv", delimiter=",")
x_data = data[:, 0]
y_data = data[:, 1]
plt.scatter(x_data, y_data)
plt.show()
print(x_data.shape)
#数据中心化
def zeroMean(dataMat):
    #按列求平均，即各个特征的平均
    meanVal = np.mean(dataMat, axis=0)
    newData = dataMat - meanVal
    return newData, meanVal
newData, meanVal=zeroMean(data)
#np.cov 用于求协方差矩阵，参数 rowvar=0 说明一行数据代表一个样本
covMat = np.cov(newData, rowvar=0)
#协方差矩阵
print(covMat)
#np.linalg.eig 求矩阵的特征值和特征向量
eigVals, eigVects = np.linalg.eig(np.mat(covMat))
```

```
#特征值
print(eigVals)
#特征向量
print(eigVects)
#对特征值从小到大排序
eigValIndice = np.argsort(eigVals)
print(eigValIndice)
top = 1
#最大的 top 个特征值的下标
n_eigValIndice = eigValIndice[-1: -(top+1): -1]
print(n_eigValIndice)
#最大的 n_eigValIndice 个特征值对应的特征向量
n_eigVect = eigVects[:, n_eigValIndice]
print(n_eigVect)
#低维特征空间的数据
lowDDataMat = newData*n_eigVect
print(lowDDataMat)
#利用低维数据来重构数据
reconMat = (lowDDataMat*n_eigVect.T) + meanVal
print(reconMat)
#载入数据
data = np.genfromtxt("data.csv", delimiter=",")
x_data = data[:, 0]
y_data = data[:, 1]
plt.scatter(x_data, y_data)
#重构的数据
x_data = np.array(reconMat)[:, 0]
y_data = np.array(reconMat)[:, 1]
plt.scatter(x_data, y_data, c='r')
plt.show()
```

运行代码，得到如图 5.1 所示结果，其中，红色部分为利用低维数据重构的数据。

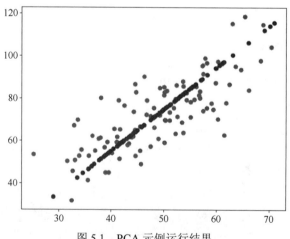

彩色图

图 5.1　PCA 示例运行结果

5.1.2 使用梯度上升法实现主成分分析

梯度下降法将在 5.4 节中介绍,梯度上升法是梯度下降法的反向求解。例如,求 w,使得 $f(x) = \frac{1}{m} \sum_{i=1}^{m} \left(X_1^{(i)} w_1 + X_2^{(i)} w_2 + ... + X_n^{(i)} w_n \right)^2$ 最大。

$$\nabla f = \begin{pmatrix} \frac{\partial f}{\partial w_1} \\ \frac{\partial f}{\partial w_2} \\ ... \\ \frac{\partial f}{\partial w_n} \end{pmatrix} = \frac{2}{m} \begin{pmatrix} \sum_{i=1}^{m} \left(X_1^{(i)} w_1 + X_2^{(i)} w_2 + ... + X_n^{(i)} w_n \right) X_1^{(i)} \\ \sum_{i=1}^{m} \left(X_1^{(i)} w_1 + X_2^{(i)} w_2 + ... + X_n^{(i)} w_n \right) X_2^{(i)} \\ ... \\ \sum_{i=1}^{m} \left(X_1^{(i)} w_1 + X_2^{(i)} w_2 + ... + X_n^{(i)} w_n \right) X_n^{(i)} \end{pmatrix} \tag{5.1}$$

注意,在式(5.1)中,每个 $\left(X_1^{(i)} w_1 + X_2^{(i)} w_2 + ... + X_n^{(i)} w_n \right)$ 都是一个 $X^{(i)}$ 与 w 的点乘结果,所以式子可以化简。

化简后可进行向量化,即每个 $\sum_{i=j}^{m} (X^{(i)} \cdot w) X_j^{(i)}$ $(j = 1, 2, ..., n)$ 都可看成 $X \cdot w$ 这个向量的转置(1 行 m 列的列向量)与 X 这个矩阵(m 行 n 列)点乘得到的结果的其中一项。

最后根据转置法则 $[(AB)^T = B^T A^T]$ 转换成最后的结果。

$$\nabla f(x) = \frac{2}{m} \cdot \begin{pmatrix} \sum_{i=1}^{m} (X^{(i)} \cdot w) X_1^{(i)} \\ \sum_{i=1}^{m} (X^{(i)} \cdot w) X_2^{(i)} \\ ... \\ \sum_{i=1}^{m} (X^{(i)} \cdot w) X_n^{(i)} \end{pmatrix}$$

$$= \frac{2}{m} \cdot (X^{(1)} w, X^{(2)} w, X^{(3)} w, ..., X^{(m)} w) \cdot \begin{pmatrix} X_1^{(1)} & X_2^{(1)} & X_3^{(1)} & ... & X_n^{(1)} \\ X_1^{(2)} & X_2^{(2)} & X_3^{(2)} & ... & X_n^{(2)} \\ X_1^{(3)} & X_2^{(3)} & X_3^{(3)} & ... & X_n^{(3)} \\ ... & ... & ... & ... & ... \\ X_1^{(m)} & X_2^{(m)} & X_3^{(m)} & ... & X_n^{(m)} \end{pmatrix}$$

$$= \frac{2}{m} \cdot (Xw)^T \cdot X = \frac{2}{m} \cdot X^T (Xw)$$

$$\nabla f(x) = \frac{2}{m} \cdot \begin{pmatrix} \sum_{i=1}^{m}(X^{(i)} \cdot w)X_1^{(i)} \\ \sum_{i=1}^{m}(X^{(i)} \cdot w)X_2^{(i)} \\ ... \\ \sum_{i=1}^{m}(X^{(i)} \cdot w)X_n^{(i)} \end{pmatrix} = \frac{2}{m} \cdot X^{\mathrm{T}}(Xw) \tag{5.2}$$

使用梯度上升法实现 PCA，首先查看数据集分布情况，代码如下：

```
import numpy as np
import matplotlib.pyplot as plt
X = np.empty((100, 2))
X[:, 0] = np.random.uniform(0., 100., size=100)
X[:, 1] = 0.75 * X[:, 0] + 3. + np.random.normal(0, 10., size=100)
plt.scatter(X[:, 0], X[:, 1])
plt.show()
```

运行代码，得到数据集分布情况，如图 5.2 所示。

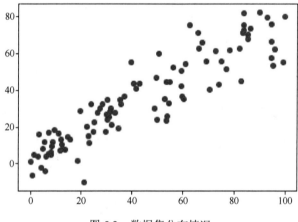

图 5.2　数据集分布情况

输出数据的均值，代码如下：

```
np.mean(X_demean[:, 0])
1.3500311979441904e-15
np.mean(X_demean[:, 1])
-7.6738615462090825e-15
```

使用梯度上升法，代码如下：

```
def f(w, X):
    return np.sum((X.dot(w)**2)) / len(X)
def df_math(w, X):
    return X.T.dot(X.dot(w)) * 2. / len(X)
```

```python
def df_debug(w, X, epsilon=0.0001):
    res = np.empty(len(w))
    for i in range(len(w)):
        w_1 = w.copy()
        w_1[i] += epsilon
        w_2 = w.copy()
        w_2[i] -= epsilon
        res[i] = (f(w_1, X) - f(w_2, X)) / (2 * epsilon)
    return res
def direction(w):
    return w / np.linalg.norm(w)
def gradient_ascent(df, X, initial_w, eta, n_iters = 1e4, epsilon=1e-8):
    w = direction(initial_w)
    cur_iter = 0
    while cur_iter < n_iters:
        gradient = df(w, X)
        last_w = w
        w = w + eta * gradient
        w = direction(w) ##注意 1：每次求一个单位方向
        if(abs(f(w, X) - f(last_w, X)) < epsilon):
            break
        cur_iter += 1
    return w
initial_w = np.random.random(X.shape[1]) ##注意 2：不能用 0 向量开始
initial_w
array([ 0.37061708, 0.28515471])
eta = 0.001##注意 3：不能使用 StandardScaler 标准化数据
gradient_ascent(df_debug, X_demean, initial_w, eta)
array([ 0.78121351, 0.62426392])
gradient_ascent(df_math, X_demean, initial_w, eta)
array([ 0.78121351, 0.62426392])
w = gradient_ascent(df_math, X_demean, initial_w, eta)
plt.scatter(X_demean[:, 0], X_demean[:, 1])
plt.plot([0, w[0]*30], [0, w[1]*30], color='r')
plt.show()
```

运行代码，得到梯度上升法实现 PCA 的结果，如图 5.3 所示。

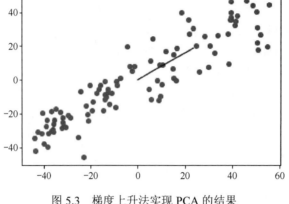

图 5.3 梯度上升法实现 PCA 的结果

如果使用极端数据集进行测试会得到什么结果呢？代码如下：

```
X2 = np.empty((100, 2))
X2[:, 0] = np.random.uniform(0., 100., size=100)
X2[:, 1] = 0.75 * X2[:, 0] + 3.
plt.scatter(X2[:, 0], X2[:, 1])
plt.show()
```

运行代码，极端数据集分布情况如图 5.4 所示。

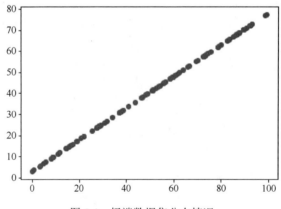

图 5.4 极端数据集分布情况

使用梯度上升法，代码如下：

```
X2_demean = demean(X2)
w2 = gradient_ascent(df_math, X2_demean, initial_w, eta)
plt.scatter(X2_demean[:, 0], X2_demean[:, 1])
plt.plot([0, w2[0]*30], [0, w2[1]*30], color='r')
plt.show()
```

在极端数据集情况下，使用梯度上升法实现 PCA 的结果呈现线性分布，如图 5.5 所示。

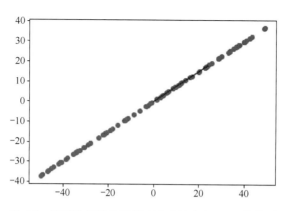

图 5.5 极端数据集使用梯度上升法实现 PCA 的结果

5.1.3 选取数据的前 k 个主成分

选取出第一个主成分以后，如何选取下一个主成分？需要完成下面两个步骤：改变数据及在新的数据上获取第一主成分。

1. 改变数据

将数据在第一个主成分上的分量除去。$X^{(i)} \cdot w = \left\| X^{(i)}_{project} \right\|$，$X^{(i)}_{project}$ 为 $X^{(i)}$ 映射到 w 上的值，即 $X^{(i)}$ 在 w 上的分量，利用 $X^{(i)}_{project} = \left\| X^{(i)}_{project} \right\| \cdot w, X'^{(i)} X^{(i)} - X^{(i)}_{project}$，将 $X^{(i)}$ 样本在 $X^{(i)}_{project}$ 上的分量去掉，其几何意义是将 $X^{(i)}$ 样本映射到与 $X^{(i)}_{project}$ 向量相垂直的方向上，记为 $X'^{(i)}$。PCA 的几何示意图如图 5.6 所示。

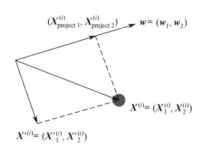

图 5.6 PCA 的几何示意图

2. 在新的数据上选取第一个主成分

$X'^{(i)}$ 是 $X^{(i)}$ 的所有样本除去第一个主成分后的结果。要选取第二个主成分，只需在新的数据集上，重新选取第一个主成分。类似地，可以选取前 k 个主成分，代码如下：

```
import numpy as np
import matplotlib.pyplot as plt
X = np.empty((100, 2))
X[:, 0] = np.random.uniform(0., 100., size=100)
X[:, 1] = 0.75 * X[:, 0] + 3. + np.random.normal(0, 10., size=100)
```

```
def demean(X):
    return X - np.mean(X, axis=0)
X = demean(X)
plt.scatter(X[:, 0],   X[:, 1])
plt.show()
```

使用 PCA 绘制出的数据散点图如图 5.7 所示。

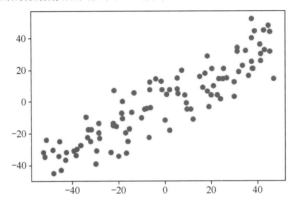

图 5.7　使用 PCA 绘制出的数据散点图

接着获取数据的主成分，代码如下：

```
def f(w, X):
    return np.sum((X.dot(w)**2)) / len(X)
def df(w, X):
    return X.T.dot(X.dot(w)) * 2. / len(X)
def direction(w):
    return w / np.linalg.norm(w)
def first_component(X, initial_w, eta, n_iters = 1e4, epsilon=1e-8):
    w = direction(initial_w)
    cur_iter = 0
    while cur_iter < n_iters:
        gradient = df(w, X)
        last_w = w
        w = w + eta * gradient
        w = direction(w)
        if(abs(f(w, X) - f(last_w, X)) < epsilon):
            break
        cur_iter += 1
    return w
initial_w = np.random.random(X.shape[1])
eta = 0.01
w = first_component(X, initial_w, eta)
array([ 0.78307181, 0.62193129])
X2 = np.empty(X.shape)
```

```
    for i in range(len(X)):
        X2[i] = X[i] - X[i].dot(w) * w
    plt.scatter(X2[:,0], X2[:, 1])
    plt.show()
```

获取的数据主成分如图 5.8 所示。

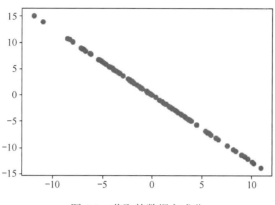

图 5.8　获取的数据主成分

在代码中，PCA 首先进行向量化，即 X 为 $m\times 1$ 维的列向量，经过 reshape 函数处理后变成了 $1\times m$ 维的行向量，再乘以 w 就得到 X 的每一个值在 w 上的分量。

```
    X2 = X - X.dot(w).reshape(-1, 1) * w
    ##相减得到的样本分布几乎垂直于原来的样本分布
    plt.scatter(X2[:, 0], X2[:, 1])
    plt.show()
    w2 = first_component(X2, initial_w, eta)
    array([-0.6219279 , 0.78307451])
```

因为 w 和 $w2$ 都是单位向量，所以 w 与 $w2$ 点乘的结果就是它们夹角的 cos 函数值，又因为 w 与 $w2$ 是相互垂直的，所以它们夹角的 cos 函数值等于 0。

```
    w.dot(w2)
    5.1300901158005445e-06
    def first_n_components(n, X, eta=0.01, n_iters = 1e4, epsilon=1e-8):
        X_pca = X.copy()
        X_pca = demean(X_pca)
        res = []
        for i in range(n):
            initial_w = np.random.random(X_pca.shape[1])
            w = first_component(X_pca, initial_w, eta)
            res.append(w)
            X_pca = X_pca - X_pca.dot(w).reshape(-1, 1) * w
        return res
    first_n_components(2, X)
    [array([ 0.78307192, 0.62193116]), array([-0.62192683, 0.78307536])]
```

5.1.4 从高维数据向低维数据映射

对于一个数据集 X，如果 X 有 m 行 n 列，代表 X 有 m 个样本、n 个特征，通过前面学习的 PCA，假设已经求出数据集 X 的前 k 个主成分，每个主成分对应一个单位向量，用 W 来表示，W 是一个 k 行 n 列的矩阵，k 行代表前 k 个主成分，n 列代表每个主成分的坐标轴有 n 个元素。因为 PCA 的目的主要就是将数据从一个坐标系转换到另一个坐标系，原来的坐标系有 n 个维度，新的坐标系也应该有 n 个维度，只不过对于新坐标系来说，前 k 个主成分更为重要。

如何将数据集 X 从 n 维转换为 k 维呢？对于一个数据集 X，将其转换为矩阵，与 W 进行点乘，就可以将样本映射到 W 中，映射后，如果将 W 的前 k 个主成分（单位向量）上的元素合在一起，就是将数据集 X 映射到新的 k 个轴所代表的坐标系的相应的数据集上。例如，X_1 分别乘以 W_1 到 W_n，得到 k 个元素组成的向量，就是 X_1 映射到 W_k（$k<n$）这个坐标系上的 k 维向量。由于 $k<n$，因此，就完成了一个数据集从 n 维到 k 维的映射。以此类推，如果从数据集 1 到数据集 m 都这么做，就将 m 个数据集从 n 维映射到了 k 维。实际上，就相当于做了一个矩阵乘法 $X \cdot W^T$，过程如下：

$$X = \begin{pmatrix} X_1^{(1)} & X_2^{(1)} & \cdots & X_n^{(1)} \\ X_1^{(2)} & X_2^{(2)} & \cdots & X_n^{(2)} \\ \cdots & \cdots & \cdots & \cdots \\ X_1^{(m)} & X_2^{(m)} & \cdots & X_n^{(m)} \end{pmatrix} \quad W_k = \begin{pmatrix} W_1^{(1)} & W_2^{(1)} & \cdots & W_n^{(1)} \\ W_1^{(2)} & W_2^{(2)} & \cdots & W_n^{(2)} \\ \cdots & \cdots & \cdots & \cdots \\ W_1^{(k)} & W_2^{(k)} & \cdots & W_n^{(k)} \end{pmatrix}$$

$$X \cdot W_k^T = X_k$$

得到降维的新矩阵 X_k 后，可以与 W_k 相乘恢复原来的矩阵，但由于在降维过程中，丢失了一部分信息，因此恢复的矩阵与原来的不一样，但从数据角度解释是成立的。

$$X_k = \begin{pmatrix} X_1^{(1)} & X_2^{(1)} & \cdots & X_k^{(1)} \\ X_1^{(2)} & X_2^{(2)} & \cdots & X_k^{(2)} \\ \cdots & \cdots & \cdots & \cdots \\ X_1^{(m)} & X_2^{(m)} & \cdots & X_k^{(m)} \end{pmatrix} \quad W_k = \begin{pmatrix} W_1^{(1)} & W_2^{(1)} & \cdots & W_n^{(1)} \\ W_1^{(2)} & W_2^{(2)} & \cdots & W_n^{(2)} \\ \cdots & \cdots & \cdots & \cdots \\ W_1^{(k)} & W_2^{(k)} & \cdots & W_n^{(k)} \end{pmatrix}$$

$$X_k \cdot W_k^T = X_m$$

从高维数据映射到低维数据的代码如下：

```
class PCA:
    def __init__(self, n_components):
        """初始化 PCA"""
        assert n_components>=1, "n_components must be vaild"
        self.n_components = n_components
        self.components_ = None
    def fit(self, X, eta=0.01, n_iters=1e4):
```

```python
        """获得数据集 X 的前 n 个元素"""
        assert self.n_components<=X.shape[1], \
            "n_components must be greater then the feature number of X"
        def f(w, X):
            return np.sum((X.dot(w)**2))/len(X)
        def df(w, X):
            return X.T.dot(X.dot(w)) * 2. /len(X)
        def direction(w):
            """计算单位向量"""
            return w / np.linalg.norm(w)
        def first_component( X, inital_w, eta, n_iters = 1e4, epsilon=1e-8):
            w = direction(inital_w)
            cur_iter = 0
            while cur_iter < n_iters:
                gradient = df(w, X)
                last_w = w
                w = w + eta * gradient
                ##注意 1: 每次求单位向量
                w = dircction(w)
                if abs(f(w, X)-f(last_w, X)) < epsilon:
                    break
                cur_iter = cur_iter+1
            return w
        X_pca = demean(X)
        self.components_ = np.empty(shape=(self.n_components, X.shape[1]))
        for i in range(self.n_components):
            initial_w = np.random.random(X_pca.shape[1])
            w = first_component(X_pca, initial_w, eta)
            self.components_[i, : ] = w
            X_pca = X_pca - X_pca.dot(w).reshape(-1, 1) *w
        return self
    def transform(self, X):
        """将给定的 X 映射到各个主成分分量中"""
        assert X.shape[1] == self.components_.shape[1]
        return X.dot(self.components_.T)
    def inverse_transform(self, X):
        """将给定的 X 反映射回原来的特征空间"""
        assert X.shape[1] == self.components_.shape[0]
        return X.dot(self.components_)
    def __repr__(self):
        return "PCA(n_components=%d)" % self.n_components
```

小结：

PCA 降维的基本原理是，找一个坐标系，这个坐标系的每个轴对应一个主成分，表示对原来数据集的重要程度，取前 k 个最重要的主成分，将所有的数据映射到这 k 个轴上，从而获得低维的数据信息。

```python
import numpy as np
import matplotlib.pyplot as plt
X = np.empty((100, 2))
X[:, 0] = np.random.uniform(0., 100., size=100)
X[:, 1] = 0.75 * X[:, 0] + 3. + np.random.normal(0, 10., size=100)
from playML.PCA import PCA
pca = PCA(n_components=2)
pca.fit(X)
PCA(n_components=2)
pca.components_
array([[ 0.76676948, 0.64192256],
       [-0.64191827, 0.76677307]])
pca = PCA(n_components=1)
pca.fit(X)
PCA(n_components=1)
X_reduction = pca.transform(X)
X_reduction.shape
(100, 1)
X_restore = pca.inverse_transform(X_reduction)
X_restore.shape
(100, 2)
plt.scatter(X[:, 0] , X[:, 1] , color='b', alpha=0.5)
plt.scatter(X_restore[:, 0] , X_restore[:, 1] , color='r', alpha=0.5)
plt.show()
```

PCA 降维后的主成分如图 5.9 所示。

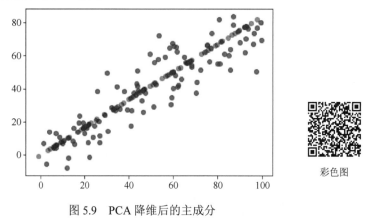

图 5.9 PCA 降维后的主成分

下面利用 scikit-learn（针对 Python 语言的免费机器学习库，请读者自行下载、安装）实现

PCA 降维。

【例 5.1】scikit-learn 中的 PCA 降维。

```
from sklearn.decomposition import PCA
pca = PCA(n_components=1)
pca.fit(X)
pca = PCA(n_components=1)
pca.fit(X)
pca.components_
array([[-0.76676934, -0.64192272]])
X_reduction = pca.transform(X)
X_restore = pca.inverse_transform(X_reduction)
plt.scatter(X[: , 0] , X[: , 1], color='b', alpha=0.5)
plt.scatter(X_restore[: , 0], X_restore[: , 1], color='r', alpha=0.5)
plt.show()
import numpy as np
import matplotlib.pyplot as plt
from sklearn import datasets
digits = datasets.load_digits()
X = digits.data
y = digits.target
from sklearn.model_selection import train_test_split
X_train, X_test, y_train, y_test = train_test_split(X, y, random_state=666)
X_train.shape
(1347, 64)
%%time
from sklearn.neighbors import KNeighborsClassifier
knn_clf = KNeighborsClassifier()
knn_clf.fit(X_train, y_train)
CPU times: user 15.9 ms, sys: 7.47 ms, total: 27.4 ms
Wall time: 65.5 ms
knn_clf.score(X_test, y_test)
0.98666666666666669
from sklearn.decomposition import PCA
pca = PCA(n_components=2)
pca.fit(X_train)
X_train_reduction = pca.transform(X_train)
X_test_reduction = pca.transform(X_test)
%%time
knn_clf = KNeighborsClassifier()
knn_clf.fit(X_train_reduction, y_train)
CPU times: user 2.13 ms, sys: 767 µs, total: 2.9 ms
Wall time: 2.93 ms
knn_clf.score(X_test_reduction, y_test)
0.60666666666666669
```

主成分的方差：

```
pca.explained_variance_ratio_
array([ 0.14566817, 0.13735469])
pca.explained_variance_
array([ 175.77007821, 165.73864334])
from sklearn.decomposition import PCA
pca = PCA(n_components=X_train.shape[1])
pca.fit(X_train)
pca.explained_variance_ratio_
array([  1.45668166e-01,   1.37354688e-01,   1.17777287e-01,
         8.49968861e-02,   5.86018996e-02,   5.11542945e-02,
         5.16605279e-02,   3.60119663e-02,   3.41105814e-02,
         3.05407804e-02,   2.42337671e-02,   2.28700570e-02,
         1.80304649e-02,   1.79346003e-02,   1.45798298e-02,
         1.42044841e-02,   1.29961033e-02,   1.26617002e-02,
         1.01728635e-02,   5.09314698e-03,   8.85220461e-03,
         7.73828332e-03,   7.60516219e-03,   7.11864860e-03,
         6.85977267e-03,   5.76411920e-03,   5.71688020e-03,
         5.08255707e-03,   5.89020776e-03,   5.14888085e-03,
         3.72917505e-03,   3.57755036e-03,   3.26989470e-03,
         3.14917937e-03,   3.09269839e-03,   2.87619649e-03,
         2.50362666e-03,   2.25417403e-03,   2.20030857e-03,
         1.58028746e-03,   1.88195578e-03,   1.52769283e-03,
         1.42823692e-03,   1.38003340e-03,   1.17572392e-03,
         1.07377463e-03,   5.55152460e-04,   5.00017642e-04,
         5.79162563e-04,   3.82793717e-04,   2.38328586e-04,
         8.40132221e-05,   5.60545588e-05,   5.48538930e-05,
         1.08077650e-05,   5.01354717e-06,   1.23186515e-06,
         1.05783059e-06,   6.06659094e-07,   5.86686040e-07,
         7.44075955e-34,   7.44075955e-34,   7.44075955e-34,
         7.15189459e-34])
```

绘制曲线，观察当取前 i 个主成分时，显示的原数据比例，如图 5.10 所示。

```
plt.plot([i for i in range(X_train.shape[1])],
         [np.sum(pca.explained_variance_ratio_[: i+1]) for i in range(X_train.shape[1])])
plt.show()
```

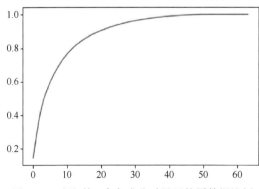

图 5.10 当取前 i 个主成分时显示的原数据比例

scikit-learn 中的 PCA 算法支持传入一个小于 1 的数来表示一定比例的主成分。

```
pca = PCA(0.95)
pca.fit(X_train)
PCA(copy=True, iterated_power='auto', n_components=0.95, random_state=None,
    svd_solver='auto', tol=0.0, whiten=False)
pca.n_components_
28
X_train_reduction = pca.transform(X_train)
X_test_reduction = pca.transform(X_test)
%%time
knn_clf = KNeighborsClassifier()
knn_clf.fit(X_train_reduction, y_train)
CPU times: user 5.11 ms, sys: 1.28 ms, total: 5.49 ms
Wall time: 15.7 ms
knn_clf.score(X_test_reduction, y_test)
0.97999999999999998
```

5.1.5 使用主成分分析对数据进行降维可视化

使用 PCA 将数据降到二维的意义在于可以方便地进行可视化展示，同时帮助理解，代码如下：

```
pca = PCA(n_components=2)
pca.fit(X)
X_reduction = pca.transform(X)
for i in range(10):
    plt.scatter(X_reduction[y==i, 0], X_reduction[y==i, 1], alpha=0.8)
plt.show()
```

使用 PCA 对数据进行降维可视化，如图 5.11 所示，每个颜色代表一个数据在二维空间中的分布情况。仔细观察可以发现，很多数据的区分是比较明显的。比如，如果只区分蓝色的数据和紫色的数据，那么使用二维空间是足够的。

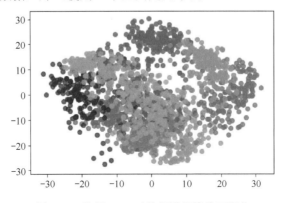

彩色图

图 5.11 使用 PCA 对数据进行降维可视化

1. 使用 KNN

scikit-learn 封装了 KNN 算法（将在 5.3 节详细介绍），在 fit 函数执行过程中，如果数据集较大，那么用树结构进行存储，以加快 KNN 的预测过程，但这会导致 fit 函数执行过程变慢且数据没有归一化。由于每个维度标识的是每个像素点的亮度，因此可以比较两个数据间的距离。代码如下：

```
from sklearn.neighbors import KNeighborsClassifier
knn_clf = KNeighborsClassifier()
%time knn_clf.fit(X_train, y_train)
CPU times: user 57.6 s, sys: 681 ms, total: 58.3 s
Wall time: 55.2 s
KNeighborsClassifier(algorithm='auto', leaf_size=30, metric='minkowski',
        metric_params=None, n_jobs=1, n_neighbors=5, p=2,
        weights='uniform')
%time knn_clf.score(X_test, y_test)
CPU times: user 14min 20s, sys: 5.1 s, total: 14min 24s
Wall time, 14min 29s
0.9687999999999999
```

2. PCA 降维

使用 PCA 降维后的数据集进行训练，既能缩短时间，又能提高准确度。这是因为在 PCA 过程中，不仅进行了降维，还进行了去噪，使得数据集的特征更为准确，代码如下：

```
from sklearn.decomposition import PCA
pca = PCA(0.90)
pca.fit(X_train)
X_train_reduction = pca.transform(X_train)
X_test_reduction = pca.transform(X_test)
X_train_reduction.shape
(60000, 87)
knn_clf = KNeighborsClassifier()%time knn_clf.fit(X_train_reduction, y_train)
CPU times: user 588 ms, sys: 5.23 ms, total: 593 ms
Wall time: 593 ms
KNeighborsClassifier(algorithm='auto', leaf_size=30, metric='minkowski',
        metric_params=None, n_jobs=1, n_neighbors=5, p=2,
        weights='uniform')
%time knn_clf.score(X_test_reduction, y_test)
CPU times: user 1min 55s, sys: 346 ms, total: 1min 56s
Wall time, 1min 56s
0.9728
```

3. MNIST 手写识别

MNIST 手写数据集中的每张图片都是 0 到 9 中的某个数字。MNIST 手写数据集的来源是两个数据库，一个是 Census Bureau employees（SD-3），另一个是 high-school students（SD-1）。假设训练数据有 60000 个，测试数据有 10000 个。在训练数据和测试数据中，

employees 和 students 写的数字各占一半。60000 个训练数据是由 250 人写的，训练数据和测试数据的人群没有交集。MNIST 手写数据集保留了手写数字与身份的对应关系。MNIST 手写数据集的原始图像如图 5.12 所示。

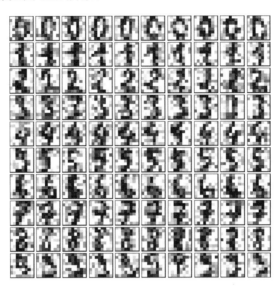

图 5.12　MNIST 手写数据集的原始图像

数据集导入与分析的代码如下：

```
from sklearn import datasets
digits = datasets.load_digits()
X = digits.data
y = digits.target
noisy_digits = X + np.random.normal(0, 4, size=X.shape)
example_digits = noisy_digits[y==0, :][: 10]for num in range(1, 10)：
example_digits = np.vstack([example_digits, noisy_digits[y==num, :][: 10]])
example_digits.shape
(100, 64)
def plot_digits(data):
    fig, axes = plt.subplots(10, 10, figsize=(10, 10),
                             subplot_kw={'xticks', [], 'yticks', []},
                             gridspec_kw=dict(hspace=0.1, wspace=0.1))
    for i, ax in enumerate(axes.flat):
        ax.imshow(data[i].reshape(8, 8),
                  cmap='binary', interpolation='nearest',
                  clim=(0, 16))
    plt.show()
plot_digits(example_digits)
```

使用 PCA 降维的代码如下：

```
pca = PCA(0.5).fit(noisy_digits)
pca.n_components_
12
components = pca.transform(example_digits)
filtered_digits = pca.inverse_transform(components)
plot_digits(filtered_digits)
```

使用 PCA 降维后的 MNIST 手写数据集图像如图 5.13 所示。可见,降维后的图像更清晰。

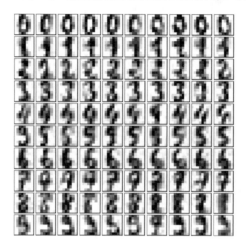

图 5.13 使用 PCA 降维后的 MNIST 手写数据集图像

5.2 K-Means 算法

聚类,是指将具有相似特征的庞杂对象自动归类到一起,形成一个簇,簇内的对象越相似,聚类的效果越好。它是一种非监督式学习方法,无须预先标注好训练数据。聚类与分类最大的区别就是分类的对象是事先已知的,如猫、狗识别,在分类前已知要分为猫、狗两个种类;而聚类的对象是未知的,以动物聚类为例,对于一个动物集来说,事先并不知道这个动物集中有多少种类的动物,能做的只是利用聚类算法将它们按照特征自动分为多类,然后人为给出聚类结果的定义(簇识别)。例如,将一个动物集分为三类(簇),通过观察这三类动物的特征,分别为每个类给出定义,如大象、狗、猫等,这就是聚类的基本思想。

聚类是一种机器学习算法,涉及数据点的分组。给定数据点,可以使用聚类算法将每个数据点划分到一个特定的组中。理论上,同一组中的数据点应该具有相似的属性和/或特征,而不同组中的数据点应该具有不同的属性和/或特征。聚类是许多领域常用的统计数据分析技术。

K-Means 算法是常用的聚类算法中的"相似度",是利用距离作为评价指标来衡量的。即通过对象与对象之间的距离远近来判断它们是否属于同一类,也就是说,是否属于同一个簇。计算距离的方法有很多,其中,欧氏距离是最为简单和常用的,除此之外,还有曼哈顿距离和余弦相似性距离等。

欧氏距离的定义如下:对于 x 点(坐标为 x_1, x_2, x_3, ..., x_n)和 y 点(坐标为 y_1, y_2,

$y_3, ..., y_n$），两者的欧氏距离为：

$$d(x,y) = \sqrt{(x_1-y_1)^2 + (x_2-y_2)^2 + ... + (x_n-y_n)^2} = \sqrt{\sum_{i=1}^{n}(x_i-y_i)^2} \quad (5.3)$$

在二维平面中，欧氏距离就是两点间的距离公式。

5.2.1 K-Means 算法原理

K-Means 是最经典、最实用、最简单的聚类算法的代表，它的基本思想直截了当，效果也不错。K-Means 是一种用于发现给定数据集的 K 个簇的聚类算法，称其为 K-Means 是因为在发现的 K 个簇（数据点的集合，簇中的对象是相似的）中，每个簇的中心都对应该簇中数据的均值。簇的个数 K 是用户指定的，每个簇通过其质心（centroid），即簇中所有数据点的中心来描述。

K-Means 用在给定的数据集中种类属性不清晰，希望能通过数据挖掘或自动归类得到相似属性对象的场景中，其在商业界的应用场景一般为挖掘出具有相似属性的潜在客户群体。

一个例子是，在投票选举中，候选人的得票数非常接近。任一候选人得到的选举票数的最大百分比为 50.7%，最小百分比为 47.9%，也就意味着，如果 1% 的投票者将手中的选票投向另外的候选人，那么选举结果会截然不同。实际上，如果妥善加以引导与吸引，少部分投票者就会转换立场。尽管这类投票者占的比例较低，但当候选人的选票非常接近时，这些人的立场无疑会对选举结果产生巨大的影响。如何找出这类投票者，以及如何在有限的预算下采取措施来吸引他们？答案是聚类。具体如何实施呢？首先，收集投票者的信息，可以同时收集投票者满意或不满意的信息，因为任何对投票者重要的信息都可能影响投票者的投票结果。然后，将这些信息输入某个聚类算法中。接着，对聚类结果中的每个簇（最好选择最大簇）精心构造能够吸引该簇投票者的信息。最后，开展投票活动并观察是否有效。

另一个例子是产品部门的市场调研。为了更好地了解用户，产品部门可以采用聚类的方法得到不同属性的用户群体类，然后针对不同的用户群体类采取相应的措施，为他们提供更加精准有效的服务。

1. **K-Means 算法流程**
- 首先，随机选取 K 个点作为初始质心（不必是数据中的点）。
- 然后，将数据集中的每个点分配到一个簇中，具体地说，就是为每个点找到距其最近的质心，并将其分配到该质心所对应的簇中，然后将每个簇的质心更新为该簇所有点的均值。
- 重复上述过程，直到数据集中的所有点都距离它所对应的质心最近。

2. **K-Means 开发流程**
- 收集数据：使用任意方法收集数据。
- 准备数据：可以用数值型数据计算距离，也可以将标称型数据映射为二值型数据后，再计算距离。

- 分析数据：使用任意方法分析数据。
- 训练算法：无须训练。
- 测试算法：使用 K-Means 算法观察结果，可以使用量化的误差指标（如误差平方和）来评价算法的结果。
- 使用算法：可用于所希望的任何应用场景中。通常情况下，簇内质心可代表整个簇的数据做出决策。

3．K-Means 的评价指标

K-Means 算法因为随机选取 K 个点作为初始质心，所以每次的结果都不一样，如果想评价选取的 K 值的合理性及聚类结果的好坏，可以将结果较为直观地画出来，但当数据特征比较多时，画图是不现实的。因此，引入误差平方和（SSE）指标来评价聚类结果的好坏。SSE 指每个数据点到其簇内质心距离的平方和，SSE 越小，表示数据点越接近它的质心，聚类效果越好。因为对误差取了平方，因此这个指标更加注重那些远离中心的点。一种肯定可以减小 SSE 的方法是增加簇的个数，但这违背了聚类的目标。聚类的目标是在保持簇数目不变的情况下提高簇的质量。

4．K-Means 改进建议

大数据会耗费大量的时间和内存，所以改进 K-Means 算法十分必要。改进建议如下：
- 减少聚类的数目 K，从而减少每个数据点与簇内质心的距离的计算次数；
- 减少样本的特征维度，比如，通过 PCA 进行降维；
- 考查其他的聚类算法，通过选取数据，测试不同聚类算法的性能；
- 使用 Hadoop 集群，K-Means 算法是很容易实现并行计算的；
- 尽可能找到局部最优的聚类算法，而不是全局最优的聚类算法；
- 使用改进的二分 K-Means 算法。

二分 K-Means 算法：

首先将整个数据集看成一个簇，使用一次 K-Means 算法，将该簇一分为二（$K=2$），并计算每个簇的 SSE，选择 SSE 最大的簇执行上述步骤，再次将其一分为二，直到簇数达到用户选取的 K 值，此时可以达到全局最优。

5．KNN 与 K-Means 的区别

KNN 与 K-Means 的区别如表 5.1 所示。

表 5.1　KNN 与 K-Means 的区别

KNN	K-Means
1．KNN 是分类算法 2．．属于监督式学习 3．训练数据是带标签的数据	1．K-Means 是聚类算法 2．属于非监督式学习 3．训练数据是无标签的数据，是杂乱无章的，经过聚类后变得有序，即数据先无序，后有序
有明显的前期训练过程	没有明显的前期训练过程
K 的含义：对一个样本 x 进行分类，先从训练数据中，找出离 x 最近的 K 个数据点，在这 K 个数据点中，如果类别 c 占的个数最多，就把 x 的标签设为 c	K 的含义：K 是用户随机选取的数，如果数据集可以分为 K 个簇，那么就利用训练数据获取这 K 个簇

5.2.2 K-Means 程序实例

下面介绍 K-Means 算法的程序实例，图 5.14 为 K-Means 原始数据集，图 5.15 为 K-Means 算法聚类结果，代码如下：

```python
import numpy as np
import matplotlib.pyplot as plt
#载入数据
data = np.genfromtxt("kmeans.txt", delimiter=" ")
plt.scatter(data[:, 0], data[:, 1])
plt.show()
print(data.shape)
# #训练模型
#计算距离
def euclDistance(vector1, vector2):
    return np.sqrt(sum((vector2 - vector1)**2))
#初始化质心
def initCentroids(data, k):
    numSamples, dim = data.shape
    #k 个质心，列数跟样本的列数一样
    centroids = np.zeros((k, dim))
    #随机选出 k 个质心
    for i in range(k):
        #随机选取一个样本的索引
        index = int(np.random.uniform(0, numSamples))
        #作为初始化的质心
        centroids[i, :] = data[index, :]
    return centroids
#传入数据集和 k 的值
def kmeans(data, k):
    #计算样本个数
    numSamples = data.shape[0]
    #样本的属性，第一列保存该样本属于哪个簇，第二列保存该样本跟它所属簇的误差
    clusterData = np.array(np.zeros((numSamples, 2)))
    #决定质心是否改变的变量
    clusterChanged = True
    #初始化质心
    centroids = initCentroids(data, k)
    while clusterChanged:
        clusterChanged = False
        #循环每个样本
        for i in range(numSamples):
```

```python
                        #最小距离
                        minDist = 100000.0
                        #定义样本所属的簇
                        minIndex = 0
                        #循环计算每个质心与该样本的距离
                        for j in range(k):
                                #循环每个质心和样本，计算距离
                                distance = euclDistance(centroids[j, :], data[i, : ])
                                #如果计算的距离小于最小距离，那么更新最小距离
                                if distance < minDist:
                                        minDist = distance
                                        #更新最小距离
                                        clusterData[i, 1] = minDist
                                        #更新样本所属的簇
                                        minIndex = j
                                        #如果样本的所属的簇发生了变化
                        if clusterData[i, 0] != minIndex:
                                #那么重新计算质心
                                clusterChanged = True
                                #更新样本的簇
                                clusterData[i, 0] = minIndex
                #更新质心
                for j in range(k):
                        #获取第 j 个簇所有的样本所在的索引
                        cluster_index = np.nonzero(clusterData[:, 0] == j)
                        #第 j 个簇所有的样本
                        pointsInCluster = data[cluster_index]
                        #计算质心
                        centroids[j, : ] = np.mean(pointsInCluster, axis = 0)
                #showCluster(data, k, centroids, clusterData)
        return centroids, clusterData
#显示结果
def showCluster(data, k, centroids, clusterData):
        numSamples, dim = data.shape
        if dim != 2:
                print("dimension of your data is not 2!")
                return 1
        #用不同颜色形状来表示各个类别
        mark = ['or', 'ob', 'og', 'ok', '^r', '+r', 'sr', 'dr', '<r', 'pr']
        if k > len(mark):
                print("Your k is too large!")
                return 1
```

```
#画样本
for i in range(numSamples):
    markIndex = int(clusterData[i, 0])
    plt.plot(data[i, 0], data[i, 1], mark[markIndex])
    #用不同颜色形状来表示各个类别
mark = ['*r', '*b', '*g', '*k', '^b', '+b', 'sb', 'db', '<b', 'pb']
#画质心
for i in range(k):
    plt.plot(centroids[i, 0], centroids[i, 1], mark[i], markersize = 20)
plt.show()
#设置 k 值，即聚类的个数
k = 4
#centroids 簇的质心
#cluster Data 样本的属性，第一列保存该样本属于哪个簇，第二列保存该样本与它所属簇的误差
centroids, clusterData = kmeans(data, k)
if np.isnan(centroids).any():
    print('Error')
else:
    print('cluster complete!')
    #显示结果
showCluster(data, k, centroids, clusterData)
print(centroids)
```

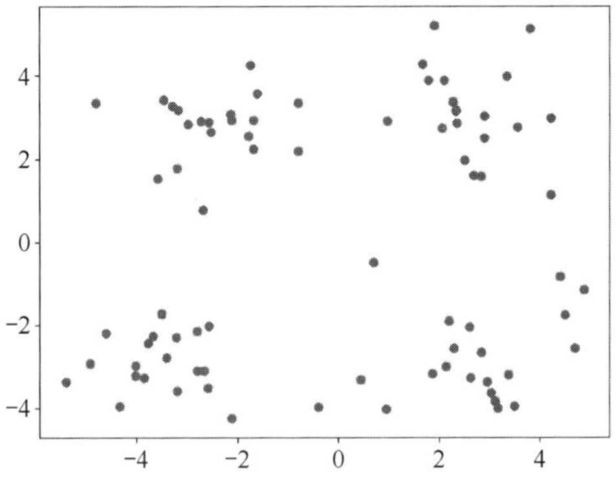

图 5.14　K-Means 原始数据集 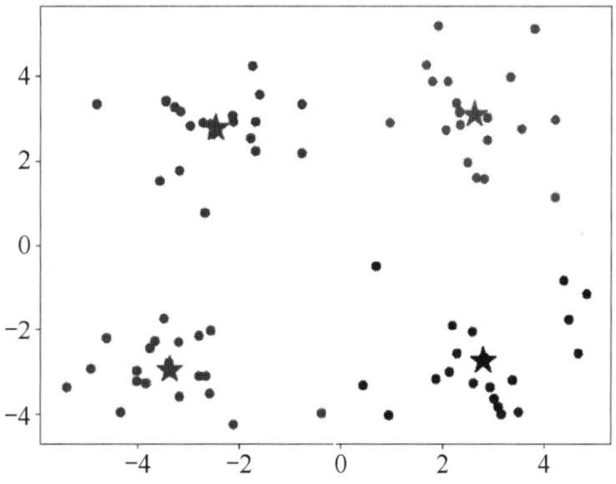　　　　图 5.15　K-Means 算法聚类结果

5.2.3　MiniBatch 算法

MiniBatch 是 K-Means 的改进算法，用小批量的数据子集减少计算时间。小批量指在每次训练算法时随机抽取数据子集，采用这些随机抽取的数据子集进行模型训练，可以大大减少计算时间，训练结果只略差于标准算法。该算法的有两个迭代步骤：

- 从数据集中随机抽取小批量的数据子集，分配给最近的质心；
- 更新质心。

与 K-Means 算法相比，MiniBatch 算法的数据更新是基于每个小批量的数据子集的。MiniBatch 比 K-Means 有更快的收敛速度，在实际应用中也有更好的表现。

5.2.4 K-Means 算法分析

1. 优点
- 属于非监督式学习，无须准备训练集。
- 原理简单，实现较为容易。
- 结果的可解释性较好。

2. 缺点
- 需手动设置 K 值。在算法开始预测之前，需要手动设置 K 值，即估计数据簇的数量，不合理的 K 值会使结果缺乏解释性，用不同的 K 值得到的结果不同。
- 对 K 个初始质心的选择比较敏感，容易陷入局部最小值。例如，5.2.2 节中的算法在运行的时候，可能会得到不同的结果：
  - K-Means 收敛，但只收敛到局部最小值；
  - K-Means 收敛到局部最小值，但在大规模数据集的情况下收敛较慢。
- 对异常点、离群点敏感。
- 在数据集规模比较大时，收敛较慢。

3. 解决方法
- 使用多次随机初始化，计算每次建模得到的代价函数的值，选取代价函数最小结果作为聚类结果。
- 使用"肘部法则"来选择 K 值。

代码如下：

```python
import numpy as np
import matplotlib.pyplot as plt
#载入数据
data = np.genfromtxt("kmeans.txt", delimiter=" ")
##训练模型
#计算距离
def euclDistance(vector1, vector2):
    return np.sqrt(sum((vector2 - vector1)**2))
#初始化质心
def initCentroids(data, k):
    numSamples, dim = data.shape
    #k 个质心，列数与样本的列数一样
    centroids = np.zeros((k, dim))
    #随机选出 k 个质心
    for i in range(k):
        #随机选取一个样本的索引
```

```python
            index = int(np.random.uniform(0, numSamples))
            #作为初始化的质心
            centroids[i, :] = data[index, :]
    return centroids
#传入数据集和k值
def kmeans(data, k):
    #计算样本个数
    numSamples = data.shape[0]
    #样本的属性，第一列保存该样本属于哪个簇，第二列保存该样本跟它所属簇的误差
    clusterData = np.array(np.zeros((numSamples, 2)))
    #决定质心是否改变的变量
    clusterChanged = True
    #初始化质心
    centroids = initCentroids(data, k)
    while clusterChanged：
        clusterChanged = False
        #循环每个样本
        for i in range(numSamples)：
            #最小距离
            minDist = 100000.0
            #定义样本所属的簇
            minIndex = 0
            #循环计算每个质心与该样本的距离
            for j in range(k)：
                #循环每个质心和样本，计算距离
                distance = euclDistance(centroids[j, :],  data[i, :])
                #如果计算的距离小于最小距离，那么更新最小距离
                if distance < minDist：
                    minDist = distance
                    #更新样本所属的簇
                    minIndex = j
                    #更新最小距离
                    clusterData[i, 1] = distance
            #样本的所属的簇发生变化
            if clusterData[i, 0] != minIndex：
                #重新计算质心
                clusterChanged = True
                #更新样本的簇
                clusterData[i, 0] = minIndex
        #更新质心
        for j in range(k)：
            #获取第 j 个簇所有的样本所在的索引
```

```python
            cluster_index = np.nonzero(clusterData[:, 0] == j)
            #第 j 个簇所有的样本点
            pointsInCluster = data[cluster_index]
            #计算质心
            centroids[j, :] = np.mean(pointsInCluster, axis = 0)
        #showCluster(data, k, centroids, clusterData)
    return centroids, clusterData
#显示结果
def showCluster(data, k, centroids, clusterData):
    numSamples, dim = data.shape
    if dim != 2:
        print("dimension of your data is not 2!")
        return 1
    #用不同颜色形状来表示各个类别
    mark = ['or', 'ob', 'og', 'ok', '^r', '+r', 'sr', 'dr', '<r', 'pr']
    if k > len(mark):
        print("Your k is too large!")
        return 1
    #画样本
    for i in range(numSamples):
        markIndex = int(clusterData[i, 0])
        plt.plot(data[i, 0], data[i, 1], mark[markIndex])
    #用不同颜色形状来表示各个类别
    mark = ['*r', '*b', '*g', '*k', '0'^b', '+b', 'sb', 'db', '<b', 'pb']
    #画质心
    for i in range(k):
        plt.plot(centroids[i, 0], centroids[i, 1], mark[i], markersize = 20)
    plt.show()
list_lost = []
for k in range(2, 10):
    min_loss = 10000
    min_loss_centroids = np.array([])
    min_loss_clusterData = np.array([])
    for i in range(50):
    #centroids 簇的质心
    #cluster Data 样本的属性，第一列保存该样本属于哪个簇，
    #第二列保存该样本与它所属簇的误差
        centroids, clusterData = kmeans(data, k)
        loss = sum(clusterData[:, 1])/data.shape[0]
        if loss < min_loss:
            min_loss = loss
            min_loss_centroids = centroids
```

```
                    min_loss_clusterData = clusterData
        list_lost.append(min_loss)
#print('loss', min_loss)
#print('cluster complete!')
#centroids = min_loss_centroids
#clusterData = min_loss_clusterData
#显示结果
#showCluster(data, k, centroids, clusterData)
list_lost
plt.plot(range(2, 10), list_lost)
plt.xlabel('k')
plt.ylabel('loss')
plt.show()
# #做预测
#做预测
x_test = [0, 1]
np.tile(x_test, (k, 1))
#误差
np.tile(x_test, (k, 1))-centroids
#误差平方
(np.tile(x_test, (k, 1))-centroids)**2
#误差平方和
((np.tile(x_test, (k, 1))-centroids)**2).sum(axis=1)
#最小值所在的索引号
np.argmin(((np.tile(x_test, (k, 1))-centroids)**2).sum(axis=1))
def predict(datas):
    return np.array([np.argmin(((np.tile(data, (k, 1))-centroids)**2).sum(axis=1)) for data in datas])
#画出簇的作用区域
#获取数据值所在的范围
x_min, x_max = data[:, 0].min() - 1, data[:, 0].max() + 1
y_min, y_max = data[:, 1].min() - 1, data[:, 1].max() + 1
#生成网格矩阵
xx, yy = np.meshgrid(np.arange(x_min, x_max, 0.02),
                     np.arange(y_min, y_max, 0.02))
z = predict(np.c_[xx.ravel(), yy.ravel()])
#ravel 与 flatten 类似，多维数据转一维。flatten 不会改变原始数据，ravel 会改变原始数据
z = z.reshape(xx.shape)
#等高线图
cs = plt.contourf(xx, yy, z)
#显示结果
showCluster(data, k, centroids, clusterData)
```

5.3 KNN算法

KNN算法是著名的模式识别统计学算法，在机器学习分类算法中占据重要地位。它是一个在理论上比较成熟的算法，不仅是最简单的机器学习算法之一，还是基于实例的学习算法中最基本的、最好的文本分类算法之一。

5.3.1 KNN算法原理

KNN通过计算不同特征值间的距离进行分类。具体思路是，如果一个样本与特征空间中的 K 个最相似（特征空间中最邻近）的样本中的大多数属于同一个类别，那么该样本也属于这个类别。在KNN算法中，K 通常是不大于20的整数，所选择的邻近样本是已经正确分类的对象。该方法在分类决策上只依据最邻近的一个或几个样本的类别。

该算法假设所有的样本均对应 N 维欧氏空间中的点。通过计算某个点与其他点间的距离，取出与该点最近的 K 个点，然后统计这 K 个点中所属分类比例最大的分类，则这个点属于该类。该算法涉及三个主要因素：样本集、距离、K 的大小。

KNN算法的优点如下：
- 原理简单；
- 应用数学知识少；
- 分类效果好；
- 通过KNN算法，可以解释机器学习算法使用过程中的很多细节问题；
- 能完整地刻画机器学习应用的流程。

5.3.2 KNN算法程序实例

下面介绍KNN算法的程序实例。

首先生成原始数据集，代码如下：

```
#特征
raw_data_x= [[3.393533211, 2.331273381],
             [2.110073483, 1.781539638],
             [1.343808831, 3.368360954],
             [3.582294042, 4.679179110],
             [2.280362439, 2.866990263],
             [7.423436942, 4.696522875],
             [5.745051997, 3.533989803],
             [5.172168622, 2.511101045],
             [7.792783481, 3.424088941],
             [7.939820817, 0.791637231]
```

```
]
#所属类别
raw_data_y = [0, 0, 0, 0, 0, 1, 1, 1, 1, 1]
```
然后训练数据：
```
X_train = np.array(raw_data_x)
y_train = np.array(raw_data_y)
#要预测的点
x = np.array([8.093607318, 3.365731514])
```
接着绘制数据集及要预测的点：
```
plt.scatter(X_train[y_train==0, 0], X_train[y_train==0, 1], color='g')
plt.scatter(X_train[y_train==1, 0], X_train[y_train==1, 1], color='r')
plt.scatter(x[0], x[1], color='b')
```
最后绘制数据集及要预测的点，如图 5.16 所示。

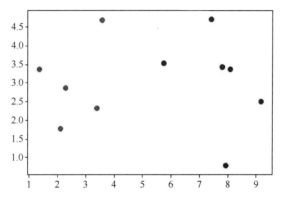

图 5.16 绘制数据集及要预测的点

使用 KNN 算法实现分类，代码如下：
```
from math import sqrt
distances = []
for x_train in X_train:
    #欧拉
    #**2: 求平方
    d = sqrt(np.sum((x_train - x)**2))
    distances.append(d)
distances
[4.812566907609877,
 6.189696362066091,
 6.749798999160064,
 4.6986266144110695,
 5.83460014556857,
 1.4900114024329525,
 2.354574897431513,
 1.3761132675144652,
```

```
    0.3064319992975,
    2.5786840957478887]
#生成表达式
distances = [sqrt(np.sum((x_train - x)**2)) for x_train in X_train]
distances
[4.812566907609877,
 6.189696362066091,
 6.749798999160064,
 4.6986266144110695,
 5.83460014556857,
 1.4900114024329525,
 2.354574897431513,
 1.3761132675144652,
 0.3064319992975,
 2.5786840957478887]
```

返回排序后的结果的索引,即距离测试点最近的点所排的坐标数组:

```
nearset = np.argsort(distances)
k = 6
```

5.4 梯度下降法

虽然梯度下降法在机器学习中很少被直接使用,但理解梯度的意义并掌握沿着梯度反方向更新自变量能降低目标函数值的原因,是学习后续算法的基础。梯度下降法不是机器学习算法,而是基于搜索的最优化算法,它的作用是最小化一个损失函数,而梯度上升法的作用是最大化一个效用函数。

5.4.1 一维梯度下降法

以简单的一维梯度下降法为例,解释梯度下降法能降低目标函数值的原因。

假设连续可导的函数 $f(x)$ 的输入和输出都是标量。给定绝对值足够小的数 ϵ,根据泰勒公式,得到如下近似:

$$f(x+\epsilon) \approx f(x) + \epsilon f'(x) \tag{5.4}$$

式中,$f'(x)$ 是函数 f 在 x 处的梯度。一维函数的梯度是一个标量,也称导数。如果找到一个常数 $\eta > 0$,使得 $|\eta f'(x)| > 0$ 足够小,那么可以将 ϵ 替换为 $-\eta f'(x)$,可得:

$$f(x - \eta f'(x)) \approx f(x) - \eta f'(x)^2$$

如果导数 $f'(x) \neq 0$,那么 $\eta f'(x)^2 > 0$,所以 $f(x - \eta f'(x)) \lesssim f(x)$。这意味着,如果通过 $x \leftarrow x - \eta f'(x)$ 来迭代 x,函数 $f(x)$ 的值可能会降低。因此,在梯度下降法中,先选取一

个初始值 x 和常数 $\eta(\eta>0)$，然后不断通过上式来迭代 x，直到满足停止条件为止，如 $f'(x)^2$ 的值已足够小或迭代次数已达到某个值。

下面以目标函数 $f(x)=x^2$ 为例，看一看梯度下降法是如何工作的。

虽然最小化 $f(x)$ 的解为 $x=0$，但仍可以使用这个简单函数来观察 x 是如何被迭代的。令 $x=10$ 作为初始值，$\eta=0.2$。使用梯度下降法对 x 迭代 10 次，可见最终 x 的值接近最优解，代码如下：

```
def gd(eta):
    x = 10
    results = [x]
    for i in range(10):
        x -= eta * 2 * x    #f(x)= x * x 的导数为 f'(x)= 2 * x
        results.append(x)
    print('epoch 10, x: ', x)
    return results
res = gd(0.2)
```

下面绘制自变量 x 的迭代轨迹，代码如下：

```
def show_trace(res):
    n = max(abs(min(res)), abs(max(res)), 10)
    f_line = np.arange(-n, n, 0.1)
    plt.plot(f_line, [x * x for x in f_line])
    plt.plot(res, [x * x for x in res] , '-o')
    plt.xlabel('x')
    plt.ylabel('f(x)')
show_trace(res)
```

绘制结果如图 5.17 所示。

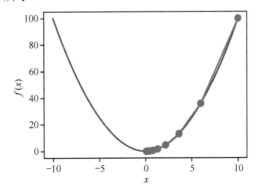

图 5.17　自变量 x 的迭代轨迹

5.4.2　多维梯度下降法

目标函数的输入为向量，输出为标量。假设目标函数 $f(\boldsymbol{x})$ 的输入是一个 d 维向量 $\boldsymbol{x}=[x_1,x_2,\ldots,x_d]^{\mathrm{T}}$。目标函数 $f(\boldsymbol{x})$ 有关 $\boldsymbol{x}$ 的梯度是一个由 d 个偏导数组成的向量：

$$\nabla_x f(x) = \left[\frac{\partial f(x)}{\partial x_1}, \frac{\partial f(x)}{\partial x_2}, \ldots, \frac{\partial f(x)}{\partial x_d}\right]^T \tag{5.5}$$

在式（5.5）中，用 $\nabla f(x)$ 代替 $\nabla_x f(x)$。梯度中每个偏导数元素 $\partial f(x)/\partial x_i$ 代表 $f(x)$ 在 x 上有关输入 x_i 的变化率。为了测量 $f(x)$ 在单位向量 u（$\|u\|=1$）上的变化率，在多元微积分中，定义 $f(x)$ 在 x 上沿着 u 方向的方向导数：

$$D_u f(x) = \lim_{h\to 0}\frac{f(x+hu)-f(x)}{h}. \tag{5.6}$$

式（5.6）中的方向导数可改写为：

$$D_u f(x) = \nabla f(x) u \tag{5.7}$$

式中，方向导数 $D_u f(x)$ 给出 $f(x)$ 在 x 上沿着所有可能方向的变化率。为了最小化 $f(x)$，找到 $f(x)$ 降低最快的方向。因此，通过单位向量 u 最小化方向导数 $D_u f(x)$。由于 $D_u f(x) = \|\nabla f(x)\|\,\|u\|\cos(\theta) = \|\nabla f(x)\|\cos(\theta)$，式中，$\theta$ 为梯度 $\nabla f(x)$ 和单位向量 u 之间的夹角，当 $\theta = \pi$ 时，$\cos(\theta)$ 取得最小值 -1。因此，当 u 在梯度方向 $\nabla f(x)$ 的相反方向上时，方向导数 $D_u f(x)$ 最小。通过梯度下降法降低目标函数 $f(x)$ 的值：

$$x \leftarrow x - \eta \nabla f(x) \tag{5.8}$$

式中，η（取正数）称为学习率。构造一个输入为二维向量 $x=[x_1, x_2]^T$ 且输出为标量的目标函数 $f(x)=x_1^2+2x_2^2$。那么，梯度 $\nabla f(x)=[2x_1, 4x_2]^T$。从初始位置 $[-5, -2]$ 开始观察自变量 x 的迭代轨迹。定义两个辅助函数，第一个函数使用给定的自变量更新函数，从初始位置 $[-5, -2]$ 对自变量 x 迭代 20 次，第二个函数对自变量 x 的迭代轨迹进行可视化。代码如下：

```
def train_2d(trainer):     #本函数将保存在 d2lzh 包中，方便以后使用
    x1, x2, s1, s2 = -5, -2, 0, 0   #s1 和 s2 是自变量状态，后续会使用
    results = [(x1, x2)]
    for i in range(20):
        x1, x2, s1, s2 = trainer(x1, x2, s1, s2)
        results.append((x1, x2))
    print('epoch %d, x1 %f, x2 %f' % (i + 1, x1, x2))
    return results
def show_trace_2d(f, results):    #本函数将保存在 d2lzh 包中，方便以后使用
    plt.plot(*zip(*results), '-o', color='#ff7f0e')
    x1, x2 = np.meshgrid(np.arange(-5.5, 1.0, 0.1), np.arange(-3.0, 1.0, 0.1))
    plt.contour(x1, x2, f(x1, x2), colors='#1f77b4')
    plt.xlabel('x1')
    plt.ylabel('x2')
```

然后，观察学习率为 0.1 时自变量的迭代轨迹，如图 5.18 所示。使用梯度下降法对自

变量 x 迭代 20 次,最终 x 的值接近最优解[0,0]。

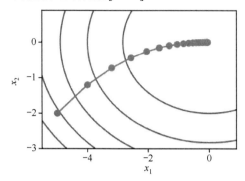

图 5.18　自变量 x 的迭代轨迹

第6章 机器学习-回归算法

6.1 线性回归

6.1.1 线性回归简介

线性回归以一个坐标系中的一个维度为结果,其他维度为特征(如在二维平面坐标系中,以纵轴为结果,横轴为特征)。如果将无数的样本点放在坐标系中,发现它们是围绕着一条直线分布的,那么可以采用线性回归进行分析。线性回归的目的,就是寻找一条直线,最大程度地"拟合"样本特征和样本输出标记之间的关系。只有一个样本特征的线性回归,为简单线性回归,如"房屋面积-价格",如图 6.1 所示。

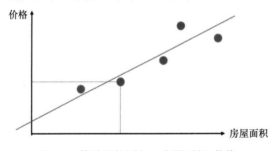

图 6.1 简单线性回归:房屋面积-价格

将横轴作为 x 轴,纵轴作为 y 轴,每一个样本点为 (x,y),那么期望寻找的直线就是 $y=ax+b$,当给出一个新的特征 $x^{(i)}$ 的时候,希望预测的结果 $\hat{y}^{(i)} = ax^{(i)}+b$。假设真实结果为 $y^{(i)}$,那么希望 $y^{(i)}$ 和 $\hat{y}^{(i)}$ 的差距尽可能小,即 $(y^{(i)} - \hat{y}^{(i)})^2$ 尽可能小。对于所有样本点,应该使 $\sum_{i=1}^{m}(y^{(i)} - \hat{y}^{(i)})^2$ 最小。利用线性回归算法,使 $\sum_{i=1}^{m}(y^{(i)} - \hat{y}^{(i)})^2$ 尽可能小,这是一个典型的最小二乘法问题:误差和最小化。

通过上面的推导,可以归纳出一类机器学习算法的基本思路:

- 目标是,找到 a 和 b,使得 $\sum_{i=1}^{m}(y^{(i)} - ax^{(i)} - b)^2$ 尽可能小。其中,损失函数(Loss Function)用于计算真实结果和预测结果的差值,期望其差值(损失)越来越小;

效用函数（Utility Function）用于描述拟合度，期望拟合度越来越好。
- 通过分析问题，确定问题的损失函数或效用函数。
- 通过最优化损失函数或效用函数，获取机器学习的模型。

6.1.2 简单线性回归的最小二乘法推导过程

线性回归的目标是找到 a 和 b，使 $\sum_{i=1}^{m}(y^{(i)}-ax^{(i)}-b)^2$ 尽可能小。令

$$J(a,b)=\sum_{i=1}^{m}\left(y^{(i)}-ax^{(i)}-b\right)^2 \tag{6.1}$$

通过求解式（6.2）、式（6.3），可获取线性方程的系数 a、b：

$$\frac{\partial J(a,b)}{\partial a}=0 \tag{6.2}$$

$$\frac{\partial J(a,b)}{\partial b}=0 \tag{6.3}$$

由式（6.2），有

$$\frac{\partial J(a,b)}{\partial a}=\sum_{i=1}^{m}2\left(y^{(i)}-ax^{(i)}-b\right)\left(-x^{(i)}\right)=0$$

$$\sum_{i=1}^{m}\left(y^{(i)}-ax^{(i)}-b\right)x^{(i)}=0$$

$$\sum_{i=1}^{m}\left(y^{(i)}-ax^{(i)}-\overline{y}+a\overline{x}\right)x^{(i)}=0$$

$$a=\frac{\sum_{i=1}^{m}\left(x^{(i)}-\overline{x}\right)\left(y^{(i)}-\overline{y}\right)}{\sum_{i=1}^{m}\left(x^{(i)}-\overline{x}\right)^2} \tag{6.4}$$

式中，$\overline{x}$ 表示样本 x 的均值，$\overline{y}$ 表示样本 y 的均值。由式（6.3），有

$$\frac{\partial J(a,b)}{\partial b}=\sum_{i=1}^{m}2\left(y^{(i)}-ax^{(i)}-b\right)(-1)=0$$

$$\sum_{i=1}^{m}\left(y^{(i)}-ax^{(i)}-b\right)=0$$

$$\sum_{i=1}^{m}y^{(i)}-a\sum_{i=1}^{m}x^{(i)}-\sum_{i=1}^{m}b=0$$

$$\sum_{i=1}^{m}y^{(i)}-a\sum_{i=1}^{m}x^{(i)}-mb=0$$

$$mb = \sum_{i=1}^{m} y^{(i)} - a\sum_{i=1}^{m} x^{(i)}$$
$$b = \overline{y} - a\overline{x} \tag{6.5}$$

由式（6.4）、(6.5) 求出 a、b 后，即得到拟合直线的表达式：
$$y = ax + b \tag{6.6}$$

下面是实现上述过程的代码。

```python
import numpy as np
import matplotlib.pyplot as plt
x = np.array([1., 2., 3., 4., 5.])
y = np.array([1., 3., 2., 3., 5.])
plt.scatter(x, y)
plt.axis([0, 6, 0, 6])
plt.show()
x_mean = np.mean(x)
y_mean = np.mean(y)
num = 0.0
d = 0.0
for x_i, y_i in zip(x, y):
    num += (x_i - x_mean) * (y_i - y_mean)
    d += (x_i - x_mean) ** 2
a = num/d
b = y_mean - a * x_mean
y_hat = a * x + b
plt.scatter(x, y)
plt.plot(x, y_hat, color='r')
plt.axis([0, 6, 0, 6])
plt.show()x_predict = 6
y_predict = a * x_predict + b
print(y_predict)
```

代码中用于线性回归的原始数据集如图 6.2 所示。经过线性回归后，拟合的直线如图 6.3 所示。

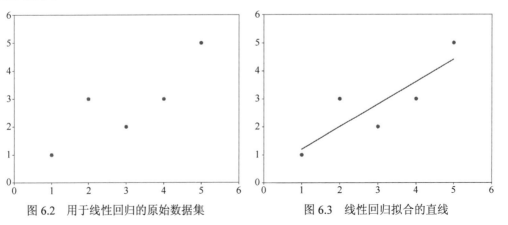

图 6.2　用于线性回归的原始数据集　　　　图 6.3　线性回归拟合的直线

为了更好地实现程序模块化，将上述代码封装成类，再实现线性回归，代码如下：

```python
import numpy as np
import matplotlib.pyplot as plt
class SimpleLinearRegression1:
    def __init__(self):
        """初始化 Simple Linear Regression 模型"""
        self.a_ = None
        self.b_ = None
    def fit(self, x_train, y_train):
        #根据训练数据 x_train，y_train 训练 Simple Linear Regression 模型
        ##求均值
        x_mean = x_train.mean()
        y_mean = y_train.mean()
        ##分子
        num = 0.0
        ##分母
        d = 0.0
        ##计算分子、分母
        for x_i, y_i in zip(x_train, y_train):
            num += (x_i-x_mean)*(y_i-y_mean)
            d += (x_i-x_mean) ** 2
        ##计算参数 a 和 b
        self.a_ = num/d
        self.b_ = y_mean - self.a_ * x_mean
        return self
    def predict(self, x_predict):
        """给定待预测数据集 x_predict，返回 x_predict 对应的预测结果值"""
        return np.array([self._predict(x) for x in x_predict])
    def _predict(self, x_single):
        """给定单个待预测数据 x_single，返回 x_single 对应的预测结果值"""
        return self.a_*x_single+self.b_
    def __repr__(self):
        return "SimpleLinearRegression1()"
from 封装后的回归算法 import SimpleLinearRegression1
reg1 = SimpleLinearRegression1()
x = np.array([1., 2., 3., 4., 5.])
y = np.array([1., 3., 2., 3., 5.])
x_predict = 6
reg1.fit(x, y)
reg1.predict(np.array([x_predict]))
#reg1.a_
```

```
#reg1.b_
y_hat1 = reg1.predict(x)
plt.scatter(x, y)
plt.plot(x, y_hat1, color='r')
plt.axis([0, 6, 0, 6])
plt.show()
```

使用封装后，线性回归算法的拟合结果如图 6.4 所示，与不使用封装的结果完全一致。

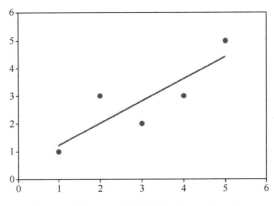

图 6.4　使用封装的线性回归算法的拟合结果

将式（6.4）中的乘积累加过程用向量内积实现。我们知道，向量 $\boldsymbol{w}$ 和 $\boldsymbol{v}$ 可分别表示为：

$$\boldsymbol{w} = (w^{(1)}, w^{(2)}, ..., w^{(m)}) \tag{6.7}$$

$$\boldsymbol{v} = (v^{(1)}, v^{(2)}, ..., v^{(m)}) \tag{6.8}$$

则 $\boldsymbol{w}$ 和 $\boldsymbol{v}$ 和内积表示为：

$$\boldsymbol{w} \cdot \boldsymbol{v} = \sum_{i=1}^{m} w^{(i)} v^{(i)} \tag{6.9}$$

采用向量内积后，代码修改如下：

```
import numpy as np
class SimpleLinearRegression2:
    def __init__(self):
        """初始化 Simple Linear Regression 模型"""
        self.a_ = None
        self.b_ = None
    def fit(self, x_train, y_train):
        """根据训练数据 x_train,y_train 训练 Simple Linear Regression 模型"""
        assert x_train.ndim == 1, \
            "Simple Linear Regressor can only solve single feature training data."
        assert len(x_train) == len(y_train), \
            "the size of x_train must be equal to the size of y_train"
        x_mean = np.mean(x_train)
```

```python
            y_mean = np.mean(y_train)
            self.a_ = (x_train - x_mean).dot(y_train - y_mean) / (x_train - x_mean).dot(x_train - x_mean)
            self.b_ = y_mean - self.a_ * x_mean
            return self
        def predict(self, x_predict):
            """给定待预测数据集 x_predict，返回表示 x_predict 的结果向量"""
            assert x_predict.ndim == 1, \
                "Simple Linear Regressor can only solve single feature training data."
            assert self.a_ is not None and self.b_ is not None, \
                "must fit before predict!"
            return np.array([self._predict(x) for x in x_predict])
        def _predict(self, x_single):
            """给定单个待预测数据 x_single，返回 x_single 的预测结果值"""
            return self.a_ * x_single + self.b_
        def __repr__(self):
            return "SimpleLinearRegression2()"
x = np.array([1., 2., 3., 4., 5.])
y = np.array([1., 3., 2., 3., 5.])
x_predict = 6
reg2 = SimpleLinearRegression2()
reg2.fit(x, y)
reg2.predict(np.array([x_predict]))
```

通过下面的代码测试向量内积对拟合速度的提升。

```
import timeit
#timeit 模块定义接收两个参数的 Timer 类，两个参数都是字符串
#第一个参数是要计时的语句或函数
#第二个参数是为第一个参数语句构建环境的导入语句
#从内部讲，timeit 模块构建了一个独立的虚拟环境，手动执行建立语句，然后手动编译和执行被计时语句
m = 1000000
big_x = np.random.random(size=m)
big_y = big_x * 2 + 3 + np.random.normal(size=m)
a = timeit.repeat('"-".join(str(n) for n in range(100))', number=10000)
a = timeit.repeat(stmt='pass', setup='pass',   number=1000000, globals=None)
timeit.timeit('reg2.fit(big_x, big_y)',\
            'import numpy as np',\
            'from 向量化实现 import SimpleLinearRegression2',\
            'm = 1000000',\
            'reg2 = SimpleLinearRegression2(),'\
            'big_x = np.random.random(size=m),'\
            'big_y = big_x * 2 + 3 + np.random.normal(size=m)')
```

6.1.3 衡量线性回归的指标

衡量线性回归的常用指标如下：

$$\mathrm{MSE} = \frac{1}{m}\sum_{i=1}^{m}(y_{\text{test}}^{(i)} - \hat{y}_{\text{test}}^{(i)})^2 \tag{6.10}$$

线性回归的目标是找到 a 和 b，使 $\sum_{i=1}^{m}(y_{\text{test}}^{(i)} - ax_{\text{test}}^{(i)} - b)^2$ 最小。衡量指标和 m 有关，因为数据量越多，产生误差的可能性越大，但是数据量越多，训练出来的模型也越好，因此，需要一个减小误差的方法。式（6.10）表示均方误差（Mean Squared Error，MSE）。MSE 的缺点是量纲不准确，如果 y 的单位是万元，那么在取平方后，单位变为万元的平方，这可能会带来一些麻烦，因此，通常用均方根误差（Root Mean Squared Error，RMSE）代替均方误差。RMSE 的表达式如下：

$$\mathrm{RMSE} = \sqrt{\frac{1}{m}\sum_{i=1}^{m}\left(y_{\text{test}}^{(i)} - \hat{y}_{\text{test}}^{(i)}\right)^2} \tag{6.11}$$

RMSE 与 MSE 的关系为：

$$\mathrm{RMSE} = \sqrt{\mathrm{MSE}}$$

此外，也可以使用平均绝对误差（Mean Absolute Error，MAE）作为衡量线性回归算法的指标，MAE 的表达式如下：

$$\mathrm{MAE} = \frac{1}{m}\sum_{i=1}^{m}\left| y_{\text{test}}^{(i)} - \hat{y}_{\text{test}}^{(i)} \right| \tag{6.12}$$

如果某些预测结果和真实结果相差非常大，那么 RMSE 会相应变大，所以 RMSE 有放大误差的趋势，但 MAE 没有，它反映的是预测结果和真实结果之间的直接差距。所以，从某种程度上说，让 RMSE 变小更有意义，因为这意味着在整个样本的误差中，误差的最大值也相对较小，而且训练样本就是训练 RMSE 根号中的部分，其本质和优化 RMSE 是一样的。

下面的代码及其运行结果将 MSE、RMSE 和 MAE 分别作为线性回归指标进行对比。

```
import numpy as np
import matplotlib.pyplot as plt
from sklearn import datasets
#波士顿房屋数据
boston = datasets.load_boston()
boston.keys()
[output]:dict_keys(['data', 'target', 'feature_names', 'DESCR'])
print(boston.DESCR)
[output]: Boston House Prices dataset
```

Notes

Data Set Characteristics:

:Number of Instances: 506

:Number of Attributes: 13 numeric/categorical predictive

:Median Value (attribute 14) is usually the target

:Attribute Information (in order):

- CRIM   per capita crime rate by town
- ZN   proportion of residential land zoned for lots over 25,000 sq.ft.
- INDUS   proportion of non-retail business acres per town
- CHAS   Charles River dummy variable (= 1 if tract bounds river; 0 otherwise)
- NOX   nitric oxides concentration (parts per 10 million)
- RM   average number of rooms per dwelling
- AGE   proportion of owner-occupied units built prior to 1940
- DIS   weighted distances to five Boston employment centres
- RAD   index of accessibility to radial highways
- TAX   full-value property-tax rate per \$10,000
- PTRATIO   pupil-teacher ratio by town
- B $1000(Bk - 0.63)^2$ where Bk is the proportion of blacks by town
- LSTAT   % lower status of the population
- MEDV   Median value of owner-occupied homes in \$1000's

:Missing Attribute Values: None

:Creator: Harrison, D. and Rubinfeld, D.L.

This is a copy of UCI ML housing dataset.

http://archive.ics.uci.edu/ml/datasets/Housing

This dataset was taken from the StatLib library which is maintained at Carnegie Mellon University.

The Boston house-price data of Harrison, D. and Rubinfeld, D.L. 'Hedonic prices and the demand for clean air', J. Environ. Economics & Management, vol.5, 81-102, 19710.   Used in Belsley, Kuh & Welsch, 'Regression diagnostics ...', Wiley, 1980.   N.B. Various transformations are used in the table on pages 244-261 of the latter.

The Boston house-price data has been used in many machine learning papers that address regression problems.

References

- Belsley, Kuh & Welsch, 'Regression diagnostics: Identifying Influential Data and Sources of Collinearity', Wiley, 1980. 244-261.
- Quinlan,R. (1993). Combining Instance-Based and Model-Based Learning. In Proceedings on the Tenth International Conference of Machine Learning, 236.243, University of Massachusetts, Amherst.

```
Morgan Kaufmann.
        - many more! (see http://archive.ics.uci.edu/ml/datasets/Housing)
boston.feature_names
[output]: array(['CRIM', 'ZN', 'INDUS', 'CHAS', 'NOX', 'RM', 'AGE', 'DIS', 'RAD',
        'TAX', 'PTRATIO', 'B', 'LSTAT'], dtype='<U7')
x = boston.data[:,5]  ##只使用房屋数量这个特征
x.shape
[output]: (506,)
y = boston.target
y.shape
[output]: (506,)
plt.scatter(x, y)
plt.show()
```

对波士顿房屋数据集进行线性回归，代码显示的波士顿房屋的原始数据集如图 6.5 所示。

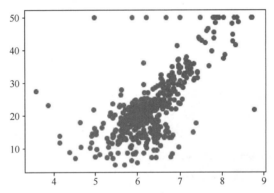

图 6.5　代码显示的波士顿房屋的原始数据集

限定特征值小于 50.0，过滤掉一些不合理的数据集，得到过滤后的波士顿房屋数据集如图 6.6 所示。

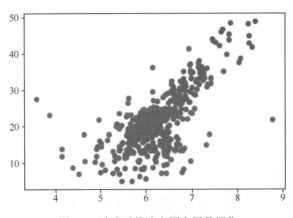

图 6.6　过滤后的波士顿房屋数据集

下面使用简单线性回归算法对过滤后的波士顿房屋数据集进行线性拟合，代码如下：

```
from playML.model_selection import train_test_split
x_train, x_test, y_train, y_test = train_test_split(x, y, seed=666)
x_train.shape
[output]: (392,)
y_train.shape
[output]: (392,)
x_test.shape
[output]: (98,)
y_test.shape
[output]: (98,)
from playML.SimpleLinearRegression import SimpleLinearRegression
reg = SimpleLinearRegression()
reg.fit(x_train, y_train)
SimpleLinearRegression()
reg.a_
[output]: 7.8608543562689555
reg.b_
[output]: -27.459342806705543
plt.scatter(x_train, y_train)
plt.plot(x_train, reg.predict(x_train), color='r')
plt.show()
```

利用简单线性回归进行线性拟合，得到拟合的直线如图 6.7 所示。

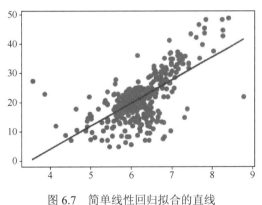

图 6.7　简单线性回归拟合的直线

将拟合的直线应用到测试数据中，并对 MSE、RMSE 及 MAE 进行对比。

```
plt.scatter(x_train, y_train)
plt.scatter(x_test, y_test, color="c")
plt.plot(x_train, reg.predict(x_train), color='r')
plt.show()
```

测试数据如图 6.8 中的浅色圆点所示。

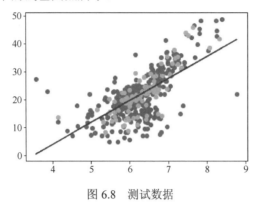

图 6.8　测试数据

```
y_predict = reg.predict(x_test)
```

MSE 的运行结果：

```
mse_test = np.sum((y_predict - y_test)**2) / len(y_test)
mse_test
[output]: 24.156602134387438
```

RMSE 的运行结果：

```
from math import sqrt
rmse_test = sqrt(mse_test)
rmse_test
```

MAE 的运行结果：

```
mae_test = np.sum(np.absolute(y_predict - y_test))/len(y_test)
mae_test
[output]: 3.5430974409463873
```

将评估函数封装起来，代码如下：

```
import numpy as np
from math import sqrt
def accuracy_score(y_true, y_predict):
    """计算 y_true 和 y_predict 之间的准确率"""
    assert len(y_true) == len(y_predict), \
        "the size of y_true must be equal to the size of y_predict"
    return np.sum(y_true == y_predict) / len(y_true)
def mean_squared_error(y_true, y_predict):
    """计算 y_true 和 y_predict 之间的 MSE"""
    assert len(y_true) == len(y_predict), \
        "the size of y_true must be equal to the size of y_predict"
    return np.sum((y_true - y_predict)**2) / len(y_true)
def root_mean_squared_error(y_true, y_predict):
    """计算 y_true 和 y_predict 之间的 RMSE"""
    return sqrt(mean_squared_error(y_true, y_predict))
def mean_absolute_error(y_true, y_predict):
```

```
        """计算 y_true 和 y_predict 之间的 MAE"""
        return np.sum(np.absolute(y_true - y_predict)) / len(y_true)
from playML.metrics import mean_squared_error
from playML.metrics import root_mean_squared_error
from playML.metrics import mean_absolute_error
mean_squared_error(y_test, y_predict)
[output]: 24.156602134387438
root_mean_squared_error(y_test, y_predict)
[output]: 4.914936635846635
mean_absolute_error(y_test, y_predict)
[output]: 3.5430974409463873
```

如果使用 scikit-learn 中的 MSE 和 MAE 函数，运行结果会有所不同，代码如下：

```
from sklearn.metrics import mean_squared_error
from sklearn.metrics import mean_absolute_error
mean_squared_error(y_test, y_predict)
[output]: 24.156602134387438
mean_absolute_error(y_test, y_predict)
[output]: 3.5430974409463873
```

RMSE 和 MAE 都有局限性。例如，在预测房源准确度时，RMSE 或 MAE 的值为 5，在预测学生的分数时，值为 10，但并不能说明其预测房源的准确度更高，因为这两个预测值没有统一的量纲和对比标准。为了解决这个问题，引入 R Squared 指标。R Squared（R^2）指标的定义为：

$$R^2 = 1 - \frac{\mathrm{SS_{residual}}}{\mathrm{SS_{total}}} = 1 - \frac{\sum_{i=1}^{m}(\hat{y}^{(i)} - y^{(i)})^2}{\sum_{i=1}^{m}(\overline{y} - y^{(i)})^2} \tag{6.13}$$

式中，$\sum_{i=1}^{m}(\hat{y}^{(i)} - y^{(i)})^2$ 表示使用的模型产生的误差，$\sum_{i=1}^{m}(\overline{y} - y^{(i)})^2$ 表示使用 $y = \overline{y}$ 预测产生的误差。R^2 有如下几个特点：

- $R^2 \leqslant 1$；
- R^2 越大越好，如果预测模型不出错，那么 R^2 取最大值 1；
- 如果 $R^2 < 0$，那么预测模型不如基准模型。此时，有可能数据不存在任何线性关系。

进一步计算式（6.13）：

$$R^2 = 1 - \frac{\sum_{i=1}^{m}(\hat{y}^{(i)} - y^{(i)})^2}{\sum_{i=1}^{m}(\overline{y} - y^{(i)})^2} = 1 - \frac{\sum_{i=1}^{m}(\hat{y}^{(i)} - y^{(i)})^2 \big/ m}{\sum_{i=1}^{m}(\overline{y} - y^{(i)})^2 \big/ m} = 1 - \frac{\mathrm{MSE}(\hat{y}, y)}{\mathrm{Var}(y)}$$

计算 R^2，代码如下：

```
import numpy as np
import matplotlib.pyplot as plt
from sklearn import datasets
boston = datasets.load_boston()
x = boston.data[:,5]  ##只使用房间数量这个特征
y = boston.target
x = x[y < 50.0]
y = y[y < 50.0]
from playML.model_selection import train_test_split
x_train, x_test, y_train, y_test = train_test_split(x, y, seed=666)
from playML.SimpleLinearRegression import SimpleLinearRegression
reg = SimpleLinearRegression()
reg.fit(x_train, y_train)
SimpleLinearRegression()
reg.a_
[output]: 7.8608543562689555
reg.b_
[output]: -27.459342806705543
y_predict = reg.predict(x_test)
```

调用 R^2，代码如下：

```
from playML.metrics import mean_squared_error
mean_squared_error(y_test, y_predict)/np.var(y_test)
```

封装 R^2，代码如下：

```
def r2_score(y_true, y_predict):
    """计算 y_true 和 y_predict 之间的 R Square"""
    return 1 - mean_squared_error(y_true, y_predict)/np.var(y_true)
from playML.metrics import r2_score
r2_score(y_test, y_predict)
[output]: 0.61293168039373225
```

在 scikit-learn 中调用 r2_score 函数，代码如下：

```
from sklearn.metrics import r2_score
r2_score(y_test, y_predict)
[output]: 0.61293168039373236
```

在简单线性回归中添加 score 函数，代码如下：

```
import numpy as np
from .metrics import r2_score
class SimpleLinearRegression:
    def score(self, x_test, y_test):
        """根据测试数据 x_test 和 y_test 确定当前模型的准确度"""
        y_predict = self.predict(x_test)
        return r2_score(y_test, y_predict)
reg.score(x_test, y_test)
[output]: 0.61293168039373225
```

6.1.4 多元线性回归简介

在实际使用中,很多数据是多元的,对多元数据的线性回归称为多元线性回归,多元线性回归示意图如图 6.9 所示。

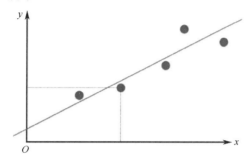

图 6.9 多元线性回归示意图

多元线性回归拟合的线性表达式为:

$$y = \theta_0 + \theta_1 x_1 + \theta_2 x_2 + ... + \theta_n x_n \tag{6.14}$$

式中,$\theta_0, \theta_1, \theta_2, ..., \theta_n$ 称为线性表达式系数,$x_1, x_2, ..., x_n$ 称为 n 个特征,$x_1, x_2, ..., x_n$ 的值称为特征值。多元线性回归的目标是找到系数 $\theta_0, \theta_1, \theta_2, ..., \theta_n$,使 $\sum_{i=1}^{m}\left(\hat{y}^{(i)} - y^{(i)}\right)^2$ 尽可能小。其中:

$$\hat{y}^{(i)} = \theta_0 + \theta_1 x_1^{(i)} + \theta_2 x_2^{(i)} + ... + \theta_n x_n^{(i)} \tag{6.15}$$

表示对第 i 个数据的预测值,式(6.15)也可写为:

$$\hat{y}^{(i)} = \theta_0 x_0^{(i)} + \theta_1 x_1^{(i)} + \theta_2 x_2^{(i)} + ... + \theta_n x_n^{(i)}, \quad x_0^{(i)} \equiv 1 \tag{6.16}$$

$\boldsymbol{x}^{(i)}$ 为第 i 个数据的特征值向量,表示为:

$$\boldsymbol{x}^{(i)} = \left(x_0^{(i)}, x_1^{(i)}, x_2^{(i)}, ..., x_n^{(i)}\right) \tag{6.17}$$

则式(6.15)可表示为两个向量的内积:

$$\hat{y}^{(i)} = \boldsymbol{x}^{(i)} \cdot \boldsymbol{\theta} \tag{6.18}$$

进一步,将数据集表示为矩阵 $\boldsymbol{X}_b$,将 $\boldsymbol{\theta}$ 表示为列向量:

$$\boldsymbol{X}_b = \begin{Bmatrix} 1 & x_1^{(1)} & x_2^{(1)} & ... & x_n^{(1)} \\ 1 & x_1^{(2)} & x_2^{(2)} & ... & x_n^{(2)} \\ \vdots & \vdots & \vdots & & \vdots \\ 1 & x_1^{(m)} & x_2^{(m)} & ... & x_n^{(m)} \end{Bmatrix} \quad \boldsymbol{\theta} = \begin{Bmatrix} \theta_0 \\ \theta_1 \\ \theta_2 \\ \vdots \\ \theta_n \end{Bmatrix} \tag{6.19}$$

则对数据集中所有数据的预测可表示成:

$$\hat{\boldsymbol{y}} = \boldsymbol{X}_b \cdot \boldsymbol{\theta} \tag{6.20}$$

式中：

$$\hat{y} = \begin{Bmatrix} \hat{y}_1 \\ \hat{y}_2 \\ \hat{y}_3 \\ \vdots \\ \hat{y}_m \end{Bmatrix} \quad (6.21)$$

同理，$\sum_{i=1}^{m}\left(\hat{y}^{(i)} - y^{(i)}\right)^2$ 也可以写为矩阵运算形式：

$$(y - X_b\theta)^{\mathrm{T}}(y - X_b\theta) \quad (6.22)$$

式中，y 是数据集中所有目标值组成的列向量：

$$y = \begin{Bmatrix} y_1 \\ y_2 \\ y_3 \\ \vdots \\ y_m \end{Bmatrix} \quad (6.23)$$

求解目标 $(y - X_b\theta)^{\mathrm{T}}(y - X_b\theta)$ 的最小值，进而得到 θ：

$$\theta = (X_b^{\mathrm{T}} X_b)^{-1} X_b^{\mathrm{T}} y \quad (6.24)$$

式中，θ 为线性方程系数矩阵。θ_0 表示截距，$\theta_1,\ldots,\theta_n$ 分别为特征 $x_1,\ldots,x_n$ 的系数，代表各个特征的权重。

实现多元线性回归，代码如下：

```
import numpy as np
import matplotlib.pyplot as plt
from sklearn import datasets
boston = datasets.load_boston()
X = boston.data
y = boston.target
X = X[y < 50.0]
y = y[y < 50.0]
X.shape
[output]: (490, 13)
from playML.model_selection import train_test_split
X_train, X_test, y_train, y_test = train_test_split(X, y, seed=666)
```

自定义 LinearRegression 类：

```
import numpy as npfrom .metrics import r2_score
class LinearRegression:
    def __init__(self):
        """初始化 Linear Regression 模型"""
```

```python
        ##系数向量（θ1,θ2,.....θn）
        self.coef_ = None
        ##截距（θ0）
        self.interception_ = None
        ##θ 向量
        self._theta = None
    def fit_normal(self, X_train, y_train):
        """根据训练数据 X_train，y_train 训练 Linear Regression 模型"""
        assert X_train.shape[0] == y_train.shape[0], \
            "the size of X_train must be equal to the size of y_train"
        ##np.ones((len(X_train), 1)) 构造一个与 X_train 行数相同、只有一列的全 1 矩阵
        ##np.hstack 拼接矩阵
        X_b = np.hstack([np.ones((len(X_train), 1)), X_train])
        ##X_b.T 获取矩阵的转置
        ##np.linalg.inv() 获取矩阵的逆
        ##dot() 矩阵点乘
        self._theta = np.linalg.inv(X_b.T.dot(X_b)).dot(X_b.T).dot(y_train)
        self.interception_ = self._theta[0]
        self.coef_ = self._theta[1:]
        return self
    def predict(self, X_predict):
        """给定待预测数据集 X_predict，返回表示 X_predict 的结果向量"""
        assert self.coef_ is not None and self.interception_ is not None,\
            "must fit before predict"
        assert X_predict.shape[1] == len(self.coef_),\
            "the feature number of X_predict must be equal to X_train"
        X_b = np.hstack([np.ones((len(X_predict), 1)), X_predict])
        return X_b.dot(self._theta)
    def score(self, X_test, y_test):
        """根据测试数据 X_test 和 y_test 确定当前模型的准确度"""
        y_predict = self.predict(X_test)
        return r2_score(y_test, y_predict)
    def __repr__(self):
        return "LinearRegression()"
from playML.LinearRegression import LinearRegression
reg = LinearRegression()
reg.fit_normal(X_train, y_train)
LinearRegression()
reg.coef_
```
[output]: array([-1.18919477e-01, 3.63991462e-02, -3.56494193e-02,

```
        5.66737830e-02,  -1.16195486e+01,   3.42022185e+00,
       -2.31470282e-02,  -1.19509560e+00,   2.59339091e-01,
       -1.40112724e-02, -10.36521175e-01,   7.92283639e-03,
       -3.81966137e-01])
reg.intercept_
[output]: 34.161435496224712
reg.score(X_test, y_test)
[output]: 0.81298026026584658
```

scikit-learn 中的多元线性回归问题：

```
import numpy as np
import matplotlib.pyplot as plt
from sklearn import datasets
boston = datasets.load_boston()
X = boston.data
y = boston.target
X = X[y < 50.0]
y = y[y < 50.0]
X.shape
[output]: (490, 13)
from playML.model_selection import train_test_split
X_train, X_test, y_train, y_test = train_test_split(X, y, seed=666)
```

scikit-learn 中的多元线性回归实现：

```
from sklearn.linear_model import LinearRegression
lin_reg = LinearRegression()
lin_reg.fit(X_train, y_train)
LinearRegression(copy_X=True, fit_intercept=True, n_jobs=1, normalize=False)
lin_reg.coef_
[output]: array([ -1.18919477e-01,   3.63991462e-02,  -3.56494193e-02,
        5.66737830e-02,  -1.16195486e+01,   3.42022185e+00,
       -2.31470282e-02,  -1.19509560e+00,   2.59339091e-01,
       -1.40112724e-02, -10.36521175e-01,   7.92283639e-03,
       -3.81966137e-01])
lin_reg.intercept_
[output]: 34.161435496246924
lin_reg.score(X_test, y_test)
[output]: 0.812980260265847588099665099417701
```

6.2 多项式回归

对于图 6.10 所示的数据,虽然可以使用线性回归进行拟合,但是这些数据更像一条二次曲线上的数据,相应的方程是 $y=ax^2+bx+c$,对这个式子,除可理解为二次多项式外,还可这样理解:将 x^2 理解为一个特征,x 理解为另一个特征,即原来的样本数据只有一个特征 x,现在将其视为有两个特征的数据集。那么从这个角度看,这个式子仍然是线性回归的。这就是多项式回归的思想,相当于为样本数据增加了一些特征,这些特征是原来样本数据的多项式项,增加这些特征后,可以使用线性回归进行拟合。

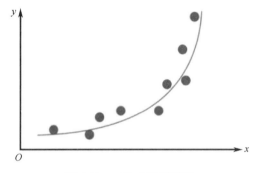

图 6.10 二次曲线示意图

6.2.1 多项式回归简介

为了生成符合二次多项式分布的数据集,在 $y = 0.5x^2 + x + 2$ 上附加范围为[0,1]的波动,结果如图 6.11 所示。

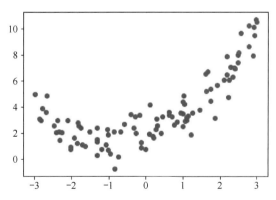

图 6.11 生成符合二次多项式分布的数据集

代码如下:

```
import numpy as np
import matplotlib.pyplot as plt
x = np.random.uniform(-3, 3, size=100)
```

```
X = x.reshape(-1, 1)
#二次多项式
y = 0.5 * x**2 + x + 2 + np.random.normal(0, 1, 100)
plt.scatter(x, y)
plt.show()
```

首先使用线性回归算法拟合上面的数据集，结果如图 6.12 所示。

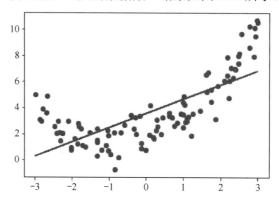

图 6.12　使用线性回归拟合数据集的结果

代码如下：

```
from sklearn.linear_model import LinearRegression
lin_reg = LinearRegression()
lin_reg.fit(X, y)
y_predict = lin_reg.predict(X)
plt.scatter(x, y)
plt.plot(x, y_predict, color='r')
plt.show()
```

显然，用一条直线拟合一条有弧度的曲线，效果是不好的。为了解决这个问题，增加一个特征——对数据集中的每个数据都取平方，并将得到的数据集与原数据集进行拼接，然后对新的数据集进行线性回归，结果如图 6.13 所示。

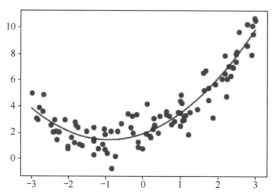

图 6.13　对增加特征后的新数据集进行线性回归

代码如下：

```
X2 = np.hstack([X, X**2])
```

```
X2.shape
[output]: (100, 2)
lin_reg2 = LinearRegression()
lin_reg2.fit(X2, y)
y_predict2 = lin_reg2.predict(X2)
plt.scatter(x, y)#由于 x 是乱的，因此进行排序
plt.plot(np.sort(x), y_predict2[np.argsort(x)], color='r')
plt.show()
```

可见，当增加了一个特征后，拟合形成一条曲线，显然这条曲线对原数据集的拟合程度更好。此时的系数矩阵为：

```
#第一个系数是 x 的系数，第二个系数是 x 平方的系数
lin_reg2.coef_
[output]: array([ 0.99870163,  0.54939125])
#常数项
lin_reg2.intercept_
[output]: 1.8855236786516001
```

还可以直接使用 sklearn.preprocessing 中的 PolynomialFeatures 函数进行多项式转换。下面先举一个例子说明 PolynomialFeatures 函数的用法，代码如下：

```
X = np.arange(1, 11).reshape(-1, 2)
X
[output]: array([[ 1,  2],
       [ 3,  4],
       [ 5,  6],
       [ 7,  8],
       [ 9, 10]])
poly = PolynomialFeatures(degree=2)
poly.fit(X)
X2 = poly.transform(X)
X2.shape
[output]: (5, 6)
X2
[output]: array([[  1.,   1.,   2.,   1.,   2.,   4.],
       [  1.,   3.,   4.,  10.,  12.,  16.],
       [  1.,   5.,   6.,  25.,  30.,  36.],
       [  1.,   7.,  10., 410.,  56.,  64.],
       [  1.,  10.,  10.,  81.,  90., 100.]])
```

可见，使用 PolynomialFeatures 函数进行多项式转换后，5 行 2 列的矩阵变为了 5 行 6 列的矩阵。第一列是 1 的 0 次幂，第二列和第三列对应的是原数据集，第四列是原来的第一列数据取平方的结果，第五列是原来的两列数据相乘的结果，第六列是原来的第二列数据取平方的结果。如果将 degree 设置为 3，即进行 3 次多项式转换，那么会产生下面 10 个

组合，组合关系如图 6.14 所示，PolynomialFeatures 函数会列出所有的多项式组合。

$$x_1, x_2 \rightarrow \begin{matrix} 1, x_1, x_2 \\ x_1^2, x_2^2, x_1 x_2 \\ x_1^3, x_2^3, x_1^2 x_2, x_1 x_2^2 \end{matrix}$$

图 6.14　进行 3 次多项式转换后产生的组合

若要实现多项式回归，则在多项式转换后，要进行线性回归操作，代码如下：

```
import numpy as np
import matplotlib.pyplot as plt
x = np.random.uniform(-3, 3, size=100)
X = x.reshape(-1, 1)
y = 0.5 * x**2 + x + 2 + np.random.normal(0, 1, 100)
#在 sklearn 中，对数据进行预处理的函数都封装在 preprocessing 模块中，包括归一化函数 StandardScale
from sklearn.preprocessing import PolynomialFeatures
poly = PolynomialFeatures(degree=2)
poly.fit(X)
X2 = poly.transform(X)
X2.shape
[output]: (100, 3)
X[:5,:]
[output]: array([[ 0.14960154],
        [ 0.49319423],
        [-0.87176575],
        [-1.33024477],
        [ 0.47383199]])
#第一列是增加的数据的零次方特征
#第二列和原来的特征一样，是数据集的一次方特征
#第三列是增加的数据的平方特征
X2[:5,:]
[output]: array([[ 1.        ,  0.14960154,  0.02238062],
        [ 1.        ,  0.49319423,  0.24324055],
        [ 1.        , -0.87176575,  0.75997552],
        [ 1.        , -1.33024477,  1.76955114],
        [ 1.        ,  0.47383199,  0.22451675]])
from sklearn.linear_model import LinearRegression
lin_reg2 = LinearRegression()
lin_reg2.fit(X2, y)
y_predict2 = lin_reg2.predict(X2)
plt.scatter(x, y)
```

```
plt.plot(np.sort(x), y_predict2[np.argsort(x)], color='r')
plt.show()
```

使用 PolynomialFeatures 函数的多项式回归结果如图 6.15 所示，与手动增加数据集取平方的特征的线性回归结果相同。

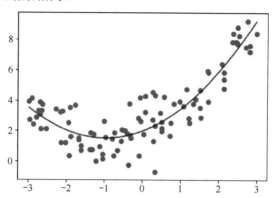

图 6.15 使用 PolynomialFeatures 函数的多项式回归结果

小结：

多项式回归在机器学习算法上完全沿用线性回归的思路。关键在于为原来的数据集增加新的特征，而得到新特征的方式是对原有特征进行多项式组合。采用这样的方式，可以解决一些非线性的问题。

与 PCA 相反，多项式回归对原数据集进行升维处理，便于算法更好地进行数据拟合。

6.2.2 scikit-learn 中的多项式回归和 Pipeline

Pipline 译为管道，用于简化多项式回归的实现过程，代码如下：

```
x = np.random.uniform(-3, 3, size=100)
X = x.reshape(-1, 1)
y = 0.5 * x**2 + x + 2 + np.random.normal(0, 1, 100)
from sklearn.pipeline import Pipelinefrom sklearn.preprocessing import StandardScaler#
传入每一步的对象名和类的实例化
poly_reg = Pipeline([
    ("poly", PolynomialFeatures(degree=2)),
    ("std_scaler", StandardScaler()),
    ("lin_reg", LinearRegression())
])
poly_reg.fit(X, y)
y_predict = poly_reg.predict(X)
plt.scatter(x, y)
plt.plot(np.sort(x), y_predict[np.argsort(x)], color='r')
plt.show()
```

使用 Pipeline 的回归结果如图 6.16 所示，与前面多项式回归的结果相同。

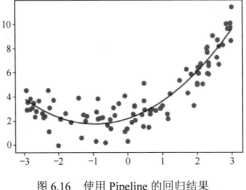

图 6.16　使用 Pipeline 的回归结果

此时的系数矩阵为：

```
lin_reg2.coef_
[output]: array([ 0.        ,  0.9460157 ,  0.50420543])
lin_reg2.intercept_
[output]: 2.1536054095953823
```

6.2.3　过拟合和欠拟合

首先介绍什么是欠拟合（Underfitting）与过拟合（Overfitting）。欠拟合是指算法所训练的模型无法完整地表述数据关系。过拟合是指算法所训练的模型冗余地表述数据关系。

首先生成符合二次多项式分布的数据集，代码如下：

```
import numpy as np
import matplotlib.pyplot as plt
np.random.seed(666)
x = np.random.uniform(-3.0, 3.0, size=100)
X = x.reshape(-1, 1)
y = 0.5 * x**2 + x + 2 + np.random.normal(0, 1, size=100)
plt.scatter(x, y)
plt.show()
```

结果如图 6.17 所示。

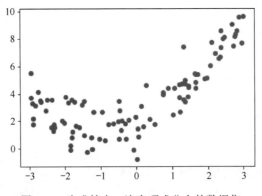

图 6.17　生成符合二次多项式分布的数据集

对生成的符合二次多项式分布的数据集进行线性回归,代码如下:

```
from sklearn.linear_model import LinearRegression
lin_reg = LinearRegression()
lin_reg.fit(X, y)
lin_reg.score(X, y)
[output]: 0.49537078118650091
y_predict = lin_reg.predict(X)
plt.scatter(x, y)
plt.plot(np.sort(x), y_predict[np.argsort(x)], color='r')
plt.show()
```

线性回归结果如图 6.18 所示。从图 6.18 中可以看出,如果采用线性回归模型对符合二次多项式分布的数据集进行拟合,结果无法完整地表述数据关系,即无法完整地反映数据集的变化趋势,这种情况就属于欠拟合。

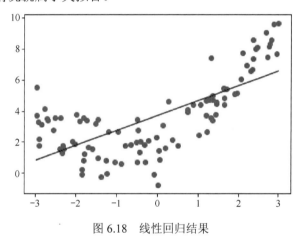

图 6.18 线性回归结果

因为用于拟合的数据集是固定的,所以使用 MSE 指标对拟合结果进行考核。获取 MSE 的代码如下:

```
from sklearn.metrics import mean_squared_error
y_predict = lin_reg.predict(X)
mean_squared_error(y, y_predict)
[output]: 3.0750025765636577
```

对生成符合二次多项式分布的数据集进行二次多项式回归,得到的二次多项式回归结果如图 6.19 所示。

```
from sklearn.pipeline import Pipeline
from sklearn.preprocessing import PolynomialFeatures
from sklearn.preprocessing import StandardScaler
def PolynomialRegression(degree):
    return Pipeline([
        ("poly", PolynomialFeatures(degree=degree)),
```

```
                ("std_scaler", StandardScaler()),
                ("lin_reg", LinearRegression())
        ])
    poly2_reg = PolynomialRegression(degree=2)
    poly2_reg.fit(X, y)
        Pipeline(steps=[('poly', PolynomialFeatures(degree=2, include_bias=True, interaction_only=False)),
('std_scaler', StandardScaler(copy=True, with_mean=True, with_std=True)), ('lin_reg',
LinearRegression(copy_X=True, fit_intercept=True, n_jobs=1, normalize=False))])
    y2_predict = poly2_reg.predict(X)
    #显然，使用二次多项式回归得到的结果是更好的
    mean_squared_error(y, y2_predict)
    [output]: 1.0987392142417856
    plt.scatter(x, y)
    plt.plot(np.sort(x), y2_predict[np.argsort(x)], color='r')
    plt.show()
```

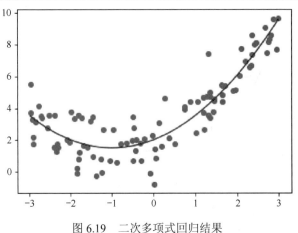

图 6.19　二次多项式回归结果

可见，使用二次多项式回归得到的结果较好。对其进行十次多项式回归，将得到十次多项式回归结果，如图 6.20 所示。

代码如下：

```
    poly10_reg = PolynomialRegression(degree=10)
    poly10_reg.fit(X, y)
    y10_predict = poly10_reg.predict(X)
    mean_squared_error(y, y10_predict)
    [output]: 1.0508466763764164
    plt.scatter(x, y)
    plt.plot(np.sort(x), y10_predict[np.argsort(x)], color='r')
    plt.show()
```

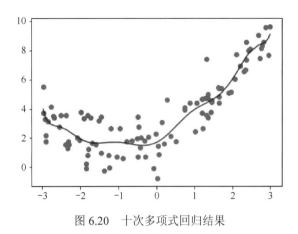

图 6.20 十次多项式回归结果

如果进行一百次多项式回归，将得到如图 6.21 所示的一百次多项式回归结果。

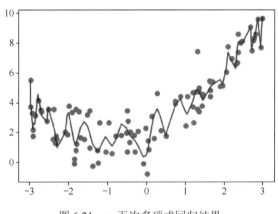

图 6.21 一百次多项式回归结果

代码如下：

```
poly100_reg = PolynomialRegression(degree=100)
poly100_reg.fit(X, y)
y100_predict = poly100_reg.predict(X)
mean_squared_error(y, y100_predict)
[output]: 0.68743577834336944
plt.scatter(x, y)
plt.plot(np.sort(x), y100_predict[np.argsort(x)], color='r')
plt.show()
```

可见，这条曲线是连接原数据集分别对应的预测值的，因为横轴有很多位置可能没有数据集，所以连接的结果和连接原数据集的曲线不一致。下面通过生成均匀分布的原数据集还原连接原数据集的曲线，代码如下：

```
X_plot = np.linspace(-3, 3, 100).reshape(100, 1)
y_plot = poly100_reg.predict(X_plot)
plt.scatter(x, y)
plt.plot(X_plot[:,0], y_plot, color='r')
```

```
plt.axis([-3, 3, 0, 10])
plt.show()
```

得到的一百次多项式回归结果如图 6.22 所示。

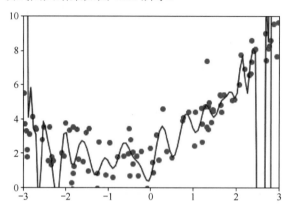

图 6.22　对均匀分布的数据集的一百次多项式回归结果

总有一条曲线，能拟合所有的数据集，使 MSE 为 0。在多项式回归从二次到一百次的拟合过程中，虽然 MSE 越来越小，但这并不能说明对数据的走势预测得越来越准确。例如，选择位于 2.5 到 3 之间的一个数据，使用图 6.22 中的曲线进行预测，预测的值位于-1 到 0 之间，显然不符合数据走势。也就是说，尽管使用高维的数据可获取更小的 MSE，但是为了拟合所有的数据集，拟合曲线反而变得过于复杂，这种情况就属于过拟合。

小结：

对于符合二次多项式分布的数据集，若使用低于二次的多项式进行拟合，则属于欠拟合；若使用高于二次的多项式进行拟合，则属于过拟合。

6.2.4　训练数据和测试数据

首先介绍泛化能力的概念。基于上节的过拟合结果，我们发现，虽然拟合曲线把原来的数据集拟合得非常好，总体误差非常小，但无法较好地预测新数据集，于是称这条拟合曲线泛化能力（"由此及彼"的能力）很弱。

此时，将数据集划分为训练数据和测试数据具有重要意义。训练模型的目的是使预测的数据尽可能准确，因此，观察训练数据的拟合程度是没有意义的，真正需要的是得到泛化能力更高的模型。解决方法就是划分训练数据和测试数据，如图 6.23 所示。

测试数据对于模型是全新的，如果使用训练数据获得的模型预测测试数据也能获得很好的结果，那么该模型的泛化能力是很强的；相反，就说明该模型的泛化能力很弱。下面划分训练数据与测试数据，用训练数据对模型进行训练，并用测试数据对模型进行泛化测试，代码如下：

```
from sklearn.model_selection import train_test_split
X_train, X_test, y_train, y_test = train_test_split(X, y, random_state=666)
lin_reg = LinearRegression()
lin_reg.fit(X_train, y_train)
```

```
y_predict = lin_reg.predict(X_test)
mean_squared_error(y_test, y_predict)
[output]: 2.2199965269396573
poly2_reg = PolynomialRegression(degree=2)
poly2_reg.fit(X_train, y_train)
y2_predict = poly2_reg.predict(X_test)
mean_squared_error(y_test, y2_predict)
[output]: 0.80356410562978997
poly10_reg = PolynomialRegression(degree=10)
poly10_reg.fit(X_train, y_train)
y10_predict = poly10_reg.predict(X_test)
mean_squared_error(y_test, y10_predict)
[output]: 0.92129307221507939
poly100_reg = PolynomialRegression(degree=100)
poly100_reg.fit(X_train, y_train)
y100_predict = poly100_reg.predict(X_test)
mean_squared_error(y_test, y100_predict)
```

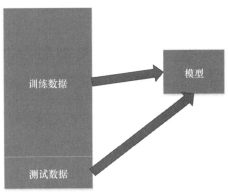

图 6.23 划分训练数据和测试数据

实际上，上述代码可以测试模型的复杂度，对于多项式回归模型，回归的阶数越高，得到的模型越复杂。在这种情况下，模型准确率与模型复杂度间的变化关系通常如图 6.24 所示。纵轴是模型复杂度（不同的算法含义不同，比如对于多项式回归，阶数越高，模型越复杂；对于 KNN，K 越小，模型越复杂，K 越大，模型越简单），横轴是模型准确率。

在图 6.24 中的两条曲线，train 是使用训练数据的结果，test 是使用测试数据的结果，结果表明：

- 对于训练数据，模型越复杂，模型准确率越高。因为模型越复杂，训练数据拟合得越好，相应的模型准确率越高；
- 对于测试数据，当模型简单时，模型准确率比较低。随着模型变复杂，测试数据拟合得越来越好，模型准确率逐渐提高，到一定程度后，如果模型继续变复杂，那么模型准确率会降低（欠拟合→拟合→过拟合）。

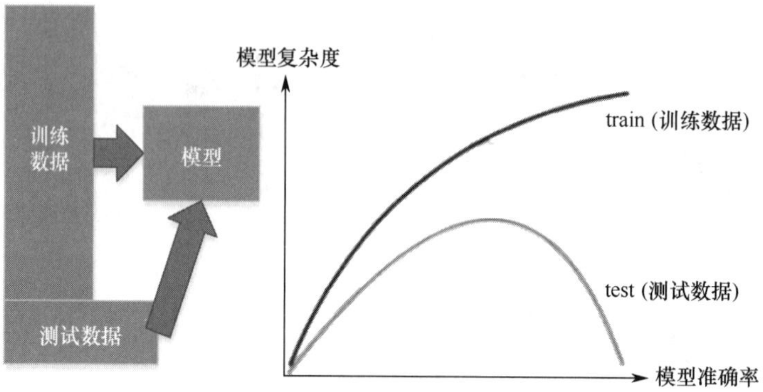

图 6.24　模型准确率与模型复杂度间的变化关系

6.2.5　学习曲线

随着训练数据的增多，算法训练获得的模型性能会发生变化。模型性能随训练数据变化的曲线称为学习曲线。以线性回归为例，观察线性回归模型性能随训练数据增多的变化情况。

代码如下：

```
from sklearn.model_selection import train_test_split
X_train, X_test, y_train, y_test = train_test_split(X, y, random_state=10)
X_train.shape
[output]: (75, 1)
from sklearn.linear_model import LinearRegression
from sklearn.metrics import mean_squared_error
train_score = []
test_score = []
for i in range(1, 76):
    lin_reg = LinearRegression()
    lin_reg.fit(X_train[:i], y_train[:i])
    y_train_predict = lin_reg.predict(X_train[:i])
    train_score.append(mean_squared_error(y_train[:i], y_train_predict))
    y_test_predict = lin_reg.predict(X_test)
    test_score.append(mean_squared_error(y_test, y_test_predict))
plt.plot([i for i in range(1, 76)], np.sqrt(train_score), label="train")
plt.plot([i for i in range(1, 76)], np.sqrt(test_score), label="test")
plt.legend()
plt.show()
```

运行结果如图 6.25 所示。从趋势上看，对于训练数据，误差逐渐升高，到一定程度后曲线趋于平稳。对于测试数据，当数据较少时，测试误差比较大；当数据达到一定规模时，测试误差逐渐减小，曲线趋于平稳。由图可见，随着训练数据增多，测试误差和训练误差趋于相等，但是测试误差略高于训练误差，这是因为当训练数据较多时，数据拟合得较好，误差相对较小。

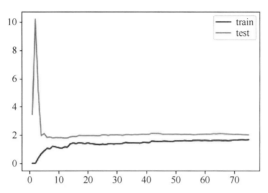

图 6.25　线性回归模型性能随训练数据增多的变化情况

下面以多项式回归为例，使用二次多项式训练符合二次曲线分布的数据集，绘制学习曲线，代码如下：

```
def plot_learning_curve(algo, X_train, X_test, y_train, y_test):
    train_score = []
    test_score = []
    for i in range(1, len(X_train)+1):
        algo.fit(X_train[:i], y_train[:i])
        y_train_predict = algo.predict(X_train[:i])
        train_score.append(mean_squared_error(y_train[:i], y_train_predict))
        y_test_predict = algo.predict(X_test)
        test_score.append(mean_squared_error(y_test, y_test_predict))
    plt.plot([i for i in range(1, len(X_train)+1)], np.sqrt(train_score), label="train")
    plt.plot([i for i in range(1, len(X_train)+1)], np.sqrt(test_score), label="test")
    plt.legend()
    plt.axis([0, len(X_train)+1, 0, 4])
    plt.show()
plot_learning_curve(LinearRegression(), X_train, X_test, y_train, y_test)
from sklearn.preprocessing import PolynomialFeatures
from sklearn.preprocessing import StandardScaler
from sklearn.pipeline import Pipeline
def PolynomialRegression(degree):
    return Pipeline([
        ("poly", PolynomialFeatures(degree=degree)),
        ("std_scaler", StandardScaler()),
        ("lin_reg", LinearRegression())
    ])
poly2_reg = PolynomialRegression(degree=2)
plot_learning_curve(poly2_reg, X_train, X_test, y_train, y_test)
```

运行结果如图 6.26 所示。由图可见，在整体趋势上，该曲线与线性回归模型的学习曲线类似。不同之处在于线性回归模型的学习曲线在纵轴值为 1.5 时趋于平稳，二次多项式回归模型的学习曲线在纵轴值为 1.0 时趋于平稳，说明在曲线趋于平稳后，二次多项式回归模型的误差比较小，即使用二次多项式训练符合二次曲线分布的数据集的性能较好。

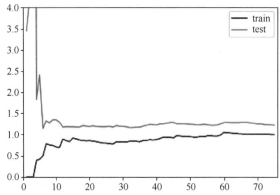

图 6.26　使用二次多项式训练符合二次曲线分布的数据集的学习曲线

使用二十次多项式训练符合二次曲线分布的数据集：

```
poly20_reg = PolynomialRegression(degree=20)
plot_learning_curve(poly20_reg, X_train, X_test, y_train, y_test)
```

学习曲线如图 6.27 所示。

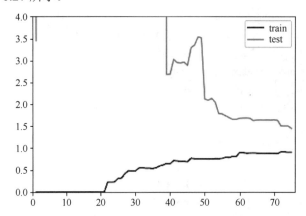

图 6.27　使用二十次多项式训练符合二次曲线分布的数据集的学习曲线

由图 6.27 可以看出，当使用二十次多项式训练时，如果数据量偏多，学习曲线拟合效果比较好，但测试数据的误差有所增大，这是因为过拟合结果的泛化能力是不够的。

小结：

通过学习曲线的特点可以判断模型是否欠拟合或过拟合。图 6.28 为欠拟合曲线与最佳拟合曲线的对比。由图可见，欠拟合曲线趋于平稳的纵轴值比最佳拟合曲线趋于平稳的纵轴值大，说明无论对于训练数据或测试数据，误差都比较大。这是因为训练模型选取不对，所以即便使用数据量较大的训练数据，误差也比较大，因此呈现出这样的一种曲线形态。

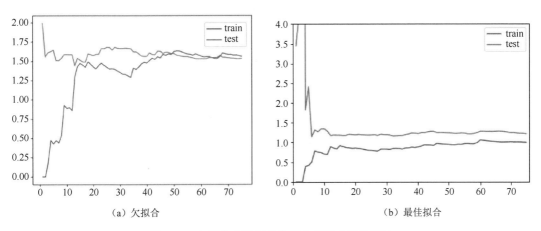

图 6.28　欠拟合曲线与最佳拟合学习曲线的对比

图 6.29 为过拟合曲线与最佳拟合曲线的对比。对于过拟合，训练数据的误差不大，与最佳拟合的结果相近，甚至在极端情况下，只要 degree 取值足够大，训练数据的误差会更小。但其问题在于测试数据的误差相对较大，并且与训练数据的误差相差较大（表现为图上距离较远），这就说明该模型的泛化能力是不够的。

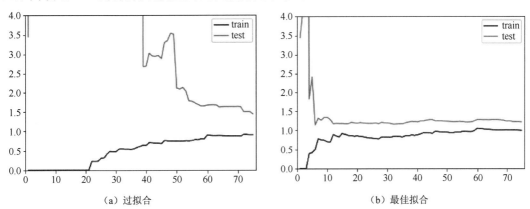

图 6.29　过拟合曲线与最佳拟合曲线的对比

6.2.6　交叉验证

将数据集划分为训练数据和测试数据（普通验证）分析机器学习效果的好坏，虽然是一个非常好的方法，但是会产生一个问题：模型可能会针对特定测试数据过拟合，如图 6.30 所示。

如果每次使用测试数据分析模型效果，只要发现效果不好，那么就换一个参数（可能是 degree，也可能是其他超参数）重新进行训练。在这种情况下，模型在一定程度上围绕着测试数据变化。寻找一组参数，使这组参数训练的模型在使用测试数据时效果最好。但是由于这组测试数据是已知的，相当于寻找的参数和训练的模型是针对这组测试数据的，因此有可能产生过拟合的情况。

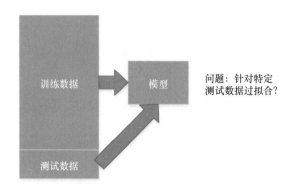

图 6.30　针对特定测试数据过拟合

那么应该如何解决这个问题呢？首先将数据集分为 3 份，分别为训练数据、验证数据、测试数据。使用训练数据训练得到模型后，使用验证数据测试这个模型，观察模型使用效果。如果效果不好，更换参数，重新训练模型，直到模型针对验证数据的效果最优为止。然后再使用测试数据测试这个模型，得到最终效果。可以看出，测试数据不参与模型的训练，训练数据和验证数据都参与模型训练，因此测试数据对于模型是未知的。

上述方法还存在一个问题：模型可能会针对验证数据集过拟合，而且只有一组验证数据集，如果在数据集中有比较极端的数据，那么模型的性能会下降。因此提出交叉验证（Cross Validation）方法，交叉验证是一种比较正规、标准的在调整模型参数时测试效果的方法。

交叉验证：在训练模型时，通常将数据分为 k 份（k 为超参数），如分为 A、B、C，这 3 份数据分别作为验证数据和训练数据。组合后可以产生 3 个模型，每个模型在测试数据上都会产生一个性能指标的值，将这 3 个指标的均值作为当前模型的衡量标准。求均值可以避免验证数据集中的比较极端的数据带来的模型偏差。交叉验证的训练模式如图 6.31 所示。

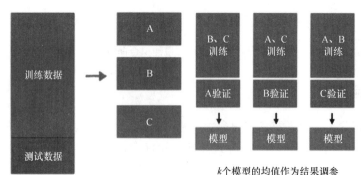

图 6.31　交叉验证的训练模式

下面用实例对比普通验证和交叉验证的效果。

首先实现普通验证，代码如下：

```
import numpy as np
from sklearn import datasets
```

```
digits = datasets.load_digits()
X = digits.data
y = digits.target
```

将数据分为训练数据、测试数据，并进行训练：

```
from sklearn.model_selection import train_test_split
X_train, X_test, y_train, y_test = train_test_split(X, y, test_size=0.4, random_state=666)
from sklearn.neighbors import KNeighborsClassifier
best_k, best_p, best_score = 0, 0, 0
#在 k 的近邻中寻找 k 个最近元素
for k in range(2, 11):
#p 为明科夫斯基距离
    for p in range(1, 6):
        knn_clf = KNeighborsClassifier(weights="distance", n_neighbors=k, p=p)
        knn_clf.fit(X_train, y_train)
        score = knn_clf.score(X_test, y_test)
        if score > best_score:
            best_k, best_p, best_score = k, p, score
print("Best K =", best_k)
print("Best P =", best_p)
print("Best Score =", best_score)
```

运行结果：

```
Best K = 3
Best P = 4
Best Score = 0.986091794159
```

然后实现交叉验证，代码如下：

```
#使用 sklearn 提供的交叉验证
from sklearn.model_selection import cross_val_score
knn_clf = KNeighborsClassifier()
#返回的是一个有 3 个元素的数组，说明 cross_val_score 方法默认将数据分为 3 份
#这 3 份数据进行交叉验证后产生 3 个结果
#cv 默认为 3，可以修改 cv，把数据分为多份
cross_val_score(knn_clf,X_train,y_train,cv=3)
[output]: array([ 0.98895028,   0.97777778,   0.96629213])
best_k, best_p, best_score = 0, 0, 0
for k in range(2, 11):
    for p in range(1, 6):
        knn_clf = KNeighborsClassifier(weights="distance", n_neighbors=k, p=p)
        scores = cross_val_score(knn_clf, X_train, y_train)
        score = np.mean(scores)
        if score > best_score:
            best_k, best_p, best_score = k, p, score
print("Best K =", best_k)
```

```
        print("Best P =", best_p)
        print("Best Score =", best_score)
```
运行结果：
```
    Best K = 2
    Best P = 2
    Best Score = 0.982359987401
```
观察这两种实现方法的运行结果，可以发现：
- 两种方法寻找的参数不同，通常更倾向于使用交叉验证所得的结果，因为 train_test_split 很有可能只是过拟合测试数据所得的结果；
- 使用交叉验证得到的最好分数约为 0.982，小于使用划分训练测试数据的分数 0.986，因为在交叉验证中，通常不会过拟合某一组测试数据，所以平均后的分数会稍低一些；
- 使用交叉验证得到的最好参数 Best_score 并不是最好的结果，使用这种方法只是为了寻找一组超参数，基于这组超参数可以训练出最佳模型。

```
knn_clf = KNeighborsClassifier(weights='distance',n_neighbors=2,p=2)
#用找到的 k 和 p，对 X_train, y_train 整体应用 fit 函数，观察对 X_test, y_test 的测试结果
knn_clf.fit(X_train,y_train)
#注意 X_test, y_test 在交叉验证过程中是完全没有使用的，也就是说，这样得出的结果是可信的
knn_clf.score(X_test,y_test)
```
运行结果：
```
    0.98052851182197498
```
上述过程实际是 sklearn 中的网格搜索自带的过程：
```
from sklearn.model_selection import GridSearchCV
param_grid = [
    {
        'weights': ['distance'],
        'n_neighbors': [i for i in range(2, 11)],
        'p': [i for i in range(1, 6)]
    }]
grid_search = GridSearchCV(knn_clf, param_grid, verbose=1)
grid_search.fit(X_train, y_train)
[output]: Fitting 3 folds for each of 45 candidates, totalling 135 fits
[Parallel(n_jobs=1)]: Done 135 out of 135 | elapsed:    1.5min finished
```
可见，在交叉验证中划分了 3 份数据，对应的参数组合为 9*6=45 种，共要进行 135 次训练。

```
        GridSearchCV(cv=None, error_score='raise',
            estimator=KNeighborsClassifier(algorithm='auto', leaf_size=30, metric='minkowski',
                metric_params=None, n_jobs=1, n_neighbors=10, p=5,
                weights='distance'),
            fit_params={}, iid=True, n_jobs=1,
            param_grid=[{'weights': ['distance'], 'n_neighbors': [2, 3, 4, 5, 6, 7, 8, 9, 10], 'p': [1, 2, 3, 4, 5]}],
```

```
                    pre_dispatch='2*n_jobs', refit=True, return_train_score=True,
                    scoring=None, verbose=1)
grid_search.best_score_
```
cv 参数可修改，例如：
```
cross_val_score(knn_clf, X_train, y_train, cv=5)
[output]: array([ 0.99543379,   0.96803653,   0.98148148,   0.96261682,   0.97619048])
#cv 默认为 3，可以修改，把数据集分为 cv 份
grid_search = GridSearchCV(knn_clf, param_grid, verbose=1, cv=5)
```

小结：

把训练数据分为 k 份的交叉验证称为 k-folds 交叉验证。它的缺点是每次训练 k 个模型，相当于训练速度变为原来的 $1/k$。虽然整体速度变慢，但所得结果是可信赖的。

6.2.7 模型正则化

图 6.22 所示的使用一百次多项式回归过拟合所得的学习曲线非常弯曲陡峭，可想而知，这条曲线的某些 θ 系数会非常大。模型正则化（Regularization）就是要限制这些系数的大小。模型正则化的基本原理是使目标表达式（6.25）的值尽可能小。

$$\sum_{i=1}^{m}(y^{(i)} - \theta_0 - \theta_1 x_1^{(i)} - \theta_2 x_2^{(i)} - ... - \theta_n x_n^{(i)})^2 \tag{6.25}$$

损失函数为：

$$J(\theta) = \text{MSE}(y, \hat{y}, \theta) \tag{6.26}$$

引入模型正则化，使式（6.27）尽可能小：

$$J(\theta) = \text{MSE}(y, \hat{y}, \theta) + \frac{\alpha}{2}\sum_{i=1}^{n}\theta_i^2 \tag{6.27}$$

需要注意以下几个细节：

- 对 θ 求和，i 从 1 到 n，即没有 θ_0，因为 θ_0 不是任意一项的系数，它只是一个截距，决定整条曲线的高低，但不决定曲线每一部分的陡缓；
- 取 θ 求和的系数的二分之一是一个惯例，实际上取不取二分之一都可以，取二分之一是为了将来对 θ_2 求导时抵消系数 2，方便计算；
- α 是一个超参数，如果 α 等于 0，相当于没有正则化；如果 α 趋于正无穷，代表在引入模型正则化的新的损失函数中，使每个 θ 尽可能小。

6.2.8 岭回归和 LASSO 回归

1. 岭回归

岭回归（Ridge Regression）的目标函数为：

$$J(\theta) = \text{MSE}(y, \hat{y}, \theta) + \frac{\alpha}{2}\sum_{i=1}^{n}\theta_i^2 \tag{6.28}$$

岭回归的目标是使式（6.28）尽可能小。下面是一个实现岭回归的实例，首先随机生成一组符合线性分布的数据集，如图 6.32 所示。

```python
import numpy as np
import matplotlib.pyplot as plt
np.random.seed(42)
x = np.random.uniform(-3.0, 3.0, size=100)
X = x.reshape(-1, 1)
y = 0.5 * x + 3 + np.random.normal(0, 1, size=100)
plt.scatter(x, y)
plt.show()
```

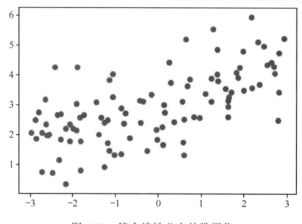

图 6.32　符合线性分布的数据集

然后使用二十次多项式对其进行多项式回归拟合：

```python
from sklearn.pipeline import Pipeline
from sklearn.preprocessing import PolynomialFeatures
from sklearn.preprocessing import StandardScaler
from sklearn.linear_model import LinearRegression
def PolynomialRegression(degree):
    return Pipeline([
        ("poly", PolynomialFeatures(degree=degree)),
        ("std_scaler", StandardScaler()),
        ("lin_reg", LinearRegression())
    ])
from sklearn.model_selection import train_test_split
np.random.seed(666)
X_train, X_test, y_train, y_test = train_test_split(X, y)
from sklearn.metrics import mean_squared_error
poly_reg = PolynomialRegression(degree=20)
poly_reg.fit(X_train, y_train)
```

```
y_poly_predict = poly_reg.predict(X_test)
mean_squared_error(y_test, y_poly_predict)
X_plot = np.linspace(-3, 3, 100).reshape(100, 1)
y_plot = poly_reg.predict(X_plot)
plt.scatter(x, y)
plt.plot(X_plot[:,0], y_plot, color='r')
plt.axis([-3, 3, 0, 6])
plt.show()
```

结果如图 6.33 所示。

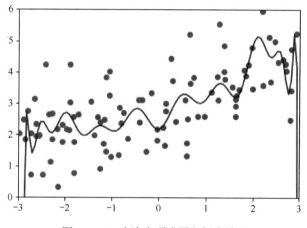

图 6.33 二十次多项式回归拟合结果

接着使用岭回归方法进行拟合,令参数 $\alpha=0.0001$,结果如图 6.34 所示。

```
from sklearn.linear_model import Ridge
def RidgeRegression(degree, alpha):
    return Pipeline([
        ("poly", PolynomialFeatures(degree=degree)),
        ("std_scaler", StandardScaler()),
        ("ridge_reg", Ridge(alpha=alpha))
    ])
```

注意:α 后面的参数是所有 θ 的平方和,对于多项式回归而言,岭回归得到的 θ 都非常大,因此系数 α 可以先取得小一些(正则化程度轻一些)。

```
ridge1_reg = RidgeRegression(20, 0.0001)
ridge1_reg.fit(X_train, y_train)
 y1_predict = ridge1_reg.predict(X_test)
mean_squared_error(y_test, y1_predict)
```

通过使用岭回归,MSE 变小很多,曲线也变得更缓和。

```
plot_model(ridge1_reg)
```

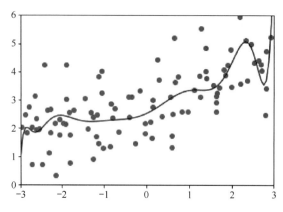

图 6.34 α=0.0001 时的岭回归结果

再令参数 α=1，岭回归的结果如图 6.35 所示。

```
ridge2_reg = RidgeRegression(20, 1)
ridge2_reg.fit(X_train, y_train)
y2_predict = ridge2_reg.predict(X_test)
mean_squared_error(y_test, y2_predict)
```

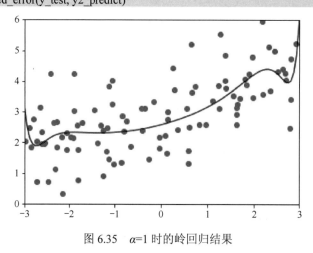

图 6.35 α=1 时的岭回归结果

可见，当 α=1 时，MSE 变得更小，并且曲线越来越趋近于一条倾斜的直线。

```
plot_model(ridge2_reg)
```

再令参数 α=100，岭回归的结果如图 6.36 所示。

```
ridge3_reg = RidgeRegression(20, 100)
ridge3_reg.fit(X_train, y_train)
y3_predict = ridge3_reg.predict(X_test)
mean_squared_error(y_test, y3_predict)
```

可见，MSE 依然比较小，但大于之前的 1.18，说明正则化过多。

```
plot_model(ridge3_reg)
```

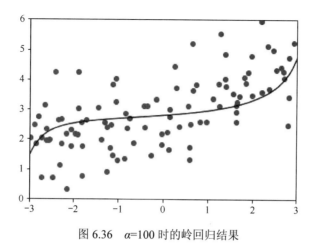

图 6.36　α=100 时的岭回归结果

再令参数 α=10000000，岭回归的结果如图 6.37 所示。

```
ridge4_reg = RidgeRegression(20, 10000000)
ridge4_reg.fit(X_train, y_train)
y4_predict = ridge4_reg.predict(X_test)
mean_squared_error(y_test, y4_predict)
plot_model(ridge4_reg)
```

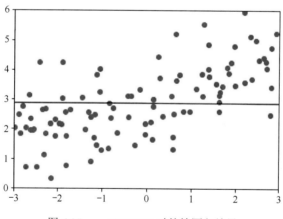

图 6.37　α=10000000 时的岭回归结果

可见，当 α 非常大时，MSE 的部分权重会变得非常小，此时岭回归相当于在优化 θ 的平方和项，要使其达到最小，就得使每个 θ 都接近于 0，因此拟合的曲线趋近于一条直线。

2．LASSO 回归

与岭回归相比，LASSO 回归使用 $|\theta|$ 代替 θ^2 表示 θ 的大小。LASSO 回归的目标是使式（6.29）最小。

$$J(\theta) = \mathrm{MSE}(y, \hat{y}, \theta) + \frac{\alpha}{2}\sum_{i=1}^{n}|\theta_i| \tag{6.29}$$

LASSO 回归具有一定的特征选择功能，下面举例对多项式回归和 LASSO 回归进行对比。首先随机生成符合线性分布的数据集，结果如图 6.32 所示。对数据集进行二十次多项式回归，回归结果如图 6.33 所示。

下面对数据集进行 LASSO 回归。

令 α=0.01，LASSO 回归结果如图 6.38 所示。

```
from sklearn.linear_model import Lasso
def LassoRegression(degree, alpha):
    return Pipeline([
        ("poly", PolynomialFeatures(degree=degree)),
        ("std_scaler", StandardScaler()),
        ("lasso_reg", Lasso(alpha=alpha))
    ])
lasso1_reg = LassoRegression(20, 0.01)
lasso1_reg.fit(X_train, y_train)
y1_predict = lasso1_reg.predict(X_test)
mean_squared_error(y_test, y1_predict)
plot_model(lasso1_reg)
```

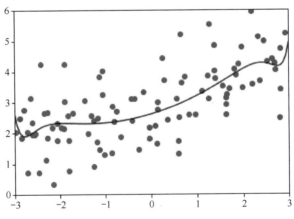

图 6.38　α=0.01 时的 LASSO 回归结果

令 α=0.1，LASSO 回归结果如图 6.39 所示。

```
lasso2_reg = LassoRegression(20, 0.1)
lasso2_reg.fit(X_train, y_train)
Y2_predict = lasso2_reg.predict(X_test)
mean_squared_error(y_test, y2_predict)
plot_model(lasso2_reg)
```

令 α=1，LASSO 回归结果如图 6.40 所示。

```
lasso3_reg = LassoRegression(20, 1)
lasso3_reg.fit(X_train, y_train)
```

```
y3_predict = lasso3_reg.predict(X_test)
mean_squared_error(y_test, y3_predict)
plot_model(lasso3_reg)
```

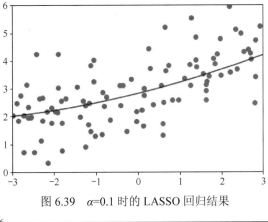

图 6.39 α=0.1 时的 LASSO 回归结果

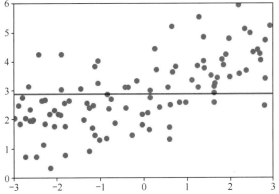

图 6.40 degree=20,α=1 时的 LASSO 回归结果

岭回归和 LASSO 回归的结果对比如图 6.41 所示。

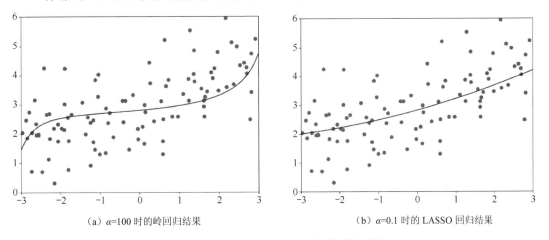

(a) α=100 时的岭回归结果　　　　　　(b) α=0.1 时的 LASSO 回归结果

图 6.41 岭回归和 LASSO 回归的结果对比

由图 6.41 可知，当 $\alpha=100$ 时，使用岭回归得到一条曲线，事实上，使用岭回归很难得到一条倾斜的直线。但是在使用 LASSO 回归时，令 $\alpha=0.1$，虽然得到的是一条曲线，但该曲线显然比岭回归得到的曲线的弯曲程度低，而更像一条直线。这是因为 LASSO 回归趋于使部分 θ 的值为 0（而不是很小的值），在使用 LASSO 回归时，如果某一项 θ 等于 0，表明 LASSO 回归认为这个 θ 对应的特征是没用的，剩余的不等于 0 的 θ 表明 LASSO 回归认为其对应的特征是有用的，所以 LASSO 回归可用于特征选择。

第三部分 神经网络

第 7 章

从感知机到神经网络

感知机是最早的监督式学习算法,是神经网络和支持向量机的基础。在支持向量机方面,主要用于理解支持向量和最大边界中的损失函数;在神经网络方面,可以将它看作神经网络的一个神经元。本章主要介绍感知机、神经网络、激活函数、多维数组的运算、神经网络的实现、输出层的设计及手写数字识别。

7.1 感知机

假设在平面中存在 n 个点,分别标记为"0"或"1"。此时加入一个新点,如果想知道该点的标记是什么,要怎么做呢?一种简单的方法是查找离该点最近的点并返回其标记。另一种稍微"智能"的方法是在平面上找一条线将不同标记的数据点分开,并用这条线作为"分类器"来获取新点的标记。

感知机接收多个输入信号,输出一个信号。这里所说的"信号"可以想象为电流或河流等具备"流动性"的事物。像电流流过导线,向前方传递电子一样,感知机的信号也会形成流,向前方传递信息。但与电流不同的是,感知机的信号只有"流/不流"(1/0)两种取值,0 对应"不传递信号",1 对应"传递信号"。

图 7.1 是接收两个输入信号的感知机。x_1、x_2 是输入信号,y 是输出信号,w_1、w_2 是权重,图中的"○"称为"神经元"或"节点"。输入信号传递至神经元时,分别乘以固定的权重(得到 w_1x_1、w_2x_2)。神经元会计算传递过来的信号的总和,只有当这个总和超过了某个界限时,才会输出 1,这称为"神经元被激活"。我们把界限称为阈值,用符号 θ 表示。

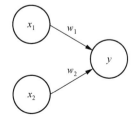

图 7.1 接收两个输入信号的感知机

用数学表达式表示感知机的运行原理：

$$y = \begin{cases} 0 & (w_1x_1 + w_2x_2 \leq \theta) \\ 1 & (w_1x_1 + w_2x_2 > \theta) \end{cases} \tag{7.1}$$

感知机的多个输入信号都有各自固有的权重，权重的大小控制各个信号的重要性。也就是说，权重越大的信号越重要。

7.1.1 简单逻辑电路

1. 与门

以逻辑电路为例，用感知机解决简单的问题：用感知机表示与门（AND gate）。与门是有两个输入和一个输出的门电路。输入信号与输出信号相对应的表称为"真值表"，表7.1是与门的真值表。与门仅当两个输入 x_1 和 x_2 均为1时，输出（y）才为1，否则输出为0。

表7.1 与门的真值表

x_1	x_2	y
0	0	0
1	0	0
0	1	0
1	1	1

用感知机表示与门，首先要确定满足表7.1的 x_1、x_2 及 y 的值。选择满足条件的 x_1、x_2 及 y 的值的方法有很多。比如，当 (x_1, x_2, y) =（0.5,0.5,0.7）、（0.5,0.5,0.8）或（1.0,1.0,1.0）时，都可以满足与门的条件。确定 x_1、x_2 及 y 的值后，仅当 x_1、x_2 均为1时，信号的加权总和才会超过给定的阈值 y。

2. 与非门、或门

先介绍与非门（NAND gate）。NAND 就是 Not AND 的缩写，因此与非门的输出和与门的输出相反。用真值表表示与非门，如表7.2所示，仅当 x_1、x_2 均为1时，与非门才输出0，否则输出1。那么，与非门的 x_1、x_2 及 y 的值如何确定呢？

表7.2 与非门的真值表

x_1	x_2	y
0	0	1
1	0	1
0	1	1
1	1	0

要表示与非门，可以选择 (x_1, x_2, y) =（−0.5,−0.5,−0.7）。实际上，只要把实现与门的参数值取反，就能实现与非门。

接着介绍或门。或门是"只要有一个输入为1，输出就为1"的逻辑电路。表7.3是或门的真值表。那么，或门的 x_1、x_2 及 y 的值又该如何确定呢？

表 7.3　或门的真值表

x_1	x_2	y
0	0	0
1	0	1
0	1	1
1	1	1

以上决定感知机参数的不是计算机而是人，人们通过真值表这种"训练数据"，人为确定 x_1、x_2 及 y 的值。而机器学习的目的就是将确定 x_1、x_2 及 y（称为参数）的工作交由计算机自动完成。机器学习是确定合适参数的过程，但需要人来思考感知机的模型，然后把训练数据交给计算机。我们知道，使用感知机可以表示与门、与非门、或门的逻辑电路，而且它们的感知机模型是相同的。实际上，3 个门电路只有参数不同。也就是说，通过调整参数，可以使相同模型的感知机具有不同的功能。

7.1.2　感知机的实现

1. 简单的实现

用 Python 实现上述逻辑电路。

定义有两个输入 x1、x2（对应数学表达式中的 x_1 和 x_2）的 AND 函数，代码如下：

```
def AND(x1, x2):
    w1, w2, theta = 0.5, 0.5, 0.7 #定义权重和阈值
    tmp = x1*w1 + x2*w2
    if tmp <= theta:
        return 0
    elif tmp > theta:
        return 1
```

在函数中初始化参数 w1、w2、theta（对应数学表达式中的 w_1、w_2、θ），当输入的加权总和超过阈值 theta 时返回 1，否则返回 0。运行代码，输出结果如表 7.1 所示，与门得以实现。

```
AND(0, 0) #输出 0
AND(1, 0) #输出 0
AND(0, 1) #输出 0
AND(1, 1) #输出 1
```

按照同样的步骤，可实现与非门、或门。

2. 导入权重和偏置

为了便于实现，将上述代码稍做修改。在此之前，先把式（7.1）中的 θ 换成 $-b$，感知机的运行原理可以重新表示为：

$$y = \begin{cases} 0 & (b + w_1 x_1 + w_2 x_2 \leq 0) \\ 1 & (b + w_1 x_1 + w_2 x_2 > 0) \end{cases} \tag{7.2}$$

式（7.1）和式（7.2）虽然有一个符号不同，但表达的内容是完全相同的。式中，b 称

为偏置，w_1、w_2 称为权重。如式（7.2）所示，感知机计算输入信号和权重的乘积，然后加上偏置，若结果大于 0，则输出 1，否则输出 0。

使用 NumPy 数组实现式（7.2）中的感知机，并用 Python 的解释器逐一确认结果，代码如下：

```
>>> import numpy as np
>>> x = np.array([0, 1])          #输入
>>> w = np.array([0.5, 0.5])      #权重
>>> b = -0.7                      #偏置
>>> w*x
array([ 0. , 0.5]) #输出
>>> np.sum(w*x)    #求和
0.5 #输出
>>> np.sum(w*x) + b
-0.19999999999999996    #大约为-0.2（浮点数造成的运算误差）
```

可见，在 NumPy 数组的乘法运算中，当两个数组的元素个数相同时，相同位置的各个元素分别相乘，因此 w*x 的结果就是它们各自的相同位置的元素分别相乘的结果（如 [0,1]*[0.5,0.5]→[0,0.5]）。然后，通过 np.sum(w*x) 计算相乘后的元素的总和。最后再把偏置加到总和上，从而实现式（7.2）。

3. 导入权重和偏置的实现

使用权重和偏置实现与门，代码如下：

```
def AND(x1, x2):
    x = np.array([x1, x2])
    w = np.array([0.5, 0.5])
    b = -0.7
    tmp = np.sum(w*x) + b
    if tmp <= 0:
        return 0
    else:
        return 1
```

对比可发现，此处把式（7.1）中的 $-\theta$ 改为偏置 b，但注意，偏置 b 和权重 w_1、w_2 的作用是不一样的。具体地说，w_1、w_2 是控制输入信号的重要性的参数，而偏置是调整神经元被激活（输出信号为 1）的难易程度的参数。比如，若 b 为-0.1，则只要输入信号的加权总和超过 0.1，神经元就会被激活。但若 b 为-20.0，则输入信号的加权总和必须超过 20.0，神经元才会被激活。特别地，为了行文方便，有时会将 b、w_1、w_2 统称为权重参数。

下面实现与非门、或门，代码如下：

```
def NAND(x1, x2): #与非门功能
    x = np.array([x1, x2])
    w = np.array([-0.5, -0.5]) #仅权重和偏置与 AND 函数不同
    b = 0.7
```

```python
        tmp = np.sum(w*x) + b
        if tmp <= 0:
            return 0
        else:
            return 1
    def OR(x1, x2):    #或门功能
        x = np.array([x1, x2])
        w = np.array([0.5, 0.5]) #仅权重和偏置与 AND 函数不同
        b = -0.2
        tmp = np.sum(w*x) + b
        if tmp <= 0:
            return 0
        else:
            return 1
```

可见，与门、与非门、或门是具有相同模型的感知机，在实现时只需改变权重和偏置的值即可。

7.1.3 感知机的局限性

使用感知机可以实现与门、与非门、或门三种门电路。下面介绍另一种门电路——异或门（XOR gate）。

1. 异或门

异或门也称为逻辑异或电路，其真值表如表 7.4 所示，仅当 x_1 或 x_2 中的任意一个输入值为 1 时，才会输出 1。那么，如果要用感知机实现异或门，应该如何设置权重参数呢？

表 7.4 异或门的真值表

x_1	x_2	y
0	0	0
1	0	1
0	1	1
1	1	0

实际上，之前介绍的感知机是无法实现异或门的。下面通过画图来解释其中的原因。

首先，将或门的实现过程形象化。当权重参数 $(b, w_1, w_2) = (-0.5, 1.0, 1.0)$ 时，满足或门条件。此时，感知机可用式（7.3）表示：

$$y = \begin{cases} 0 & (-0.5 + x_1 + x_2 \leq 0) \\ 1 & (-0.5 + x_1 + x_2 > 0) \end{cases} \tag{7.3}$$

式（7.3）表示的感知机会生成由直线 $-0.5 + x_1 + x_2 = 0$ 分开的两个空间，一个空间输出 1，另一个空间输出 0，对或门感知机进行可视化，如图 7.2 所示。

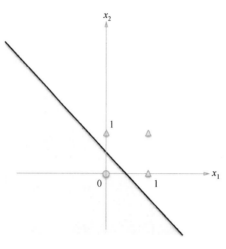

图 7.2　或门感知机的可视化（灰色空间输出 0）

或门在 $(x_1, x_2) = (0,0)$ 时输出 0，在 $(x_1, x_2) = (0,1) / (1,0) / (1,1)$ 时输出 1。在图 7.2 中，"○"表示 0，"△"表示 1。如果想实现或门，需要用直线将图 7.2 中的"○"和"△"分开。实际上，图 7.2 中的直线将这 4 个点正确地分开了。

如果使用异或门实现呢？假设"○"和"△"表示异或门的输出，能否也用一条直线将图 7.3 中的"○"和"△"分开呢？

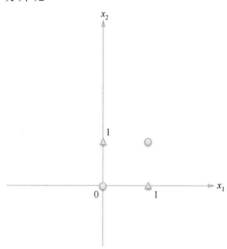

图 7.3　"○"和"△"表示异或门的输出

实际上，用一条直线是永远无法将图 7.3 中的"○"和"△"分开的。

2．线性和非线性

虽然图 7.3 中的"○"和"△"无法用一条直线分开，但如果将"直线"这个限制去掉，就能实现。比如，如图 7.4 所示，用一条曲线将"○"和"△"分开。

感知机的局限性在于只能表示由一条直线分开的空间，图 7.4 中的曲线无法用感知机表示。另外，由曲线分开的空间称为非线性空间，由直线分开的空间称为线性空间。线性、非线性这两个术语在机器学习领域很常见，可以将其想象为图 7.2 和图 7.4 所示的直线和曲线。

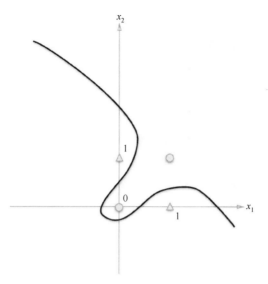

图 7.4 使用曲线分开 "○" 和 "△"

7.1.4 多层感知机

通过多层感知机可以实现异或门，换个角度思考异或门的原理。

1. 已有门电路的组合

异或门的实现方法有很多，其中一种就是对与门、与非门、或门进行组合配置。与门、与非门、或门用图 7.5 中的符号表示，图中的 "○" 表示反转输出。

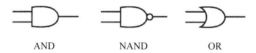

图 7.5 与门、与非门、或门的符号表示

如果要实现异或门，应该如何配置与门、与非门、或门呢？用与门、与非门、或门替换图 7.6 中的 "？"，就可以实现异或门。

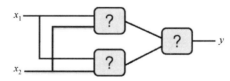

图 7.6 用与门、与非门、或门替换图中的 "？"，就可以实现异或门

按图 7.7 所示的配置，可实现异或门。其中，x_1 和 x_2 表示输入信号，y 表示输出信号。x_1、x_2 分别是与非门、或门的输入信号，与非门、或门的输出信号是与门的输入信号。

下面通过真值表确认图 7.7 的配置是否真正实现了异或门。假设 s_1 为与非门的输出信号，s_2 为或门的输出信号。异或门的真值表如表 7.5 所示，观察 x_1、x_2、y，可以发现符合异或门的输出。

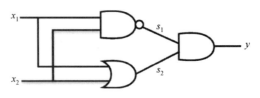

图 7.7 通过配置与门、与非门、或门实现异或门

表 7.5 异或门的真值表

x_1	x_2	s_1	s_2	y
0	0	1	0	0
1	0	1	1	1
0	1	1	1	1
1	1	0	1	0

2. 异或门的实现

用 Python 实现图 7.7 中的异或门。基于上述几节中定义的 AND 函数、NAND 函数及 OR 函数，实现异或门的代码如下：

```
def XOR(x1,x2): #异或门
    s1 = NAND(x1, x2)
    s2 = OR(x1, x2)
    y = AND(s1, s2)
    return y
```

运行代码，XOR 函数输出预期的结果：

```
XOR(0, 0) #输出 0
XOR(1, 0) #输出 1
XOR(0, 1) #输出 1
XOR(1, 1) #输出 0
```

可见，异或门得以实现。

用感知机实现异或门，如图 7.8 所示。

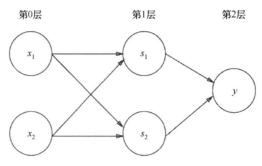

图 7.8 用感知机实现异或门

图 7.8 中的异或门是一种多层结构的神经网络。将最左边的一列称为第 0 层，中间的一列称为第 1 层，最右边的一列称为第 2 层。图 7.8 所示的感知机和与门、或门的感知机形状不同。实际上，与门、或门是 1 层感知机，而异或门是 2 层感知机。叠加多层的感知机称为多层感知机（Multi-Layered Perceptron）。

7.2 神经网络

神经网络与感知机有很多共同点,本节以两者的差异为切入点,介绍神经网络的结构。

7.2.1 神经网络举例

神经网络如图 7.9 所示,把图中最左边的一列称为输入层,最右边的一列称为输出层,中间的一列称为中间层,中间层有时也称为隐藏层。隐藏层的神经元不同于输入层、输出层的神经元,是肉眼看不见的。此外,把从输入层到输出层依次称为第 0 层、第 1 层、第 2 层(层号从 0 开始是为了方便基于 Python 实现)。在图 7.9 中,第 0 层对应输入层,第 1 层对应中间层,第 2 层对应输出层。

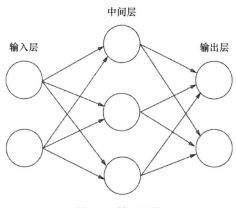

图 7.9 神经网络

7.2.2 感知机知识回顾

在观察神经网络中信号的传递方法前,先回顾感知机相关知识。思考图 7.10 所示的感知机。

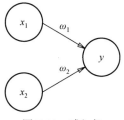

图 7.10 感知机

用式(7.4)表示图 7.10 中的感知机:

$$y = \begin{cases} 0 & (b + w_1 x_1 + w_2 x_2 \leq 0) \\ 1 & (b + w_1 x_1 + w_2 x_2 > 0) \end{cases} \quad (7.4)$$

式中，b 为偏置参数，用于控制神经元被激活的难易程度；w_1、w_2 为权重参数，用于控制各个信号的重要性。

在图 7.10 中，没有体现偏置参数 b。在图 7.11 中，明确表示出偏置参数 b，体现在添加权重为 b 的输入信号 1。该感知机将 x_1、x_2、1 三个信号作为神经元的输入，与各自的权重相乘后，传递至下一个神经元。在下一个神经元中，计算这些加权信号的总和。如果总和超过 0，那么输出 1，否则输出 0。另外，由于权重为 b 的输入信号一直为 1，为区别于其他神经元，在图中把该神经元涂成灰色。

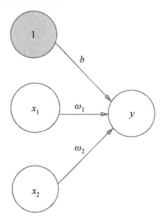

图 7.11 明确表示出偏置参数

为简化式（7.4），引入新函数 $h(x)$ 表示不同输出的情况（超过 0 则输出 1，否则输出 0）。式（7.4）可改写为：

$$y = h(b + \omega_1 x_1 + \omega_2 x_2) \quad (7.5)$$

$$h(x) = \begin{cases} 0 & (x \leq 0) \\ 1 & (x > 0) \end{cases} \quad (7.6)$$

在式（7.5）中，输入信号的总和被函数 $h(x)$ 转换，转换后的值为输出 y。然后，式（7.6）所表示的函数 $h(x)$，当输入超过 0 时返回 1，否则返回 0。因此，式（7.4）等同于式（7.5）和式（7.6）。

7.2.3 激活函数初探

7.2.2 节中的 $h(x)$ 函数可将输入信号的总和转换为输出信号，这种函数称为激活函数（Activation Function），其作用在于决定如何激活输入信号的总和。

进一步改写式（7.5）。将式（7.6）分两个阶段进行处理，先计算输入信号的加权总和，再用激活函数转换这一总和。由此，如果将式（7.5）写得更详细，那么可以改写为下述两式：

$$a = b + \omega_1 x_1 + \omega_2 x_2 \tag{7.7}$$
$$y = h(a) \tag{7.8}$$

由式（7.7）计算加权输入信号和偏置的总和，记为 a；再由式（7.8）使用 $h(a)$ 函数将 a 转换为输出 y。

仍然用"○"表示神经元，那么，图 7.12 为明确显示激活函数的计算过程的示意图。

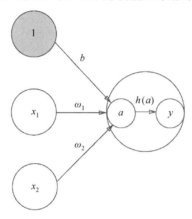

图 7.12　明确表示激活函数的计算过程

如图 7.12 所示，在表示神经元的"○"中明确显示了激活函数的计算过程，即信号的加权总和为 a，然后 a 被激活函数转换为 y。

7.3　激活函数

7.3.1　阶跃函数

激活函数是连接感知机和神经网络的桥梁。式（7.6）表示的激活函数以阈值为界，一旦输入超过阈值，就切换输出，这种函数也称为阶跃函数。因此，可以认为感知机使用阶跃函数作为激活函数。也就是说，在激活函数的众多候选函数中，感知机选择了阶跃函数。如果感知机使用其他函数作为激活函数会怎样呢？实际上，如果将激活函数由阶跃函数换为其他函数，就进入了神经网络的世界。下面介绍神经网络使用的激活函数。

7.3.2　Sigmoid 函数

神经网络中经常使用的一个激活函数是式（7.9）表示的 Sigmoid 函数（Sigmoid Function）。

$$h(x) = \frac{1}{1 + \exp(-x)} \tag{7.9}$$

式中，$\exp(-x)$ 表示指数函数 $e^{(-x)}$，e 为自然常数，约等于 2.7182。函数是给定某个输入后，会返回对应输出的转换器。比如，向 Sigmoid 函数输入 1 或 2，其就会分别对应输出 $h(1) = 0.731$ 或 $h(2) = 0.880$。

神经网络常用 Sigmoid 函数作为激活函数，进行信号的转换，转换后的信号被传递给下一个神经元。实际上，在 7.1 节中介绍的感知机和接下来要介绍的神经网络的主要区别就在于激活函数。

7.3.3 阶跃函数的实现

首先用 Python 画出阶跃函数的图形。阶跃函数如式（7.6）所示，当输入大于 0 时，输出 1，否则输出 0。实现阶跃函数的代码如下：

```
def step_function(x):    #阶跃函数
    if x > 0:
        return 1
    else:
        return 0
```

阶跃函数实现简单、易于理解，但是参数 x 只能是浮点数（实数）。也就是说，允许形如 step_function(3.0)的调用，但不允许参数为 NumPy 数组，如 step_function(np.array([1.0, 2.0]))。为了便于后续操作，把它改为允许参数取 NumPy 数组的实现。代码如下：

```
def step_function(x):    #阶跃函数
    y = x > 0
    return y.astype(np.int)
```

由于使用了 NumPy 中的技巧，上述代码的内容只有两行。下面通过 Python 解释器学习该技巧。首先准备一个 NumPy 数组 x，并对这个 NumPy 数组进行不等号运算。

```
>>> import numpy as np
>>> x = np.array([-1.0, 1.0, 2.0])
>>> x
array([-1.,  1.,  2.])  #输出
>>> y = x > 0
>>> y
array([False,  True,  True], dtype=bool)  #输出
```

对 NumPy 数组进行不等号运算时，数组中的各个元素都会进行不等号运算，并生成一个布尔型数组，即将数组 x 中大于 0 的元素转换为 True，小于或等于 0 的元素转换为 False，从而生成一个新的数组 y。

数组 y 是一个布尔型数组，但阶跃函数是一个输出 int 型的 "0" 或 "1" 的函数。因此，需要把数组 y 的元素类型由布尔型转换为 int 型。

```
>>> y = y.astype(np.int)
>>> y
array([0, 1, 1])  #输出
```

如上所示，可以用 astype 函数转换数组 y 的类型。astype 函数通过参数指定期望转换

的类型，比如 np.int 型。在 Python 中，将布尔型转换为 int 型后，True 转换为 1，False 转换为 0。

下面使用 Matplotlib 库中的方法画出阶跃函数的图形。

```
import numpy as np
import matplotlib.pylab as plt
def step_function(x):    #阶跃函数
    return np.array(x > 0, dtype=np.int)
x = np.arange(-5.0, 5.0, 0.1)
y = step_function(x)
plt.plot(x, y)
plt.ylim(-0.1, 1.1) #指定 y 轴的范围
plt.show()
```

np.arange(−5.0,5.0,0.1)表示在−5.0～5.0 范围内，以 0.1 为步长，生成 NumPy 数组（[−5.0,−4.9,…,4.9]）。step_function 函数以该数组为参数，对数组的各个元素执行阶跃函数，并以数组形式返回运算结果。所绘制的阶跃函数的图形如图 7.14 所示。

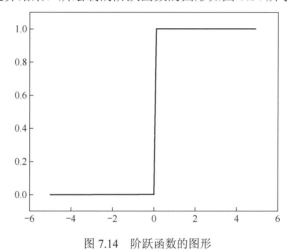

图 7.14　阶跃函数的图形

由图 7.14 可见，阶跃函数以 0 为界，输出从 0 切换为 1（或从 1 切换为 0），即其值呈阶梯式变化。

7.3.4　Sigmoid 函数的实现

下面用 Python 实现式（7.9）表示的 Sigmoid 函数。

```
def Sigmoid(x): #定义 Sigmoid 函数
    return 1 / (1 + np.exp(-x))
```

其中，np.exp(−x)对应数学表达式中的 $\exp(-x)$。当参数 x 为 NumPy 数组时，也能计算出正确结果。例如：

```
>>> x = np.array([-1.0, 1.0, 2.0])
>>> Sigmoid(x)
array([ 0.26894142,  0.73105858,  0.88079708]) #输出
```

Sigmoid 函数之所以支持 NumPy 数组，是因为 NumPy 具有广播功能。基于 NumPy 的广播功能，如果标量与 NumPy 数组进行运算，那么标量会与 NumPy 数组的各个元素分别进行运算。进一步举例说明，代码如下：

```
>>> t = np.array([1.0, 2.0, 3.0])
>>> 1.0 + t
array([ 2.,   3.,   4.]) #输出
>>> 1.0 / t
array([ 1.        , 0.5       , 0.33333333]) #输出
```

在上述例子中，标量（1.0）与 NumPy 数组进行了数值运算（+、/）。结果表明，标量与 NumPy 数组的各个元素分别进行了运算，且运算结果以 NumPy 数组的形式被输出。之前实现的 Sigmoid 函数也如此，因为 np.exp(-x) 会生成 NumPy 数组，所以 1/(1+np.exp(-x)) 的运算会在 NumPy 数组的各个元素上进行。

下面画出 Sigmoid 函数的图形，如图 7.15 所示，代码如下：

```
x = np.arange(-5.0, 5.0, 0.1)   #生成[-5.0, 5.0)范围内，间隔为 0.1 的数组
y = Sigmoid(x)
plt.plot(x, y)
plt.ylim(-0.1, 1.1) #指定 y 轴的范围
plt.show()
```

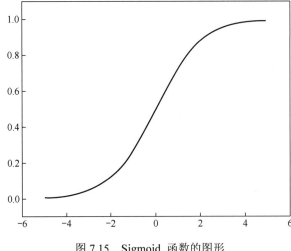

图 7.15 Sigmoid 函数的图形

7.3.5 比较 Sigmoid 函数和阶跃函数

比较 Sigmoid 函数和阶跃函数，将两者画在一个图中，如图 7.16 所示。两者的不同点与共同点分别有哪些呢？

通过观察图 7.16，我们发现 Sigmoid 函数和阶跃函数的一个不同点是"平滑性"。Sigmoid 函数是一条平滑的曲线，输出随输入连续变化；阶跃函数以 0 为界，输出发生急剧性的变化。Sigmoid 函数的平滑性对神经网络的学习具有重要意义。

另一个不同点是，阶跃函数只能返回 0 或 1，Sigmoid 函数可以返回 0.731、0.880 等实

数（这与平滑性有关）。也就是说，在感知机中，在神经元间流动的是 0 或 1 的二元信号，而在神经网络中流动的是连续的实数信号。

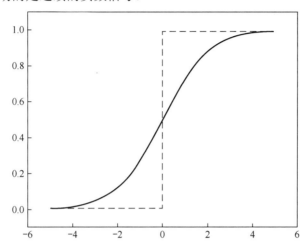

图 7.16　比较 Sigmoid 函数和阶跃函数（虚线为阶跃函数）

Sigmoid 函数和阶跃函数的一个共同点是形状相似。实际上，两者均符合"当输入小时，输出接近 0（或为 0）；随着输入增大，输出接近 1（或为 1）"。也就是说，当输入信号为重要信息时，Sigmoid 函数和阶跃函数都会输出较大的值；当输入信号为不重要的信息时，两者都输出较小的值。

另一个共同点是，不论输入信号大小，输出信号的值都在 0~1 之间。

阶跃函数和 Sigmoid 函数都是非线性函数，Sigmoid 函数的图形是一条曲线，阶跃函数的图形是一条似阶梯的折线。

注意：神经网络的激活函数必须使用非线性函数。

7.3.6　ReLU 函数

ReLU（Rectified Linear Unit）函数是近年来在神经网络中广为使用的激活函数。ReLU 函数在输入大于 0 时，直接输出该值；在输入小于或等于 0 时，输出 0。ReLU 函数的图形如图 7.17 所示。

ReLU 函数的数学表达示为：

$$h(x) = \begin{cases} x & (x > 0) \\ 0 & (x \leq 0) \end{cases} \quad (7.10)$$

如图 7.17 和式（7.10）所示，ReLU 函数是一个非常简单的函数。因此，ReLU 函数的 Python 实现也很简单，可写为如下形式：

```
Def relu(x): #定义 ReLU 函数
    return np.maximum(0, x)
```

代码使用了 NumPy 中的 maximum 函数，maximum 函数会输出最大值。

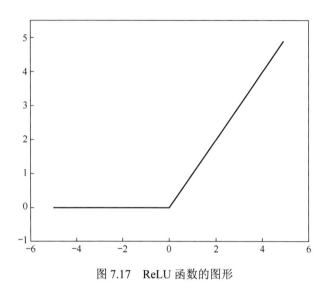

图 7.17 ReLU 函数的图形

7.4 多维数组的运算

掌握多维数组的运算，就能高效地实现神经网络。本节先介绍多维数组及其运算，然后实现神经网络的内积。

7.4.1 多维数组

简单地讲，多维数组就是"数字的集合"，数字排成一列的集合、排成长方形的集合、排成三维状或 N 维状的集合都称为多维数组。下面用 NumPy 生成多维数组，首先生成一个一维数组。

```
>>> import numpy as np
>>> A = np.array([1, 2, 3, 4])
>>> print(A)
[1 2 3 4] #生成一维数组
>>> np.ndim(A)
1    #输出标量
>>> A.shape
(4,) #输出元组
>>> A.shape[0]
4    #输出标量
```

如上所示，数组的维数可通过 np.dim 函数获得。此外，数组的形状可通过实例变量 shape 获得。在上述代码中，A 为一维数组，由 4 个元素构成。注意：A.shape 的结果为元组，因为一维数组返回与多维数组形式一致的结果。例如，二维数组返回元组（4,3），三维数组返回元组（4,3,2）。

接着，生成一个二维数组。

```
>>> B = np.array([[1,2], [3,4], [5,6]]) #生成二维数组
>>> print(B)
[[1 2]
 [3 4]
 [5 6]]    #二维数组
>>> np.ndim(B)
2    #输出维度
>>> B.shape
(3, 2)    #输出矩阵形状
```

可见，生成了一个 3×2 的数组 B。3×2 的数组表示其第一个维度包含 3 个元素，第二个维度包含 2 个元素。此外，第一个维度对应第 0 维，第二个维度对应第 1 维（Python 的索引从 0 开始）。二维数组也称为矩阵（matrix），其横向排列称为行（row），纵向排列称为列（column），如图 7.18 所示。

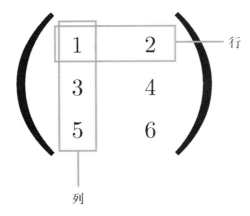

图 7.18　二维数组（矩阵）

7.4.2　矩阵乘法

下面介绍矩阵乘法。比如 2×2 的矩阵，其乘法可以按图 7.19 所示的步骤进行计算。

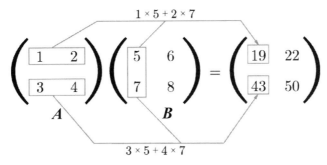

图 7.19　矩阵乘法的计算步骤

由图可见，矩阵乘法是通过左边矩阵的行和右边矩阵的列以对应元素相乘后再求乘积和的方式得到的，同时运算结果为新的多维数组的元素。比如，**A** 的第 1 行和 **B** 的第 1 列的乘积求和结果是新数组第 1 行第 1 列的元素，**A** 的第 2 行和 **B** 的第 1 列的乘积求和结果是新数组第 2 行第 1 列的元素。

注意：在数学中，矩阵将用黑斜体表示（如矩阵 **A**），以区别于单个元素变量（如 a）。

用 Python 实现矩阵的乘法运算，代码如下：

```
>>>A = np.array([[1,2], [3,4]])    #生成二维矩阵 A
>>> A.shape
(2, 2)    #输出矩阵 A 形状
>>> B = np.array([[5,6], [7,8]]) #生成二维矩阵 B
>>> B.shape
(2, 2)   #输出矩阵 B 的形状
>>> np.dot(A, B)    #矩阵 A 与 B 的乘积
array([[19, 22],
       [43, 50]])
```

在上述代码中，A 和 B 都是 2×2 的矩阵，它们的乘积可通过 NumPy 的 np.dot 函数计算（乘积也称为点积）。np.dot 接收两个 NumPy 生成的矩阵作为参数，并返回矩阵的乘积。要注意的是，np.dot(A, B) 和 np.dot(B, A) 的结果可能不一样。与一般的运算（+或*等）不同，在矩阵的乘法运算中，做乘法的矩阵的顺序不同，结果也会不一样。

用 Python 实现 2×3 的矩阵与 3×2 的矩阵的乘法运算，代码如下：

```
>>> A = np.array([[1,2,3], [4,5,6]])
>>> A.shape
(2, 3)
>>> B = np.array([[1,2], [3,4], [5,6]])
>>> B.shape
(3, 2)
>>> np.dot(A, B)
array([[22, 28],
       [49, 64]])
```

需要注意的是，在矩阵乘法中，矩阵 **A** 的列数必须与矩阵 **B** 的行数相等。在上述的代码中，矩阵 A 是 2×3 的，矩阵 B 是 3×2 的，即矩阵 A 的列数（3）与矩阵 B 的行数（3）相等。如果这两个值不相等，那么无法计算乘积。例如，如果用 Python 计算 2×3 的矩阵 A 与 2×2 的矩阵 C 的乘积，那么会提示异常信息。

```
>>> C = np.array([[1,2], [3,4]])
>>> C.shape
(2, 2)
>>> A.shape
(2, 3)
>>> np.dot(A, C)
Traceback (most recent call last):    #提示异常信息
  File "<stdin>", line 1, in <module>
ValueError: shapes (2,3) and (2,2) not aligned: 3 (dim 1) != 2 (dim 0)
```

这个异常信息提示代码中的矩阵 A 的列数与矩阵 C 的行数不相等。也就是说，在矩阵的乘法运算中，相乘的两个矩阵的对应维度的元素个数保持一致（从第 0 维开始），如图 7.20 所示。

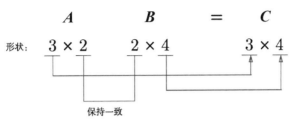

图 7.20　相乘的两个矩阵的对应维度的元素个数保持一致（从第 0 维开始）

在图 7.20 中，3×2 的矩阵 *A* 与 2×4 的矩阵 *B* 进行乘法运算，得到 3×4 的矩阵 *C*，并且矩阵 *C* 的形状是由矩阵 *A* 的行数和矩阵 *B* 的列数决定的。

此外，当 *A* 为二维矩阵、*B* 为一维数组时，对应维度的元素个数保持一致，如图 7.21 所示。

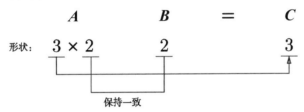

图 7.21　当 *A* 为二维矩阵、*B* 为一维数组时，对应维度的元素个数保持一致

用 Python 实现图 7.21 中的例子，代码如下：

```
>>>A = np.array([[1,2], [3, 4], [5,6]])
>>> A.shape
(3, 2)
>>> B = np.array([7,8])
>>> B.shape
(2,)
>>> np.dot(A, B)
array([23, 53, 83])
```

7.4.3　神经网络乘积

下面使用 NumPy 实现神经网络的乘积，以图 7.22 中的简单神经网络为例。该神经网络省略了偏置和激活函数，只有权重。

当实现该神经网络的乘积时，注意 *X*、*W*、*Y* 的形状，尤其是 *X* 和 *W* 的对应维度的元素个数是否一致。

```
[ 5  11  17]
>>> X = np.array([1, 2])
>>> X.shape
(2,)   #表示长度为 2 的一维数组
```

```
>>> W = np.array([[1, 3, 5], [2, 4, 6]])
>>> print(W)
[[1 3 5]
 [2 4 6]]
>>> W.shape
(2, 3)    #表示 2 行 3 列的二维数组
>>> Y = np.dot(X, W)
>>> print(Y)
```

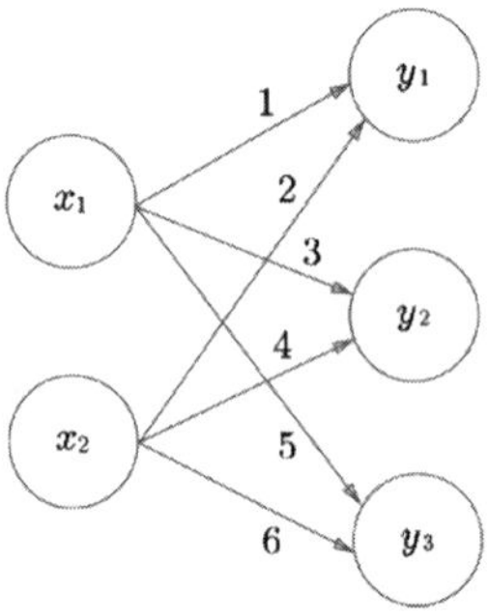

图 7.22 简单神经网络

可见，在代码中，使用 np.dot(X, W)能直接计算出 Y。这意味着，即使 Y 的元素个数为 100 或 1000，也可以通过一次运算获得。若不使用 np.dot(X, W)，则必须使用 for 语句单独计算出 Y 的每个元素。因此，通过矩阵乘法直接完成神经网络计算，在实现层面上是非常重要的。

7.5　神经网络的实现

本节介绍神经网络的实现，以图 7.23 中的神经网络为例，其中输入层（第 0 层）有 2 个神经元，第 1 个隐藏层（第 1 层）有 3 个神经元，第 2 个隐藏层（第 2 层）有 2 个神经元，输出层（第 3 层）有 2 个神经元。巧妙地使用 NumPy，可以用很少的代码实现该神经网络。

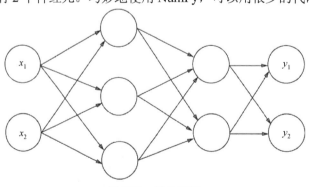

图 7.23 神经网络

7.5.1 符号确认

在实现神经网络前,先定义一些符号。如图 7.24 所示,定义权重 $w_{12}^{(1)}$、神经元 $a_1^{(1)}$ 及输入层神经元 x_2。

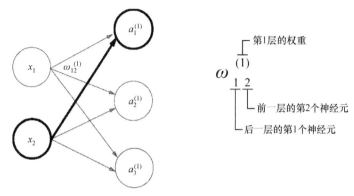

图 7.24 定义权重 $w_{12}^{(1)}$、神经元 $a_1^{(1)}$ 及输入层神经元 x_2

图 7.24 中,权重和隐藏层的神经元的右上角有一个 "(1)",其表示权重和神经元的层号(第 1 层的权重、第 1 层的神经元)。此外,权重的右下角有两个数字 "12",它们是后一层的神经元和前一层的神经元的索引号,比如,$w_{12}^{(1)}$ 表示前一层的第 2 个神经元 x_2 到后一层的第 1 个神经元 $a_1^{(1)}$ 的权重。权重右下角的数字按照后一层的神经元的索引号、前一层的神经元的索引号排列。

7.5.2 各层间信号传递的实现

从输入层到第 1 层的第 1 个神经元的信号传递过程如图 7.25 所示。

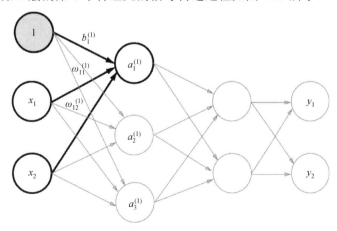

图 7.25 从输入层到第 1 层的第 1 个神经元的信号传递过程

在图 7.25 中,增加了神经元 "1",用于表示偏置。注意,偏置右下角的索引号只有一个数字。这是因为前一层的偏置神经元只有一个。根据图 7.25，$a_1^{(1)}$ 可用数学表达式表示为：

$$a_1^{(1)} = \omega_{11}^{(1)} x_1 + \omega_{12}^{(1)} x_2 + b_1^{(1)}$$

此外，如果使用矩阵乘法，那么第 1 层的加权和可表示为：

$$A^{(1)} = XW^{(1)} + B^{(1)} \tag{7.11}$$

式中：

$$A^{(1)} = \begin{pmatrix} a_1^{(1)} & a_2^{(1)} & a_3^{(1)} \end{pmatrix}, \ X = \begin{pmatrix} x_1 & x_2 \end{pmatrix}$$

$$B^{(1)} = \begin{pmatrix} b_1^{(1)} & b_2^{(1)} & b_3^{(1)} \end{pmatrix}, \ W^{(1)} = \begin{pmatrix} w_{11}^{(1)} & w_{21}^{(1)} & w_{31}^{(1)} \\ w_{12}^{(1)} & w_{22}^{(1)} & w_{32}^{(1)} \end{pmatrix}$$

下面用 NumPy 实现式（7.11），在代码中，将输入信号、权重、偏置设置为任意值。

```
#信号 X 权重+偏置
X = np.array([1.0, 0.5])
W1 = np.array([[0.1, 0.3, 0.5], [0.2, 0.4, 0.6]])
b1 = np.array([0.1, 0.2, 0.3])
print(W1.shape) #(2, 3)
print(X.shape) #(2,)
print(b1.shape) #(3,)
a1 = np.dot(X, W1) + b1
```

可见，上述运算与 7.4.2 节中进行的矩阵乘法是一样的。W 为 2×3 的矩阵，X 为一维数组，且 W 和 X 的对应维度的元素个数保持一致。

图 7.26 所示为第 1 层中的激活函数的计算过程。

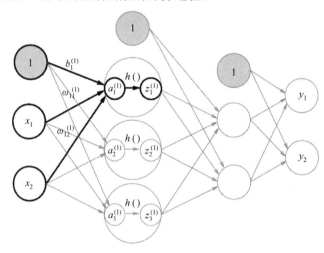

图 7.26　第 1 层中的激活函数的计算过程

如图 7.26 所示，第 1 层的加权和用 $a_1^{(1)}$、$a_2^{(1)}$、$a_3^{(1)}$ 表示，被激活函数转换后的信号用 $z_1^{(1)}$、$z_2^{(1)}$、$z_3^{(1)}$ 表示，$h()$ 表示激活函数，此处使用 Sigmoid 函数。用 Python 实现，代码如下：

```
#经过 Sigmoid 函数转换后的信号
z1 = Sigmoid(a1)
print(a1) #[0.3, 0.7, 1.1]
print(z1) #[0.57444252, 0.66818777, 0.75026011]
```

同样地，Sigmoid 函数接收 NumPy 数组，并返回元素个数相同的 NumPy 数组。下面实现从第 1 层到第 2 层的信号传递过程，如图 7.27 所示。

```
#从第 1 层到第 2 层的信号传递过程
W2 = np.array([[0.1, 0.4], [0.2, 0.5], [0.3, 0.6]])
b2 = np.array([0.1, 0.2])
print(Z1.shape) # (3,)
print(W2.shape) # (3, 2)
print(B2.shape) # (2,)
a2 = np.dot(z1, W2) + b2
z2 = Sigmoid(a2)
```

可见，除第 1 层的输出变为第 2 层的输入外，其余代码与之前的完全相同。由此可知，通过使用 NumPy，可以简单地实现层到层的信号传递过程。

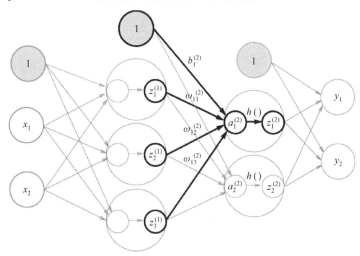

图 7.27　从第 1 层到第 2 层的信号传递过程

最后实现从第 2 层到输出层的信号传递过程，如图 7.28 所示。除激活函数外，输出层的实现与之前的基本相同。

```
#从第 2 层到输出层的信号传递过程
def identity_function(x):
    return x
W3 = np.array([[0.1, 0.3], [0.2, 0.4]])
B3 = np.array([0.1, 0.2])
A3 = np.dot(Z2, W3) + B3
Y = identity_function(A3) # 或者 Y = A3
```

注意，在上述代码中定义了 identity_function 函数（也称"恒等函数"），并将其作为输出层的激活函数。identity_function 函数会将输入原样输出，因此，没有必要特意定义 identity_function 函数，进而与之前的流程保持一致。另外，在图 7.28 中，输出层的激活函数用 $\sigma()$ 表示，不同于隐藏层的激活函数 $h()$。

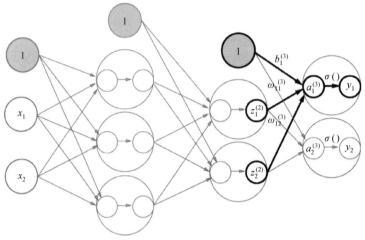

图 7.28　从第 2 层到输出层的信号传递过程

7.5.3　代码实现小结

至此，3 层神经网络的实现全部介绍完毕。整合上述代码，根据实现神经网络的惯例，记权重为大写字母 W（如 W1、W2、W3），其他的变量（偏置或中间结果等）均用小写字母表示。

```
#初始化网络，定义权重和偏置矩阵
def init_network():
    network = {}    #定义 network 字典
    network['W1'] = np.array([[0.1, 0.3, 0.5], [0.2, 0.4, 0.6]])
    network['b1'] = np.array([0.1, 0.2, 0.3])
    network['W2'] = np.array([[0.1, 0.4], [0.2, 0.5], [0.3, 0.6]])
    network['b2'] = np.array([0.1, 0.2])
    network['W3'] = np.array([[0.1, 0.3], [0.2, 0.4]])
    network['b3'] = np.array([0.1, 0.2])
    return network #返回 network 字典
#信号传递
def forward(network, x):
    W1, W2, W3 = network['W1'], network['W2'], network['W3'] #权重
    b1, b2, b3 = network['b1'], network['b2'], network['b3'] #偏置
    a1 = np.dot(x, W1) + b1
    z1 = Sigmoid(a1)
    a2 = np.dot(z1, W2) + b2
    z2 = Sigmoid(a2)
    a3 = np.dot(z2, W3) + b3
    y = identity_function(a3)
```

```
        return y
network = init_network()
x = np.array([1.0, 0.5])
y = forward(network, x)
print(y) #输出结果  [ 0.31682708 0.69627909]
```

在上述代码中，定义了 init_network 函数和 forward 函数。init_network 函数进行权重和偏置的初始化，并将其保存在 network 字典变量中，其保存了每层所需的参数（权重和偏置）。forward 函数中封装着将输入信号转换为输出信号的处理过程。

另外，forward 函数表示从输入到输出方向（前向）的信号传递处理。在后续章节中，将介绍 backward 函数，backward 表示从输出到输入方向（后向）的信号传递处理。

7.6 输出层的设计

神经网络可用于解决分类问题和回归问题，但需要根据情况改变输出层的激活函数。一般而言，回归问题用恒等函数，分类问题用 Softmax 函数。

7.6.1 恒等函数和 Softmax 函数

恒等函数将输入原样输出，即对于输入的信息，不做任何改动直接输出。因此，当输出层使用恒等函数时，输入信号被原封不动地输出。用神经网络表示恒等函数的处理过程，如图 7.29 所示。与隐藏层的激活函数一样，恒等函数的转换处理可以用一个箭头表示。

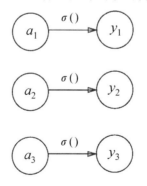

图 7.29　用神经网络表示恒等函数的处理过程

在分类问题中使用的 Softmax 函数可用式（7.12）表示：

$$y_k = \frac{\exp(a_k)}{\sum_{i=1}^{n} \exp(a_i)} \quad (7.12)$$

式（7.12）表示输出层共有 n 个神经元，计算第 k 个神经元的输出 y_k。由式（7.12）可见，Softmax 函数的分子是输入信号 a_k 的指数函数，分母是所有输入信号的指数函数的和。

用神经网络表示 Softmax 函数,如图 7.30 所示。在图 7.30 中,Softmax 函数的输出通过箭头与所有的输入信号相连,这是因为输出层的各个神经元都受所有输入信号的影响。

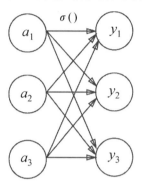

图 7.30 用神经网络表示 Softmax 函数

下面根据式(7.12),使用 Python 实现 Softmax 函数,并逐一确认结果。

```
>>> a = np.array([0.3, 2.9, 4.0])
>>> exp_a = np.exp(a) #输入信号的指数函数
>>> print(exp_a)
[1.34985881   18.17414537   54.59815003] #exp(a)的结果

>>> sum_exp_a = np.sum(exp_a) #所有输入信号的指数函数的和
>>> print(sum_exp_a)
74.1221542102

>>> y = exp_a / sum_exp_a   #输入信号的指数函数值/所有输入信号的指数函数的和
>>> print(y)
[ 0.01821127   0.24519181   0.73659691]
```

由于后续章节仍需使用 Softmax 函数,因此这里把它定义为如下的 Python 函数:

```
def Softmax(a):
    exp_a = np.exp(a)
    sum_exp_a = np.sum(exp_a)
    y = exp_a / sum_exp_a
    return y
```

7.6.2 实现 Softmax 函数的注意事项

在 7.6.1 节中,Softmax 函数的实现方法可能存在溢出问题,因为在实现时要进行指数函数的运算,其值容易变得很大。比如,e^{10} 的值超过 20000,e^{100} 的值在非零位后至少有 40 个 0,e^{1000} 的值会返回无穷大(inf)。如果在这些"超大值"之间进行除法运算,会出现结果不确定的情况。

因此,对 Softmax 函数的实现可进行如下改进:

$$y_k = \frac{\exp(a_k)}{\sum_{i=1}^{n} \exp(a_i)} = \frac{C\exp(a_k)}{C\sum_{i=1}^{n} \exp(a_i)} = \frac{\exp(a_k + \ln C)}{\sum_{i=1}^{n} \exp(a_i + \ln C)}$$
$$= \frac{\exp(a_k + C')}{\sum_{i=1}^{n} \exp(a_i + C')}$$
(7.13)

如式（7.13）所示，首先，分子和分母都乘以任意的常数 C（因为分母和分子都乘以相同的常数，所以计算结果不变）。然后，把常数 C 移到指数函数 exp 中，记为 $\ln C$。最后，用符号 C' 替换 $\ln C$。

式（7.13）说明，在进行指数函数运算时，加上（或减去）某个常数并不会改变计算算结果。为防止溢出，C' 一般使用输入信号的最大值。例如：

```
>>> a = np.array([1010, 1000, 990])
>>> np.exp(a) / np.sum(np.exp(a)) #Softmax 函数的运算
array([ nan,   nan,   nan])           #没有被正确计算
>>> c = np.max(a) # 1010
>>> a - c
array([0, -10, -20])
>>> np.exp(a - c) / np.sum(np.exp(a - c))
array([9.99954600e-01,   4.53978686e-05,   2.06106005e-09])
```

可见，通过减去输入信号的最大值，之前没有被正确计算（显示 nan）的地方被正确计算了。因此，实现 Softmax 函数的代码可以改进如下：

```
def Softmax(a):
    c = np.max(a)
    exp_a = np.exp(a - c) #溢出对策
    sum_exp_a = np.sum(exp_a)
    y = exp_a / sum_exp_a
    return y
```

7.6.3 Softmax 函数的性质

使用 Softmax 函数计算神经网络的输出，代码如下：

```
>>> a = np.array([0.3, 2.9, 4.0])
>>> y = Softmax(a)
>>> print(y)
[ 0.01821127   0.24519181   0.73659691]
>>> np.sum(y)
1.0
```

可见，Softmax 函数的输出为 0~1 之间的实数。并且，Softmax 函数的输出总和为 1。输出总和为 1 是 Softmax 函数的一个重要性质。正因为这个性质，可以把 Softmax 函数的输出解释为"概率"。比如，在上述例子中，$y[0]$ 可以解释为概率是 0.018（1.8%），$y[1]$ 可

以解释为概率是 0.245（24.5%），$y[2]$可以解释为概率是 0.737（73.7%）。结果表明，$y[2]$最大，因此第 2 类的概率最高，所以神经网络的输出是第 2 类；也可以描述为 "神经网络的输出约有 74%的概率是第 2 类，约有 25%的概率是第 1 类，约有 1%的概率是第 0 类"。因此，通过使用 Softmax 函数，可以用概率统计的方法处理问题。

注意：即使使用了 Softmax 函数，各类之间的大小关系也不会改变。原因是指数函数（$y = \exp(x)$）是单调递增函数。

7.6.4 输出层的神经元数量

输出层的神经元数量需要根据待解决的问题决定。对于分类问题，输出层的神经元数量一般为类的数量。比如，对于输入的某个图像，预测其为数字 0 到 9 中的哪个的问题（10 分类问题），可以将输出层的神经元设定为 10 个，即输出层的神经元对应各个数字，如图 7.31 所示。

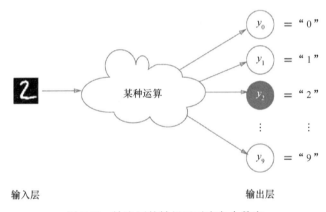

图 7.31　输出层的神经元对应各个数字

此外，图中输出层的神经元用不同的灰度表示。比如，神经元 y_2 的灰度最深，表明其输出的值最大，进一步表明该神经网络预测的是 y_2 对应的类，即数字 "2"。

7.7　手写数字识别

在本节中，利用神经网络进行手写数字识别，分别介绍 MNIST 数据集、神经网络的推理处理和批处理。

7.7.1　MNIST 数据集

MNIST 数据集由从 0 到 9 的数字图像构成，如图 7.32 所示。假设训练图像有 6 万张，测试图像有 1 万张，这些图像均可用于学习和推理。MNIST 数据集的一般使用方法是，先用训练图像进行学习，再用学习到的模型衡量能多大程度地对测试图像进行正确的分类。

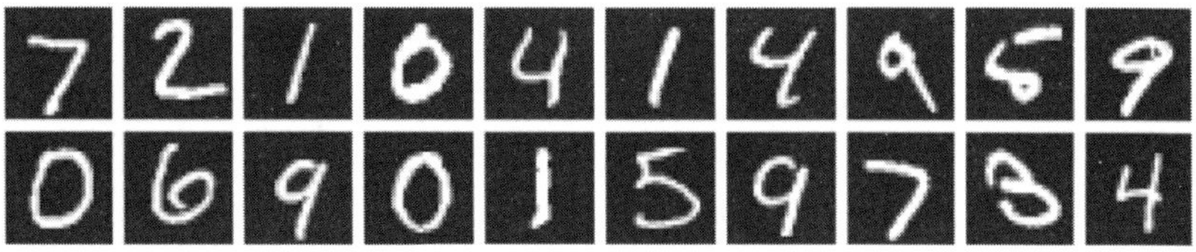

图 7.32 MNIST 数据集

MNIST 中的图像为 28 像素×28 像素的灰度图像（ch01），各个像素的取值在 0～255 之间，每个图像都标有相应的"7""2""1"等标签。

从 dataset 目录导入便于使用的 Python 脚本 mnist.py，该脚本支持下载 MNIST 数据集并将其转换为 NumPy 数组。当使用 mnist.py 时，当前目录必须是 ch01、ch02、ch03、…、ch08 中的一个。使用 mnist.py 中的 load_mnist 函数，可以轻松读入 MNIST 数据集，代码如下：

```
import sys, os
sys.path.append(os.pardir) #为了导入父目录中的文件而进行的设定
from dataset.mnist import load_mnist
#第一次调用会耗费几分钟时间
(x_train, t_train), (x_test, t_test) = load_mnist(flatten=True,
normalize=False)
#输出各个数据的形状
print(x_train.shape) # (60000, 784)
print(t_train.shape) # (60000,)
print(x_test.shape) # (10000, 784)
print(t_test.shape) # (10000,)
```

首先，为了导入父目录（dataset 目录）中的文件，进行相应的设定；然后，导入 load_mnist 函数；最后，使用 load_mnist 函数读入 MNIST 数据集。在第一次调用 load_mnist 函数时，因为要下载 MNIST 数据集，所以要接入网络。之后的调用只需读入保存在本地文件（pickle 文件）中的 MNIST 数据集即可，因此所需的时间非常短。

用来读入 MNIST 数据集的源代码在 dataset 目录下。假设 MNIST 数据集只能在 ch01、ch02、ch03、…、ch08 目录中使用，因此使用 sys.path.append(os.pardir) 语句，从父目录中导入文件。

load_mnist 函数以"（训练图像，训练标签），（测试图像，测试标签）"的形式返回读入的 MNIST 数据。如果像"load_mnist（normalize=True,flatten=True,one_hot_label=False）"这样设置 3 个参数，那么第 1 个参数 normalize 表示是否将输入图像的像素归一化到 0～1 之间，如果将该参数设置为 False，那么输入图像的像素保持原来的 0～255；第 2 个参数 flatten 表示是否将输入图像保存为一维数组，如果将该参数设置为 False，那么输入图像为 1×28×28 的三维数组，若设置为 True，则输入图像为由 784 个元素构成的一维数组；第 3 个参数 one_hot_label 表示是否将标签保存为 one-hot 形式。one-hot 表示"仅正确解的标签为 1，其余解的标签皆为 0"的数组，如数组[0,0,1,0,0,0,0,0,0,0]。当 one_hot_label 为 False 时，与"7""2"一样保存正确解的标签；当 one_hot_label 为 True 时，标签保存为 one-hot 形式。

下面显示 MNIST 数据集中的图像，同时确认数据。图像的显示使用 PIL（Python Image Library）模块。运行下述代码后，训练图像中的第一张图像就会显示出来。

```
import sys, os
sys.path.append(os.pardir) #在环境变量中添加新路径
import numpy as np
from dataset.mnist import load_mnist
from PIL import Image
def img_show(img): #显示图像
    pil_img = Image.fromarray(np.uint8(img))
    pil_img.show()
(x_train, t_train), (x_test, t_test) = load_mnist(flatten=True,
normalize=False)
img = x_train[0]
label = t_train[0]
print(label) # 5
print(img.shape)              # (784,)
img = img.reshape(28, 28) #把图像的形状变为原来的尺寸
print(img.shape)              # (28, 28)
img_show(img)
```

注意：当 flatten=True 时，读入的图像是以一维 NumPy 数组的形式保存的。因此，在显示图像时，需要把它变为 28 像素×28 像素的形状。通过 reshape 函数指定期望的图像形状。此外，还需要把保存为一维 NumPy 数组的图像转换为 PIL 可用的数据对象，这个转换处理通过使用 Image.fromarray 函数完成。显示的训练图像中的第一张图像如图 7.33 所示。

图 7.33　显示的训练图像中的第一张图像

7.7.2　神经网络的推理处理

下面对 MNIST 数据集实现神经网络的推理处理。假设神经网络的输入层有 784 个神经元，输出层有 10 个神经元。输入层的 784 个神经元对应图像的大小，输出层的 10 个神经元对应 10 个类（数字 0 到 9）。此外，该神经网络包括两个隐藏层——第 1 个隐藏层有 50 个神经元，第 2 个隐藏层有 100 个神经元。隐藏层的神经元数量是可变的。下面定义 get_data

函数、init_network 函数及 predict 函数。

```python
def get_data():    #用 load_mnist 取得数据
    (x_train, t_train), (x_test, t_test) = \
        load_mnist(normalize=True, flatten=True, one_hot_label=False)
    return x_test, t_test
def init_network():
    with open("sample_weight.pkl", 'rb') as f:
        network = pickle.load(f)
    return network
def predict(network, x):
    W1, W2, W3 = network['W1'], network['W2'], network['W3']
    b1, b2, b3 = network['b1'], network['b2'], network['b3']
    a1 = np.dot(x, W1) + b1
    z1 = Sigmoid(a1)
    a2 = np.dot(z1, W2) + b2
    z2 = Sigmoid(a2)
    a3 = np.dot(z2, W3) + b3
    y = Softmax(a3)
    return y
```

init_network 函数会读入假设已知的保存在 pickle 文件（sample_weight.pkl）中的参数，pickle 文件以字典变量的形式保存权重和偏置参数。接着，用这 3 个函数实现神经网络的推理处理并评价它的识别精度，即能在多大程度上进行正确的分类。

```python
x, t = get_data()
network = init_network()
accuracy_cnt = 0
for i in range(len(x)):
    y = predict(network, x[i])
    p = np.argmax(y) #获取概率最高的类的索引
    if p == t[i]:
        accuracy_cnt += 1
print("Accuracy:" + str(float(accuracy_cnt) / len(x)))
```

小结：

在神经网络的推理处理中，首先，获得 MNIST 数据集并生成网络。接着，用 for 语句逐一取出保存在 x 中的图像数据，并用 predict 函数进行分类。predict 函数以 NumPy 数组的形式输出各个标签对应的概率，比如，若输出数组为[0.1,0.3,0.2,...,0.04]，则表示"0"的概率为 0.1、"1"的概率为 0.3 等。然后，取出该数组中最大值的索引，将其作为预测结果，可以用 np.argmax(x)函数取出数组中最大值的索引。最后，比较神经网络所预测的结果和正确解标签，将回答正确的概率作为识别精度。

运行上述代码，得到"Accuracy:0.9352"，表示对 93.52%的数据进行了正确的分类。如何提高识别精度将在后续章节进行介绍。

注意：在上述代码中，load_mnist 函数的参数 normalize 为 True，即输入图像的像素被归一化到 0～1 之间。此外，对神经网络的输入数据进行某种既定的转换称为预处理（preprocessing）。比如，此处的输入图像的像素归一化就是一种预处理。

7.7.3 批处理

下面对批处理进行介绍。首先使用 Python 解释器，输出 7.7.2 节中神经网络各层权重的形状（省略偏置）。

```
>>> x, _ = get_data()
>>> network = init_network() #生成 netword 字典
>>> W1, W2, W3 = network['W1'], network['W2'], network['W3']
>>> x.shape
(10000, 784)
>>> x[0].shape
(784,)
>>> W1.shape
(784, 50)
>>> W2.shape
(50, 100)
>>> W3.shape
(100, 10)
```

根据上述代码的运行结果对多维数组的对应维度的元素个数是否一致进行确认。用图表示数组形状的变化，如图 7.34 所示。由图可见，多维数组的对应维度的元素个数是一致的，同时可以确认最终的输出结果是由 10 个元素构成的一维数组。

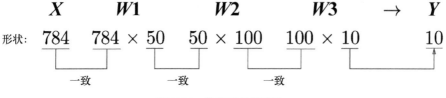

图 7.34　数组形状的变化

从整体的处理流程来看，在图 7.34 中，在输入一个由 784 个元素构成的一维数组后，输出了一个由 10 个元素构成的一维数组，这是对一张图像的处理流程。

考虑输入多张图像的情形。比如，想用 predict 函数一次性处理 100 张图像。为此，可以把 **X** 的形状改为 100×784，将 100 张图像作为输入数据，用图表示批处理中的数组形状的变化，如图 7.35 所示。

在图 7.35 中，输入数据的形状为 100×784，输出数据的形状为 100×10，说明输入的 100 张图像的处理结果被一次性输出了。比如，在代码中，在 x[0]和 y[0]中保存了第 0 张图像及其推理结果、在 x[1]和 y[1]中保存了第 1 张图像及其推理结果等。输入的多份数据称为批（batch），下面对批处理进行代码实现。

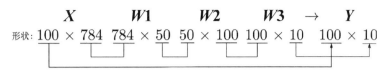

图 7.35　批处理中的数组形状的变化

```
x, t = get_data()
network = init_network()
batch_size = 100 #批
accuracy_cnt = 0
for i in range(0, len(x), batch_size):
    x_batch = x[i:i+batch_size]    #将数据按批划分
    y_batch = predict(network, x_batch)
    p = np.argmax(y_batch, axis=1)
    accuracy_cnt += np.sum(p == t[i:i+batch_size])
```

对粗体部分的代码进行逐个解释。首先是 range 函数。range 函数的形式若为 range(start, end)，则会生成一个由 start～(end−1) 之间的整数构成的数组；若为 range(start, end, step)，则在生成的数组中，相邻两个元素相差 step 值。例如：

```
>>> list( range(0, 10) )
[0, 1, 2, 3, 4, 5, 6, 7, 8, 9]
>>> list( range(0, 10, 3) )
[0, 3, 6, 9]
```

接着，在 range 函数生成的数组的基础上，通过 x[i:i+batch_size] 将数据按批划分，比如，x[i:i+batch_n] 会取出第 i 个到第 i+batch_n 个数据。

然后，通过 argmax 函数获取值最大的元素的索引。注意：在上述代码中，给定了参数 axis=1，表示在 100×10 的数组中，沿着第 1 维的方向获取值最大的元素的索引。矩阵的第 0 维是列方向，第 1 维是行方向。例如：

```
>>> x = np.array([[0.1, 0.8, 0.1], [0.3, 0.1, 0.6],
...               [0.2, 0.5, 0.3], [0.8, 0.1, 0.1]])
>>> y = np.argmax(x, axis=1)
>>> print(y)
[1 2 1 0]
```

最后，比较以批为单位进行分类的结果和正确的解标签。为此，需要在 NumPy 数组之间使用比较运算符"=="生成由 True/False 构成的布尔型数组，并统计 True 的数量，代码如下：

```
>>> y = np.array([1, 2, 1, 0])
>>> t = np.array([1, 2, 0, 0])
>>> print(y==t)
[True True False True]
>>> np.sum(y==t)
3
```

小结：

使用批处理可实现高速、有效的运算。

第8章 神经网络-反向传播算法

神经网络是机器学习的一个研究方向,也是实现人工智能的必经途径。神经网络通过组合低层特征形成更为抽象的高层特征或类别,从而从大量的输入数据中学习有效特征,并把这些特征用于分类、回归和信息检索。

本章主要介绍计算图、链式法则、反向传播、简单层的实现、激活函数层的实现、Affine 层和 Softmax 层的实现及误差反向传播的实现。本章从计算图开始,逐步深入,最终实现误差反向传播算法。

8.1 计算图

计算图可以将计算过程用图形表示,图形指数据结构图,由多节点和边表示(连接节点的直线称为"边")。为介绍计算图,本节先用计算图解决简单的问题。

8.1.1 用计算图求解

下面用计算图解决几个简单的问题。掌握计算图的使用方法后,读者将会看到它在复杂计算中发挥的巨大威力。

问题 1:某人在超市买 2 箱苹果,苹果的单价为 100(元/箱),消费税是 10%,请计算支付金额。

计算图通过节点和箭头表示计算过程。节点用"○"表示,"○"中是计算的内容。将计算的中间结果写在箭头上方,箭头表示各个节点的计算结果从左向右传递。用计算图解决问题 1,求解过程如图 8.1 所示。

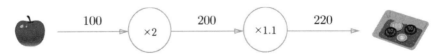

图 8.1 用计算图解决问题 1 的求解过程(方法 1)

如图 8.1 所示，开始时，苹果的单价 100（元/箱）传递到"×2"节点，变为 200（元）后传递到"×1.1"节点，变为 220（元）。因此，从计算图的结果可知，答案为 220 元。虽然在图 8.1 中，把"×2""×1.1"等作为一个运算整体用"○"括起来了，其实用"○"只表示乘法运算"×"也是可行的。此时，求解过程还可以如图 8.2 所示，可以将"2"和"1.1"分别作为变量"苹果的箱数"和"消费税"标在"○"外面。

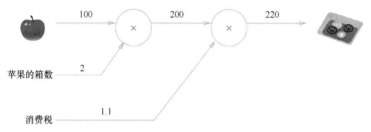

图 8.2　用计算图解决问题 1 的求解过程（方法 2）

问题 2：某人在超市买了 2 箱苹果、3 箱橘子。其中，苹果的单价为 100（元/箱），橘子的单价为 150（元/箱），消费税是 10%，请计算支付金额。

同样，用计算图解决问题 2，求解过程如图 8.3 所示。

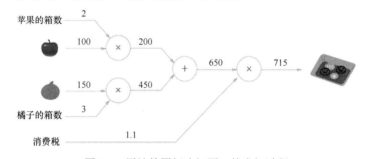

图 8.3　用计算图解决问题 2 的求解过程

在这个问题中，增加节点"+"，用于合计苹果和橘子的总金额。构建计算图后，从左向右进行计算。就像电路中的电流一样，计算结果从左向右传递。得到最右边的计算结果后，计算过程结束。由图 8.3 可知，问题 2 的答案为 715 元。

综上所述，使用计算图解决问题的流程如下：

- 构建计算图；
- 在计算图上，从左向右进行计算。

其中，"从左向右进行计算"是一种在正方向上的传播，简称"正向传播"（Forward Propagation）。正向传播从计算图出发点传播到结束点。既然有正向传播，当然也有"反向传播"（Backward Propagation）（从右向左进行计算）。反向传播将在接下来的导数计算中发挥重要作用。

8.1.2　局部计算

计算图的特征通过传递"局部计算"获得最终结果。"局部"的意思是"与自己相关的某个小范围"。局部计算是指，无论全局发生什么，该部分都只根据与自己相关的信息输出接下来的结果。用一个具体的例子来说明，比如，在超市买 2 箱苹果和其他很多东西，计算支付金额。此时，可以画出如图 8.4 所示的计算图。

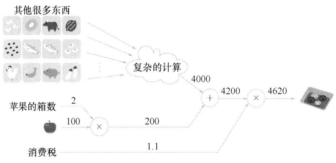

图 8.4　用计算图解决"买 2 箱苹果和其他很多东西"的求解过程

如图 8.4 所示，假设（实际上通过复杂的计算）购买的其他很多东西共花费 4000 元。重点是，各个节点的计算都是局部计算。这意味着，当计算苹果和其他很多东西的金额总和（4000+200=4200）时，并不关心 4000 和 200 是如何来的，只把两个数字相加就可以了。换言之，各个节点只需进行与自己有关的计算即可（例如，对输入的两个数字进行加法运算），不用考虑全局。因此，利用计算图，可以集中精力进行局部计算。不论全局计算有多复杂，各个步骤要做的就是对节点进行局部计算。虽然局部计算非常简单，但是通过传递它的计算结果，可以获得全局的计算结果。

8.1.3　为何用计算图解决问题

计算图到底有什么优点呢？一个优点是对节点的局部计算，即不论全局计算有多复杂，都可以通过各个节点的局部计算使计算变得简单，从而简化问题。另一个优点是利用计算图可以将中间的计算结果全部保存，比如，计算进行到 2 箱苹果时的金额是 200 元，加上消费税前的金额是 4200 元等。但是只有这些优点，计算图还无法令人信服。实际上，使用计算图的最大优点是可以通过反向传播高效计算导数。

在介绍计算图的反向传播前，再思考一下问题 1。在问题 1 中，要求计算购买 2 箱苹果并加上消费税的最终支付金额。假设想知道苹果的单价的上涨对最终的支付金额的影响程度，即求"支付金额关于苹果的单价的导数"，该怎么计算呢？可以设苹果的单价为 x，支付金额为 y，求 $\partial y/\partial x$。导数的值表示当苹果的单价上涨时，支付金额的增加量。

如前所述，"支付金额关于苹果的单价的导数"的值可通过计算图的反向传播求出，求解过程如图 8.5 所示。

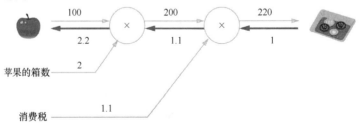

图 8.5　通过计算图的反向传播求导数的求解过程

图 8.5 中，反向传播使用与正向传播相反的箭头（粗线）表示。反向传播传递"局部导数"，将导数的值写在箭头下方。在这个例子中，反向传播从右向左传递导数的值（1→1.1→2.2）。从结果可知，"支付金额关于苹果的单价的导数"是 2.2。这意味着，如果苹果的单价上涨 1 元，最终的支付金额增加 2.2 元（严格地讲，如果苹果的单价增加某个微小值，那么最终的支付金额将增加该微小值的 2.2 倍）。此处只求"支付金额关于苹果的单价的导数"，而"支付金额关于消费税的导数""支付金额关于苹果的箱数的导数"等也可用同样的方式计算。并且，中间计算所得的导数的结果（中间传递的导数）可以共享，进而可以高效地计算多个导数。综上所述，计算图最大的优点是可通过正向传播和反向传播高效地计算各个变量的导数值。

8.2 链式法则

计算图的正向传播将计算结果正向（从左到右）传递，其计算过程我们日常接触得较多，因此感觉相对自然。而反向传播将局部导数反向（从右到左）传递，刚开始可能令人感到困惑。其实，传递局部导数的原理是基于链式法则（Chain Rule）的。本节将介绍链式法则，并阐明它与计算图的反向传播间的对应关系。

8.2.1 计算图的反向传播

首先介绍一个使用计算图反向传播的例子。假设 $y=f(x)$，计算图的反向传播如图 8.6 所示。

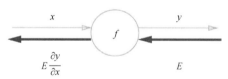

图 8.6　计算图的反向传播

由图可见，反向传播的计算顺序是，将信号 E 与节点的局部导数（偏导数）$\partial y/\partial x$ 相乘所得的结果传递给下一个节点。其中，局部导数指在正向传播中 $y=f(x)$ 的导数，即 y 关于 x 的导数 $\partial y/\partial x$。例如，若 $y=f(x)=x^2$，则局部导数 $\partial y/\partial x = 2x$。

通过反向传播的计算，可以高效地求出导数的值。这是如何实现的呢？下面通过链式法则进行解释。

8.2.2 链式法则的原理

当介绍链式法则时，需先从复合函数说起。复合函数是由多个函数构成的函数，比如，$z=(x+y)^2$ 由式（8.1）中的两个式子构成：

$$z = t^2 \\ t = x + y \tag{8.1}$$

链式法则的定义如下：如果某个函数由复合函数表示，那么其导数可以用构成复合函数的各个函数的导数的乘积表示。

这就是链式法则的原理，实际上也是一个非常简单的性质。以式（8.1）为例，$\partial z/\partial x$（z 关于 x 的导数）可以用 $\partial z/\partial t$（z 关于 t 的导数）和 $\partial t/\partial x$（t 关于 x 的导数）的乘积表示，写为：

$$\frac{\partial z}{\partial x} = \frac{\partial z}{\partial t}\frac{\partial t}{\partial x} \tag{8.2}$$

接着使用链式法则求式（8.2）的导数。首先，求式（8.1）中的两个函数的导数，有：

$$\frac{\partial z}{\partial x} = 2t \\ \frac{\partial z}{\partial x} = 1 \tag{8.3}$$

如式（8.3）所示，$\partial z/\partial t$ 等于 $2t$，$\partial t/\partial x$ 等于 1。这是基于导数公式的解析解。最后计算 $\partial z/\partial x$，可由式（8.3）求得的局部导数的乘积表示：

$$\frac{\partial z}{\partial x} = \frac{\partial z}{\partial t}\frac{\partial t}{\partial x} = 2t \cdot 1 = 2(x+y) \tag{8.4}$$

8.2.3 链式法则和计算图

用计算图表示式（8.4）中的链式法则。如果用"**2"节点表示平方运算，那么式（8.4）的计算图如图 8.7 所示。

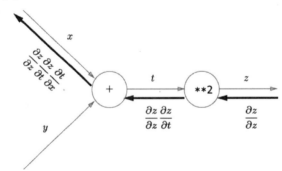

图 8.7 式（8.4）的计算图

可见，计算图的反向传播从右到左传递信号。其计算顺序是，先将节点的输入信号乘以节点的局部导数，然后传递给下一个节点。比如，"**2"节点的输入是 $\partial z/\partial z$，将其乘以局部导数 $\partial z/\partial t$（因为正向传播时输入是 t、输出是 z，所以这个节点的局部导数是 $\partial z/\partial t$），然后传递给下一个节点。此外，在图 8.7 中，反向传播最开始的信号 $\partial z/\partial z$ 在式（8.4）中没有出现，这是因为 $\partial z/\partial z = 1$，所以被省略了。需要注意的是，最左边的是反向传播的结果，根据链式法则，$\frac{\partial z}{\partial z}\frac{\partial z}{\partial t}\frac{\partial t}{\partial x} = \frac{\partial z}{\partial t}\frac{\partial t}{\partial x} = \frac{\partial z}{\partial x}$ 成立，即结果为 z 关于 x 的导数，因此反向传播是基于链式法则的。用式（8.3）的计算结果替换图 8.7 中的对应表达式，得到图 8.8。由图 8.8 可见，$\frac{\partial y}{\partial x}$ 的结果为 $2(x+y)$。

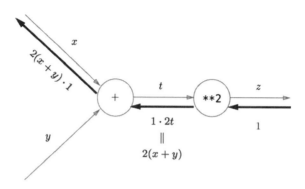

图 8.8　用式（8.3）的计算结果替换图 8.7 中的对应表达式

8.3　反向传播

上一节介绍了计算图的反向传播是基于链式法则的。本节将以加法节点、乘法节点为例，深入介绍反向传播。

8.3.1　加法节点的反向传播

首先介绍加法节点的反向传播。以 $z=x+y$ 为例，观察它的反向传播。$z=x+y$ 的导数可由下式计算：

$$\begin{aligned}\frac{\partial z}{\partial x} &= 1 \\ \frac{\partial z}{\partial y} &= 1\end{aligned} \tag{8.5}$$

如式（8.5）所示，$\partial z/\partial x$ 和 $\partial t/\partial y$ 都等于 1。分别用计算图的正向传播和反向传播表示式（8.5），如图 8.9 所示。在图 8.9 中，右图所示的反向传播将传入的局部导数（$\partial L/\partial x$）乘以 1，然后继续传递，即加法节点的反向传播只乘以 1，因此不会改变传入的局部导数。

另外，在本例中把传入的局部导数设为 $\partial L/\partial x$ 是因为图 8.10 给出了一个最终输出值为 L 的大型计算图，$z=x+y$ 的计算只是该大型计算图的一部分，传入局部导数 $\partial L/\partial x$，经过某种计算后继续传递 $\partial L/\partial z$ 和 $\partial L/\partial y$。

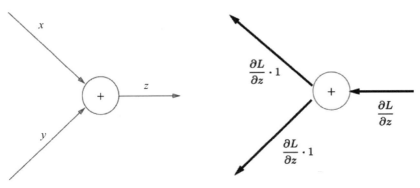

图 8.9 分别用计算图的正向传播和反向传播表示式（8.5）

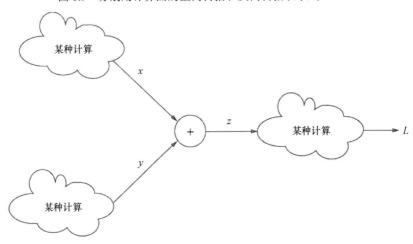

图 8.10 最终输出值为 L 的大型计算图

当反向传播时，从最右边的输出开始，节点的局部导数从右向左传递。看一个具体的例子，假设有一个加法运算式"10+5=15"，当反向传播时，传入 1.3，如图 8.11 所示。

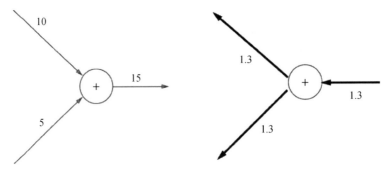

图 8.11 加法节点的反向传播的计算图

因为加法节点的反向传播只是将传入的信息传递给下一个节点，所以将 1.3 传递给下一个节点。

8.3.2 乘法节点的反向传播

接着介绍乘法节点的反向传播。以 $z=xy$ 为例，其导数可用式（8.6）表示：

$$\frac{\partial z}{\partial x} = y$$
$$\frac{\partial z}{\partial y} = x \qquad (8.6)$$

根据式（8.6），画出计算图，如图 8.12 所示。

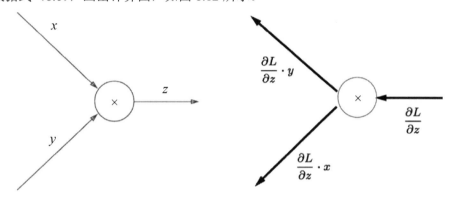

图 8.12　式（8.6）的计算图

由图 8.12 可见，乘法的反向传播（右图）将传入的局部导数乘以翻转的正向传播（左图）的输入信号后传递给下一个节点，其中，"翻转"的含义为正向传播的输入信号 x 对应反向传播的信号 y；正向传播的输入信号是 y 对应反向传播的信号 x。看一个具体的例子，假设有一个乘法计算式"10×5=50"，当反向传播时，传入 1.3，乘法节点的反向传播的计算图如图 8.13 所示。

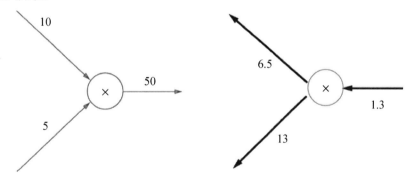

图 8.13　乘法节点的反向传播的计算图

因为乘法的反向传播乘以翻转的正向传播的输入信号，所以分别按 1.3×5=6.5、1.3×10=13 进行计算。可见，乘法的反向传播需要正向传播的输入信号，因此当实现乘法节点的反向传播时，要保存正向传播的输入信号。

8.3.3 "苹果"的例子

将计算图的反向传播应用于 8.1 节中"苹果"的例子（2 箱苹果和消费税），解决苹果的单价、苹果的箱数、消费税这 3 个变量分别是如何影响最终支付金额的问题。实际上，该问题相当于求"支付金额关于苹果的单价的导数""支付金额关于苹果的箱数的导数""支付金额关于消费税的导数"。用计算图的反向传播的求解过程如图 8.14 所示。

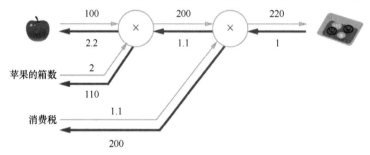

图 8.14 求解过程（"苹果"的例子）

根据乘法节点的反向传播特点，由图 8.14 中可知，支付金额关于苹果的单价的导数是 2.2，关于苹果的箱数的导数是 110，关于消费税的导数是 200。其含义为，如果消费税和苹果的单价增加相同的值，那么对最终支付金额，消费税将产生 200 倍的影响，苹果的单价将产生 2.2 倍的影响。但是，在本例中，消费税和苹果的单价的量纲不同，因此计算的结果差异较大（消费税的 1 表示"100%"，苹果的单价的 1 表示"1 元"）。

最后，利用计算图的反向传播求解"苹果和橘子"的例子，求解过程如图 8.15 所示，请读者在方块中填入相应的数字，求各个变量的导数，完成反向传播。

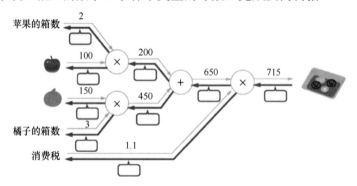

图 8.15 求解过程（"苹果和橘子"的例子）

8.4 简单层的实现

本节用 Python 实现 8.1 节中"苹果"的例子（2 个苹果和消费税）。将要实现的计算图的乘法节点定义为"乘法层"（MulLayer），加法节点定义为"加法层"（AddLayer）。

8.4.1 乘法层的实现

在层的实现中,有两个公用的方法——forward 和 backward,forward 方法对应正向传播,backward 方法对应反向传播。

实现乘法层的代码如下:

```
class MulLayer:
    def __init__(self): #__init__(self)方法在实例化类时自动调用
        self.x = None
        self.y = None
    def forward(self, x, y): #正向传播
        self.x = x
        self.y = y
        out = x * y
        return out
    def backward(self, dout): #反向传播
        dx = dout * self.y #翻转 x 和 y
        dy = dout * self.x
        return dx, dy
```

__init__方法会初始化实例变量 x 和 y,它们用于保存正向传播的输入值。forward 方法接收 x 和 y,并将它们相乘后输出。backward 方法将传入的导数乘以翻转的正向传播的输入信号后传递给下一个节点。

使用乘法层实现 8.1 节中"苹果"的例子(2 个苹果和消费税),代码如下:

```
apple = 100
apple_num = 2
tax = 1.1
#layer
mul_apple_layer = MulLayer()
mul_tax_layer = MulLayer()
#forward
apple_price = mul_apple_layer.forward(apple, apple_num)
price = mul_tax_layer.forward(apple_price, tax)
print(price) # 220
```

各变量的导数可由 backward 方法求出:

```
#backward
dprice = 1
dapple_price, dtax = mul_tax_layer.backward(dprice)
dapple, dapple_num = mul_apple_layer.backward(dapple_price)
print(dapple, dapple_num, dtax) #2.2 110 200
```

可见,调用 backward 方法的顺序与调用 forward 方法的顺序相反。

注意:在 backward 方法的参数中需要输入"正向传播时的输出变量的导数"。比如,mul_apple_layer 乘法层正向传播时会输出 apple_price,那么当反向传播时,要将 apple_price 的导数 dapple_price 输入,作为参数。

8.4.2 加法层的实现

实现加法层的代码如下：

```python
class AddLayer:
    def __init__(self):
        pass
    def forward(self, x, y): #加法层的正向传播
        out = x + y
        return out
    def backward(self, dout): #加法层的反向传播
        dx = dout * 1
        dy = dout * 1
        return dx, dy
```

因为加法层不需要初始化，所以在 __init__ 方法中什么也不执行（用 pass 语句表示）。加法层的 forward 方法接收 x 和 y，并将它们相加后输出。backward 方法将传入的导数原封不动地传递给下一个节点。接着，使用加法层和乘法层，实现图 8.16 所示的"苹果和橘子"的例子。

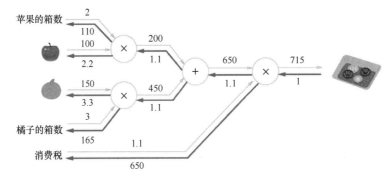

图 8.16 "苹果和橘子"的例子

用 Python 实现图 8.16 所示的计算图的代码如下：

```
#图 8.16 的实现
apple = 100
apple_num = 2
orange = 150
orange_num = 3
tax = 1.1
#层
mul_apple_layer = MulLayer()
mul_orange_layer = MulLayer()
add_apple_orange_layer = AddLayer()
mul_tax_layer = MulLayer()
#正向传播
apple_price = mul_apple_layer.forward(apple, apple_num) #(1)
orange_price = mul_orange_layer.forward(orange, orange_num) #(2)
all_price = add_apple_orange_layer.forward(apple_price, orange_price) #(3)
```

```
price = mul_tax_layer.forward(all_price, tax) #(4)
#反向传播
dprice = 1
dall_price, dtax = mul_tax_layer.backward(dprice) #(4)
dapple_price, dorange_price = add_apple_orange_layer.backward(dall_price) #(3)
dorange, dorange_num = mul_orange_layer.backward(dorange_price) #(2)
dapple, dapple_num = mul_apple_layer.backward(dapple_price) #(1)
print(price) #715
print(dapple_num, dapple, dorange, dorange_num, dtax) # 110 2.2 3.3 165 650
```

小结：

首先，生成加法层和乘法层，以合适的顺序调用正向传播的 forward 方法。然后，用与正向传播相反的顺序调用反向传播的 backward 方法，求出导数。

8.5 激活函数层的实现

将计算图的思路应用于神经网络，把构成神经网络的层作为一个类进行实现。首先，实现对应于激活函数的 ReLU 层和 Sigmoid 层。

8.5.1 ReLU 层的实现

ReLU 层可由式（8.7）表示：

$$y = \begin{cases} x & (x > 0) \\ 0 & (x \leq 0) \end{cases} \tag{8.7}$$

根据式（8.7），求 y 关于 x 的导数：

$$\frac{\partial y}{\partial x} = \begin{cases} 1 & (x > 0) \\ 0 & (x \leq 0) \end{cases} \tag{8.8}$$

在式（8.8）中，如果正向传播的输入信号 x 大于 0，那么反向传播将传入的值原封不动地传递给下一个节点；如果正向传播的输入信号 x 小于或等于 0，那么反向传播暂停向下传递。用计算图表示 ReLU 层，如图 8.17 所示。

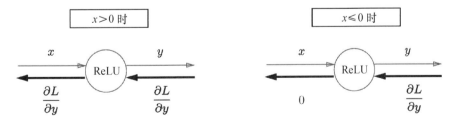

图 8.17　用计算图表示 ReLU 层

在神经网络中层的实现过程中，通常假定 forward 方法和 backward 方法的接收参数是 NumPy 数组。

实现 ReLU 层的代码如下：

```
class ReLU: #定义 ReLU 类
    def __init__(self):
        self.mask = None
    def forward(self, x): #正向传播
        self.mask = (x <= 0)
        out = x.copy()
        out[self.mask] = 0
        return out
    def backward(self, self, dout): #反向传播
        dout[self.mask] = 0
        dx = dout
        return dx
```

可见，代码中的 ReLU 类有 mask 实例变量。该实例变量是由 True/False 构成的 NumPy 数组，它会把正向传播的输入信号 x 中的小于或等于 0 的元素保存为 True，其余元素（大于 0 的元素）保存为 False。举例如下：

```
>>> x = np.array( [[1.0, -0.5], [-2.0, 3.0]] ) #生成二维矩阵 x
>>> print(x)
[[ 1.  -0.5]
 [-2.   3. ]]
>>> mask = (x <= 0) #x 矩阵中，小于或等于 0 的元素为 True，大于零的元素为 False
>>> print(mask)
[[False  True]
 [ True False]]
```

如图 8.17 所示，如果正向传播的输入信号小于或等于 0，那么反向传播的值为 0。因此，反向传播会使用正向传播时保存的 mask，并将传入的 mask 中的元素为 True 的元素设为 0。

8.5.2 Sigmoid 层的实现

Sigmoid 层可由式（8.9）表示：

$$y = \frac{1}{1+\exp(-x)} \tag{8.9}$$

用计算图表示 Sigmoid 层（仅正向传播），如图 8.18 所示。

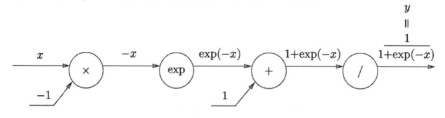

图 8.18　用计算图表示 Sigmoid 层（仅正向传播）

在图 8.18 中，除"×"和"+"节点外，还有新的"exp"和"/"节点。"exp"节点进行 y=exp(x) 的计算，"/"节点进行 $y=1/x$ 的计算。式（8.9）的计算由局部计算的传播完成。下面实现图 8.18 所示的计算图的反向传播，流程如下。

步骤 1：用"/"节点表示 $y=1/x$，它的导数可以表示为：

$$\frac{\partial y}{\partial x} = -\frac{1}{x^2} = -y^2 \tag{8.10}$$

根据式（8.10），当反向传播时，会将传入的值乘以正向传播时的输出的平方乘以-1 所得的值，再将结果传递给下一个节点。步骤 1 的计算过程如图 8.19 所示。

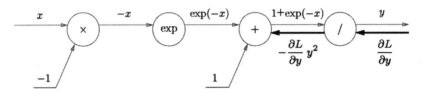

图 8.19　步骤 1 的计算过程

步骤 2：将"+"节点将传入的值原封不动地传递给下一个节点。步骤 2 的计算过程如图 8.20 所示。

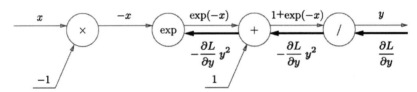

图 8.20　步骤 2 的计算过程

步骤 3："exp"节点表示 y=exp(x)，它的导数为：

$$\frac{\partial y}{\partial x} = \exp(x) \tag{8.11}$$

计算图中，将传入的值乘以正向传播时的输出（exp(-x)）后，传递给下一个节点。步骤 3 的计算过程如图 8.21 所示。

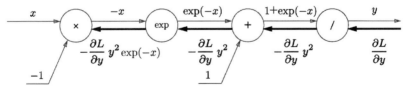

图 8.21　步骤 3 的计算过程

步骤 4："×"节点将正向传播的输入信号翻转后进行乘法运算。因此，此处要乘以-1。

综上所述，图 8.22 中的计算图可以实现 Sigmoid 层的反向传播。由图 8.22 可知，反向传播的输出为 $\frac{\partial L}{\partial y} y^2 \exp(-x)$，其会传递给下一个节点。注意：根据正向传播的输入 x 和输

出 y 就可算出 $\frac{\partial L}{\partial y} y^2 \exp(-x)$。因此，可将图 8.22 简化为图 8.23 所示的简约化 Sigmoid 层的计算图。

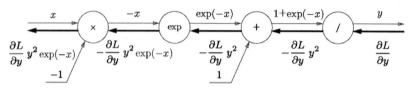

图 8.22　实现 Sigmoid 层的反向传播的计算图

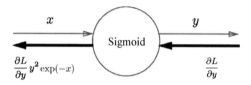

图 8.23　简约化 Sigmoid 层的计算图

图 8.22 所示的计算图与图 8.23 所示的计算图的计算结果是相同的，但是，图 8.23 所示的计算图省略了反向传播的计算过程，因此计算更高效。此外，图 8.23 只专注于输入和输出。

将 $\frac{\partial L}{\partial y} y^2 \exp(-x)$ 进一步整理如下：

$$\begin{aligned}
\frac{\partial L}{\partial y} y^2 \exp(-x) &= \frac{\partial L}{\partial y} \frac{1}{(1+\exp(-x))^2} \exp(-x) \\
&= \frac{\partial L}{\partial y} \frac{1}{1+\exp(-x)} \frac{\exp(-x)}{1+\exp(-x)} \\
&= \frac{\partial L}{\partial y} y(1-y)
\end{aligned} \quad (8.12)$$

因此，Sigmoid 层的反向传播，只根据正向传播的输出就能计算得到，如图 8.24 所示。

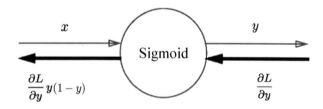

图 8.24　Sigmoid 层的反向传播，只根据正向传播的输出就能计算得到

根据图 8.24，用 Python 实现 Sigmoid 层，代码如下：

```python
class Sigmoid: #定义 Sigmoid 类
    def __init__(self): #初始化函数
        self.out = None
    def forward(self, x):    #正向传播
        out = 1 / (1 + np.exp(-x))
```

```
                self.out = out
                return out
            def backward(self, dout): #反向传播
                dx = dout * (1.0 - self.out) * self.out
                return dx
```

在上述代码中，当正向传播时，将输出保存在实例变量 out 中。当反向传播时，使用该变量进行计算。

8.6 Affine 层和 Softmax 层的实现

8.6.1 Affine 层的实现

1. Affine 层

在神经网络的正向传播中，使用矩阵乘法计算加权信号的总和。Affine 层对应矩阵的乘积与偏置的和，用计算图表示 Affine 层，如图 8.25 所示（注意：图中的变量 X、W、B、Y 均为矩阵，且在各矩阵的上方标记了该矩阵的形状）。其中，矩阵乘法用 dot 节点表示（注意：根据 7.4 节，我们知道 np.dot 函数可用于计算矩阵乘积）。

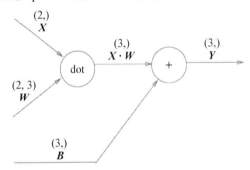

图 8.25　用计算图表示 Affine 层

考虑图 8.25 中的计算图的反向传播。以矩阵为对象的反向传播按矩阵的各个元素进行计算，步骤与以标量为对象的计算图相同。各节点的导数可表示为（省略推导过程）：

$$\frac{\partial L}{\partial X} = \frac{\partial L}{\partial Y} \cdot W^{\mathrm{T}}$$
$$\frac{\partial L}{\partial W} = X^{\mathrm{T}} \cdot \frac{\partial L}{\partial Y}$$
(8.13)

式中，$(\cdot)^{\mathrm{T}}$ 表示转置，转置会把矩阵的元素 (i,j) 换为元素 (j,i)。例如：

$$W = \begin{pmatrix} w_{11} & w_{12} & w_{13} \\ w_{21} & w_{22} & w_{23} \end{pmatrix} \qquad W^{\mathrm{T}} = \begin{pmatrix} w_{11} & w_{21} \\ w_{12} & w_{22} \\ w_{13} & w_{23} \end{pmatrix}$$
(8.14)

由式（8.14）可得，如果 W 的形状为 (2,3)，那么 W^T 的形状为 (3,2)。根据式（8.13），实现 Affine 层的反向传播，如图 8.26 所示。

注意：图 8.26 中的变量是矩阵，当反向传播时，各矩阵的下方标记了该矩阵的形状。可以看出，X 和 $\frac{\partial L}{\partial X}$ 形状相同，W 和 $\frac{\partial L}{\partial W}$ 形状相同，用数学式表示更为明显：

$$X = (x_0, x_1, \ldots, x_n)$$
$$\frac{\partial L}{\partial X} = \left(\frac{\partial L}{\partial x_0}, \frac{\partial L}{\partial x_1}, \ldots, \frac{\partial L}{\partial x_n} \right) \tag{8.15}$$

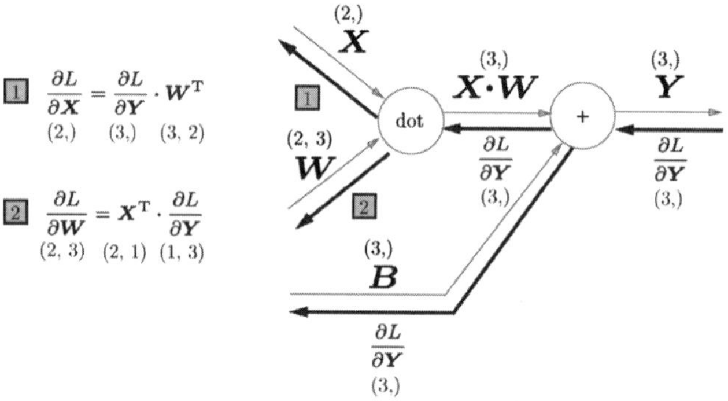

图 8.26 实现 Affine 层的反向传播

为什么要注意矩阵的形状呢？因为矩阵乘法要求矩阵对应维度的元素个数保持一致，通过确认矩阵的形状，就可以推导出式（8.13）。例如，$\frac{\partial L}{\partial Y}$ 的形状为 (3,)，W 的形状为 (2,3)，当 $\frac{\partial L}{\partial Y}$ 与 W^T 相乘时，才能使得 $\frac{\partial L}{\partial X}$ 的形状为 (2,)。可见，矩阵乘法的反向传播可通过构建使矩阵对应维度的元素个数一致的乘法运算推导获得，如图 8.27 所示。

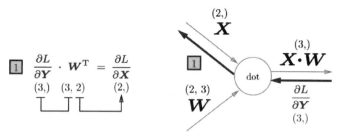

图 8.27 矩阵乘法的反向传播可通过构建使矩阵对应维度的元素个数一致的乘积运算推导获得

2. 批版本的 Affine 层

上面介绍的 Affine 层的输入变量 X 是以一维数组为对象的，考虑以 $N×2$ 的矩阵作为输入变量进行正向传播，即批版本的 Affine 层。批版本的 Affine 层的计算图如图 8.28 所示。

由图可见，输入变量 X 的形状为 (N,2)。接着在计算图上进行矩阵乘法运算，当反向传播时，通过确认矩阵的形状，就可以推导出 $\frac{\partial L}{\partial X}$ 和 $\frac{\partial L}{\partial W}$。

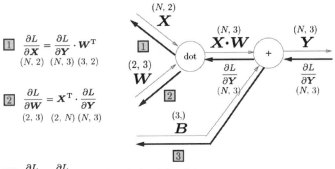

图 8.28 批版本的 Affine 层的计算图

注意：当正向传播时，偏置会加到 $X \cdot W$ 的各行元素上。比如，当 $N=2$（矩阵有 2 行）时，偏置会分别加到这 2 行元素对应的计算结果上，具体的例子如下所示：

```
#二维矩阵与一维数组的加法运算
>>> X_dot_W = np.array([[0, 0, 0], [10, 10, 10]])
>>> B = np.array([1, 2, 3])
>>> X_dot_W
array([[ 0,  0,  0],
       [10, 10, 10]])
>>> X_dot_W + B
array([[ 1,  2,  3],
       [11, 12, 13]])
```

当反向传播时，各行元素的反向传播的值汇总为偏置的元素，代码如下：

```
#二维矩阵各行元素求和
>>> dY = np.array([[1, 2, 3,], [4, 5, 6]])
>>> dY
array([[1, 2, 3],
       [4, 5, 6]])
>>> dB = np.sum(dY, axis=0)
>>> dB
```

在上述代码中，假设有 2 行元素（$N=2$）。偏置的反向传播会对这 2 行数据的导数按元素进行求和。因此，使用 np.sum 对第 0 行的元素进行求和。

综上所述，Affine 层的实现代码如下：

```
class Affine:
    def __init__(self, W, b): #初始化函数
        self.W = W
        self.b = b
        self.x = None
        self.dW = None
        self.db = None
    def forward(self, x): #正向传播
```

```
            self.x = x
            out = np.dot(x, self.W) + self.b
            return out
        def backward(self, dout):    #反向传播
            dx = np.dot(dout, self.W.T)
            self.dW = np.dot(self.x.T, dout)
            self.db = np.sum(dout, axis=0)
            return dx
```

8.6.2 Softmax 层的实现

最后介绍 Softmax 层，对应输出层的 Softmax 函数，Softmax 函数将输入值正规化（将输出值的和调整为 1）后输出。例如，当识别 MNIST 数据集中的手写数字时，输入图像通过 Softmax 层的输出过程如图 8.29 所示。

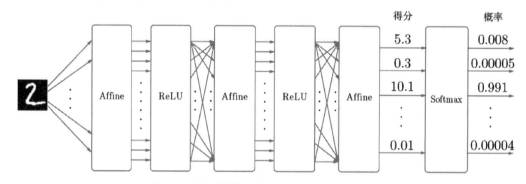

图 8.29　输入图像通过 Softmax 层的输出过程

在图 8.29 中，"得分"通过 Softmax 层正规化。比如，"0"的得分是 5.3，通过 Softmax 层转换为 0.008（0.8%）；"2"的得分是 10.1，通过 Softmax 层转换为 0.991（99.1%）。此外，因为要识别的手写数字分为 10 类，所以 Softmax 层有 10 个输入。

下面实现 Softmax 层。注意：包含表示损失函数的交叉熵误差（Cross Entropy Error）的 Softmax 层称为"Softmax-with-Loss 层"。Softmax-with-Loss 层的计算图如图 8.30 所示。

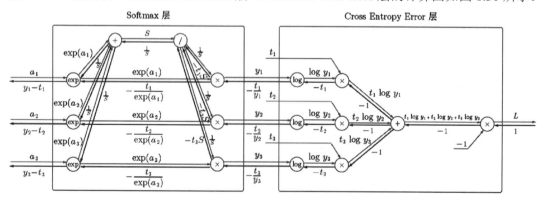

图 8.30　Softmax-with-Loss 层的计算图

图 8.30 只给出了最终结果，对 Softmax-with-Loss 层的导出过程感兴趣的读者，请查找相关资料自行学习。图 8.30 所示的计算图可简化为图 8.31。在图 8.31 所示的计算图中，Softmax 函数记为 Softmax 层，交叉熵误差记为 Cross Entropy Error 层。假设数据分为 3 类，即有 3 个输入，如图 8.31 所示，Softmax 层将输入 (a_1,a_2,a_3) 正规化，输出 (y_1,y_2,y_3)。Cross Entropy Error 层接收 Softmax 层的输出 (y_1,y_2,y_3) 和监督数据 (t_1,t_2,t_3)，最后根据这些数据输出损失 L。

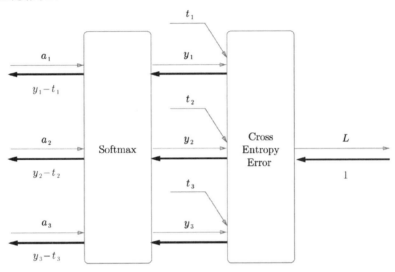

图 8.31 简化的 Softmax-with-Loss 层的计算图

由图可见，Softmax 层的反向传播取得了较为理想的结果 ($y_1-t_1, y_2-t_2, y_3-t_3$)。由于 ($y_1, y_2, y_3$) 是 Softmax 层的输出，($t_1,t_2,t_3$) 是监督数据，所以误差 ($y_1-t_1, y_2-t_2, y_3-t_3$) 表示 Softmax 层的输出与监督数据的差。神经网络的反向传播把误差传递给上一层，这是神经网络的一个重要性质。神经网络的目的是通过调整权重参数，使 Softmax 层的输出接近监督数据。因此，必须将神经网络的输出与监督数据的误差高效地传递给上一层。

例如，假设监督数据为 (0,1,0)，Softmax 层的输出为 (0.3,0.2,0.5)，此时，Softmax 层反向传播的是误差 (0.3,−0.8,0.5)。因为这个误差较大，所以当反向传播时，Softmax 层的上一层将学习到较多的内容。再假设监督数据为 (0,1,0)，Softmax 层的输出为 (0.01,0.99,0)，此时，Softmax 层的反向传播的误差是 (0.01,−0.01,0)。因为这个误差较小，所以当反向传播时，Softmax 层的上一层将学习到较少的内容。实现 Softmax-with-Loss 层的代码如下：

```
class SoftmaxWithLoss:
    def __init__(self):              #初始化函数
        self.loss = None             #损失
        self.y = None                #Softmax 层的输出
        self.t = None                #监督数据（one-hot vector）
    def forward(self, x, t):         #正向传播
        self.t = t
        self.y = Softmax(x)
        self.loss = cross_entropy_error(self.y, self.t)
```

```
            return self.loss
        def backward(self, dout=1):    #反向传播
            batch_size = self.t.shape[0]
            dx = (self.y - self.t) / batch_size
            return dx
```

上述代码使用了 Softmax 和 cross_entropy_error 函数，因此实现较为简单。注意：当反向传播时，将要传播的值除以 batch_size 后传递给上一层，传递的是单个数据的误差。

8.7 误差反向传播的实现

像组装积木一样组装层，可以构建神经网络。本节将通过组装之前已实现的层构建神经网络。

8.7.1 神经网络的实现步骤

神经网络的实现步骤如表 8.1 所示。

表 8.1 神经网络的实现步骤

前提	在神经网络中有合适的权重和偏置，调整权重和偏置以拟合训练数据的过程称为学习。神经网络的学习分为下面 4 个步骤
步骤 1（mini-batch）	从训练数据中随机选择一部分数据
步骤 2（计算梯度）	计算损失函数关于各权重参数的梯度
步骤 3（更新参数）	将权重参数沿梯度方向进行微小的更新
步骤 4（重复）	重复步骤 1、步骤 2、步骤 3

之前介绍的误差反向传播可用于步骤 2。在第 7 章中，我们学习了如何利用数值微分求取梯度。虽然数值微分实现简单，但是计算所需耗费的时间较多。与需要耗费较多时间的数值微分不同，误差反向传播可以快速高效地计算梯度。

8.7.2 误差反向传播的神经网络实现

下面介绍误差反向传播的神经网络实现。假设用 TwoLayerNet 类实现 2 层神经网络。首先，将该类的实例变量和方法分别整理为表 8.2 和表 8.3。

表 8.2 TwoLayerNet 类的实例变量

实例变量	说明
params	保存神经网络的参数为字典型变量。params['W1']是第 1 层的权重，params['b1']是第 1 层的偏置；params['W2']是第 2 层的权重，params['b2']是第 2 层的偏置
layers	保存神经网络的层为有序字典型变量。通过有序字典，以 layers['Affine1']、layers['ReLu1']、layers['Affine2']的形式保存各个层
LastLayer	神经网络的最后一层，在本例中为 Softmax-with-Loss 层

表 8.3 TwoLayerNet 类的方法

方法	说明
__init__(self,input_size,hidden_size,output_size, weight_init_std)	初始化。参数从左到右依次是输入层的神经元数、隐藏层的神经元数、输出层的神经元数、在初始化权重时的高斯分布的规模
predict(self,x)	进行识别（推理）。参数 x 是图像数据
loss(self,x,t)	计算损失函数的值。参数 x 是图像数据，t 是正确解标签
accuracy(self,x,t)	计算识别精度
numerical_gradient(self,x,t)	通过数值微分计算关于权重参数的梯度
gradient(self,x,t)	通过误差反向传播算法计算关于权重参数的梯度

TwoLayerNet 类中使用了层，从而获得识别结果的 predict 处理和计算梯度的 gradient 处理只需通过层之间的传递就能完成，代码如下：

```python
import sys, os
sys.path.append(os.pardir)   #在环境变量中添加新路径
import numpy as np
from common.layers import *
from common.gradient import numerical_gradient
from collections import OrderedDict
class TwoLayerNet:
    def __init__(self, input_size, hidden_size, output_size,
                 weight_init_std=0.01):
        #初始化权重
        self.params = {}
        self.params['W1'] = weight_init_std * \
                            np.random.randn(input_size, hidden_size)
        self.params['b1'] = np.zeros(hidden_size)
        self.params['W2'] = weight_init_std * \
                            np.random.randn(hidden_size, output_size)
        self.params['b2'] = np.zeros(output_size)

        #生成层
        self.layers = OrderedDict()
        self.layers['Affine1'] = \
            Affine(self.params['W1'], self.params['b1'])
        self.layers['Relu1'] = Relu()
        self.layers['Affine2'] = \
            Affine(self.params['W2'], self.params['b2'])
        self.lastLayer = SoftmaxWithLoss()
    def predict(self, x):
        for layer in self.layers.values():
            x = layer.forward(x)
        return x
    #x:输入数据, t:监督数据
```

```python
def loss(self, x, t):
    y = self.predict(x)
    return self.lastLayer.forward(y, t)
def accuracy(self, x, t):
    y = self.predict(x)
    y = np.argmax(y, axis=1)
    if t.ndim != 1 : t = np.argmax(t, axis=1)
    accuracy = np.sum(y == t) / float(x.shape[0])
    return accuracy
#x:输入数据, t:监督数据
def numerical_gradient(self, x, t):
    loss_W = lambda W: self.loss(x, t)
    grads = {}
    grads['W1'] = numerical_gradient(loss_W, self.params['W1'])
    grads['b1'] = numerical_gradient(loss_W, self.params['b1'])
    grads['W2'] = numerical_gradient(loss_W, self.params['W2'])
    grads['b2'] = numerical_gradient(loss_W, self.params['b2'])
    return grads
def gradient(self, x, t):
    #forward
    self.loss(x, t)
    #backward
    dout = 1
    dout = self.lastLayer.backward(dout)
    layers = list(self.layers.values())
    layers.reverse()
    for layer in layers:
        dout = layer.backward(dout)
    #设定
    grads = {}
    grads['W1'] = self.layers['Affine1'].dW
    grads['b1'] = self.layers['Affine1'].db
    grads['W2'] = self.layers['Affine2'].dW
    grads['b2'] = self.layers['Affine2'].db
    return grads
```

注意：在上述代码中，将神经网络的层保存为 OrderedDict 是非常重要的。OrderedDict 是有序字典型变量，"有序"指其可以记住添加元素的顺序。因此，神经网络的正向传播只需按照添加元素的顺序调用各层的 forward 方法就能实现，同理，反向传播只需按照添加元素的相反顺序调用各层的 backward 方法即可。因为在 Affine 层和 ReLU 层中会正确处理正向传播和反向传播，所以此处只需以正确的顺序连接各层，再按顺序（或者逆序）调用各层。

通过层可以轻松地构建神经网络。用层进行模块化的实现方法具有很大优势。比如，如果想构建一个大的神经网络（5 层、10 层、20 层或更多层），那么只需像搭积木一样添加必要的层就行。之后，通过各层之间的正向传播和反向传播，就可以正确地计算出用于识别处理的梯度了。

8.7.3 误差反向传播的梯度确认

到目前为止，介绍了两种求梯度的方法——一种是基于数值微分的方法，另一种是解析性地求解数学式的方法。后一种方法通过使用误差反向传播，即使存在大量的参数，也可以高效地计算梯度。

那么基于数值微分的方法有什么用呢？实际上，需要用基于数值微分的方法求出的梯度结果确认使用误差反向传播求出的梯度结果是否正确。

确认数值微分求出的梯度结果与误差反向传播求出的梯度结果是否一致（或非常相近）的操作称为梯度确认（Gradient Check）。梯度确认的代码如下：

```python
import sys, os
sys.path.append(os.pardir)  # 在环境变量中添加新路径
import numpy as np
from dataset.mnist import load_mnist
from two_layer_net import TwoLayerNet
# 读入数据
(x_train, t_train), (x_test, t_test) = \ load_mnist(normalize=True, one_hot_label = True)
network = TwoLayerNet(input_size=784, hidden_size=50, output_size=10)
x_batch = x_train[:3]
t_batch = t_train[:3]
grad_numerical = network.numerical_gradient(x_batch, t_batch)
grad_backprop = network.gradient(x_batch, t_batch)
# 求各个权重的绝对误差的均值
for key in grad_numerical.keys():
    diff = np.average( np.abs(grad_backprop[key] - grad_numerical[key]) )
    print(key + ":" + str(diff))
```

在上述代码中，首先读入 MNIST 数据集。然后，使用一部分训练数据，确认数值微分求出的梯度和误差反向传播求出的梯度的误差。误差的计算方法是求在各权重参数中对应元素的差的绝对值，并计算其均值。运行代码，输出结果如下：

b1:9.70418809871e-13
W2:8.41139039497e-13
b2:1.1945999745e-10
W1:2.2232446644e-13

可见，通过数值微分和误差反向传播求出的梯度的误差非常小。比如，第 1 层的偏置的误差是 9.7e-13（0.00000000000097）。因此，我们可以确认通过误差反向传播求出的梯度是正确的。

8.7.4 误差反向传播的神经网络学习

最后，介绍误差反向传播的神经网络学习。与之前的实现相比，不同之处仅在于此处使用误差反向传播求梯度，代码如下：

```python
import sys, os
sys.path.append(os.pardir)   #在环境变量中添加新路径
import numpy as np
from dataset.mnist import load_mnist
from two_layer_net import TwoLayerNet
#读入数据
(x_train, t_train), (x_test, t_test) = \
    load_mnist(normalize=True, one_hot_label=True)
network = TwoLayerNet(input_size=784, hidden_size=50, output_size=10)
iters_num = 10000
train_size = x_train.shape[0]
batch_size = 100
learning_rate = 0.1
train_loss_list = []
train_acc_list = []
test_acc_list = []
iter_per_epoch = max(train_size / batch_size, 1)
for i in range(iters_num):
    batch_mask = np.random.choice(train_size, batch_size)
    x_batch = x_train[batch_mask]
    t_batch = t_train[batch_mask]
    #通过误差反向传播法求梯度
    grad = network.gradient(x_batch, t_batch)
    #更新
    for key in ('W1', 'b1', 'W2', 'b2'):
        network.params[key] -= learning_rate * grad[key]
    loss = network.loss(x_batch, t_batch)
    train_loss_list.append(loss)
    if i % iter_per_epoch == 0:
        train_acc = network.accuracy(x_train, t_train)
        test_acc = network.accuracy(x_test, t_test)
        train_acc_list.append(train_acc)
        test_acc_list.append(test_acc)
        print(train_acc, test_acc)
```

第 9 章

神经网络的训练方法

神经网络的训练目的是找到使损失函数的值尽可能小的参数。寻找最优参数的过程称为最优化（Optimization）。在梯度下降算法中，将参数的梯度（导数）作为线索，沿梯度方向更新参数，并不断重复这个步骤，直到找到最优参数，这个过程称为随机梯度下降（Stochastic Gradient Descent，SGD）。SGD 是一个简单的方法，本章将指出 SGD 的缺点，并介绍除 SGD 以外的最优化方法。

9.1 参数的更新

9.1.1 最优化问题的困难之处

这里，我们打个比方说明最优化问题的困难之处。假设有一个性情古怪的探险家，他在广袤的干旱地带旅行，坚持寻找幽深的山谷。他的目标是到达最深的谷底（称为"至深之地"）。在寻找"至深之地"的过程中，他给自己定了两条严格的规矩：一是不看地图；二是蒙上双眼。在如此严苛的条件下，这位探险家如何找到"至深之地"呢？实际上，在寻找最优参数时，所处的状况与这位探险家一样，环境是漆黑未知的，这就是最优化问题的困难之处。在这个状况下，地面的坡度显得尤为重要。探险家虽然看不到周围的情况，但是能通过脚底知道当前所在位置的坡度。SGD 的策略就是朝着当前所在位置的坡度最大的方向前进。勇敢的探险家只要不断重复这一策略，总有一天能到达"至深之地"。

9.1.2 随机梯度下降

用数学式表示 SGD，如下：

$$W \leftarrow W - \eta \frac{\partial L}{\partial W} \tag{9.1}$$

式中，需要更新的权重参数记为 W，损失函数关于 W 的梯度记为 $\frac{\partial L}{\partial W}$，$\eta$ 表示学习率，一般取 0.01 或 0.001，"←"表示用右边的值更新左边的值。如式（9.1）所示，SGD 是朝着梯度方向前进一定距离的方法。下面将 SGD 实现为一个 Python 类，称为 SGD 类，代码如下：

```
#SGD 类的实现
class SGD:
    def __init__(self, lr=0.01):
        self.lr = lr
    def update(self, params, grads):
        for key in params.keys():
            params[key] -= self.lr * grads[key]
```

在上述代码中，参数 lr 表示学习率，将其保存为实例变量。此外，在代码中还定义了 update 方法，这个方法会被反复调用。参数 params 和 grads 为字典型变量，以 params['W1']、grads['W1']的形式，分别保存权重参数及其梯度。

通过使用 SGD 类，可以按如下方式进行神经网络参数的更新（下面的代码是实际无法运行的伪代码）。

```
#神经网络参数的更新
network = TwoLayerNet(...)
optimizer = SGD()
for i in range(10000):
    ...
    x_batch, t_batch = get_mini_batch(...) # mini-batch
    grads = network.gradient(x_batch, t_batch)
    params = network.params
    optimizer.update(params, grads)
    ...
```

在上述代码中，首次出现的变量 optimizer 表示"进行最优化的人"，此处由 SGD 承担这个角色，参数的更新由 optimizer 负责完成。因此，需要做的是将参数及其梯度传给 optimizer。单独实现进行最优化的类，使得功能的模块化变得更简单。比如，后续将要实现的另一个最优化方法 Momentum，会拥有 update 这个方法的形式。如此一来，只需将 optimizer = SGD()语句换为 optimizer = Momentum()语句，就可以将最优化方法从 SGD 切换为 Momentum。很多深度学习框架都实现了各种最优化方法，并且提供了便于切换这些方法的形式。比如，Lasagne 深度学习框架，在 updates.py 文件中以函数的形式集中实现了最优化方法，用户可以从中选择自己想用的最优化方法。

虽然 SGD 简单且易于实现，但在解决某些问题时可能效率较低。例如，求式（9.2）所示函数的最小值的问题。

$$f(x, y) = \frac{1}{20}x^2 + y^2 \tag{9.2}$$

图 9.1 画出了 $f(x, y) = \frac{1}{20}x^2 + y^2$ 函数的图形和它的等高线，式（9.2）表示的函数是向 x 轴方向延伸的"碗"状函数。实际上，式（9.2）的等高线呈向 x 轴方向延伸的椭圆状。

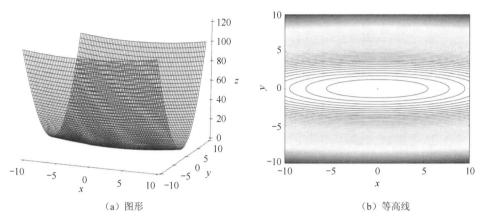

(a)图形　　　　　　　　　　　(b)等高线

图 9.1　$f(x,y)=\dfrac{1}{20}x^2+y^2$ 函数的图形和它的等高线

图 9.2 画出了 $f(x,y)=\dfrac{1}{20}x^2+y^2$ 函数的梯度。由图可见，$f(x,y)=\dfrac{1}{20}x^2+y^2$ 函数的梯度特征是 y 轴方向梯度大，x 轴方向梯度小。注意：虽然式（9.2）的最小值在 $(x,y)=(0,0)$ 处，但是图 9.2 所示的梯度在很多位置都没有指向（0,0）。

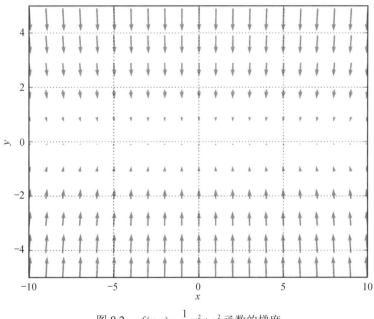

图 9.2　$f(x,y)=\dfrac{1}{20}x^2+y^2$ 函数的梯度

从初始值 $(x,y)=(-9.0,2.0)$ 开始搜索，基于 SGD 的最优化的更新路径如图 9.3 所示。由图可见，更新路径呈"之"字形向最小值（0,0）移动，效率较低，也就是说，SGD 的缺点是，如果函数的形状是非均向（如呈延伸状）的，那么搜索会非常低效。SGD 低效的根本原因是梯度没有指向最小值。为了克服 SGD 的缺点，下面介绍 Momentum、AdaGrad、Adam 这 3 种方法，用它们取代 SGD，均通过数学式进行表示并用 Python 进行实现。

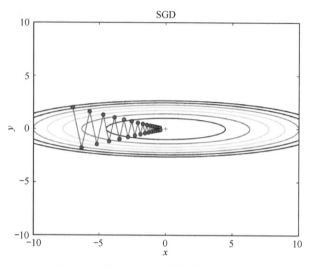

图 9.3 基于 SGD 的最优化更新路径

9.1.3 Momentum 方法

Momentum 的含义为"动量",用数学式表示,如下:

$$w \leftarrow \alpha v - \eta \frac{\partial L}{\partial W} \tag{9.3}$$

$$W \leftarrow W + v \tag{9.4}$$

式中,W 表示需要更新的权重参数,$\frac{\partial L}{\partial W}$ 表示损失函数关于 W 的梯度,η 表示学习率,v 表示速度。式(9.3)表示的是物体在梯度方向上受力,在力的作用下,物体的速度增加的物理法则。图 9.4 形象地表示出了 Momentum 方法:像小球在斜面上滚动一样。

图 9.4 Momentum 方法:像小球在斜面上滚动一样

式(9.3)中的"αv"一项承担在物体不受任何力时,使物体逐渐减速的任务,α 通常取 0.9,对应物理学中的地面摩擦力或空气阻力。下面用 Python 实现 Momentum 方法:

```
#实现 Momentum
class Momentum:
    def __init__(self, lr=0.01, momentum=0.9): #初始化
        self.lr = lr
        self.momentum = momentum
        self.v = None
    def update(self, params, grads): #更新网络参数
        if self.v is None:
            self.v = {}
```

```
            for key, val in params.items():
                self.v[key] = np.zeros_like(val)
            for key in params.keys():
                self.v[key] = self.momentum*self.v[key] - self.lr*grads[key]
                params[key] += self.v[key]
```

在上述代码中，实例变量 v 保存物体的速度。当初始化时，v 不保存任何信息，但当第一次调用 update 方法时，v 以字典型变量的形式保存与参数结构相同的数据。

使用 Momentum 方法求式（9.2）所示函数的最小值，基于 Momentum 的最优化更新路径如图 9.5 所示。在图 9.5 中，更新路径就像小球在斜面上滚动一样。与 SGD 相比，我们发现"之"字形的程度减弱了。这是因为尽管 x 轴方向受到的力非常小，但由于一直在同一方向受力，所以朝同一方向会有一定的加速。相反，尽管 y 轴方向受到的力非常大，但由于交互地受到正方向和反方向的力，它们会相互抵消，所以 y 轴方向的速度不稳定。

综上，与 SGD 相比，Momentum 可以更快地朝 x 轴方向靠近。

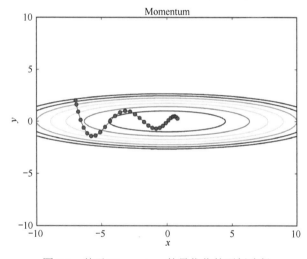

图 9.5　基于 Momentum 的最优化的更新路径

9.1.4　AdaGrad 方法

在神经网络的训练中，学习率（数学式中为 η）很重要。学习率过小，会导致训练时间花费过多；学习率过大，会导致训练发散而不能得到正确的结果。在确定学习率的有效方法中，有一种称为学习率衰减（Learning Rate Decay）的方法，即随着训练的进行，学习率逐渐减小。实际上，在开始时"多"学，然后逐渐"少"学的方法，经常在神经网络的训练中使用。逐渐减小学习率相当于将"全体"参数的学习率的和一起降低。AdaGrad（AdaGrad 中的"Ada"来自英文单词 Adaptive）进一步发展了这种思想，针对每个参数，赋予其"特定"的值。AdaGrad 会为参数的每个元素适当地调整学习率，同时进行训练。用数学式表示 AdaGrad，如下：

$$h \leftarrow h + \frac{\partial L}{\partial W} \odot \frac{\partial L}{\partial W} \qquad (9.5)$$

$$W \leftarrow W - \eta \frac{1}{\sqrt{h}} \frac{\partial L}{\partial W} \tag{9.6}$$

式中，W 表示需要更新的权重参数，$\frac{\partial L}{\partial W}$ 表示损失函数关于 W 的梯度，η 表示学习率，h 表示之前的所有梯度的平方和（对应矩阵元素的乘法）。在更新参数时，通过乘以 $\eta \frac{1}{\sqrt{h}}$，就可以调整训练的变动幅度。这意味着在参数的元素中，变动较大的元素的学习率会变小（学习率衰减）。

AdaGrad 会保存之前所有梯度的平方和，因此，训练越深入，更新的幅度越小。实际上，如果无止境地进行训练，更新的幅度会变为 0，即完全不再更新。为了解决这个问题，可以使用 RMSProp。RMSProp 不会将之前的所有梯度都相加，而会逐渐摒弃之前的梯度，在进行加法运算时将新梯度的信息更多地反映出来。这种操作的专业术语为"指数移动平均"，即以指数函数的形式减小之前的梯度的占比。用 Python 实现 AdaGrad 的代码如下：

```python
#实现 AdaGrad
class AdaGrad:
    def __init__(self, lr=0.01):
        self.lr = lr
        self.h = None
    def update(self, params, grads): #更新网络参数
        if self.h is None:
            self.h = {}
            for key, val in params.items():
                self.h[key] = np.zeros_like(val)
        for key in params.keys():
            self.h[key] += grads[key] * grads[key]
            params[key] -= self.lr * grads[key] / (np.sqrt(self.h[key]) + 1e-7)
```

注意：在上述代码中，最后一行加了微小值"1e-7"。这是为了防止当 self.h[key]中有 0 时，0 被当作除数。在很多深度学习框架中，这个微小值也可以设定为可变的参数。使用 AdaGrad 求式（9.2）所示函数的最小值，基于 AdaGrad 的最优化更新路径如图 9.6 所示。

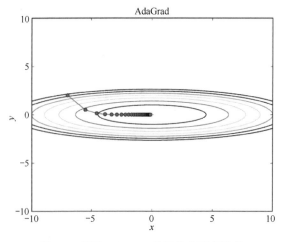

图 9.6 基于 AdaGrad 的最优化更新路径

由图 9.6 可见，函数的取值高效地向最小值移动。由于 y 轴方向的梯度较大，因此刚开始时变动幅度较大，但之后会根据这个较大的变动幅度按比例进行调整，减小更新幅度。因此，y 轴方向的更新幅度减小，"之"字形的程度也随之衰减。

9.1.5 Adam 方法

Momentum 参照小球在斜面上滚动的物理规律进行参数更新，AdaGrad 为参数的每个元素适当地调整更新幅度。如果将这两种方法融合在一起会怎么样呢？这就是 Adam 的基本思想。通过组合这两种方法的优点，有望实现参数空间的高效搜索。此外，进行超参数的"偏置校正"也是 Adam 的特征。使用 Adam 求式（9.2）所示函数的最小值，基于 Adam 的最优化更新路径如图 9.7 所示。

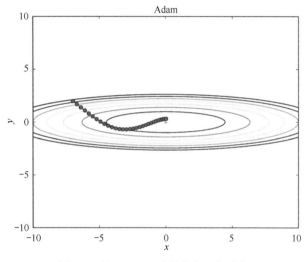

图 9.7 基于 Adam 的最优化更新路径

在图 9.7 中，基于 Adam 的最优化更新路径就像小球在斜面上滚动一样。虽然 Momentun 也有类似的更新路径，但相比之下，Adam 小球左右摇晃的程度有所减轻，这得益于适当地调整了训练的更新程度。Adam 会设置 3 个超参数，一个是学习率，另外两个分别是一次 Momentum 系数 β_1 和二次 Momentum 系数 β_2。一般地，将 β_1 设置为 0.9，β_2 设置为 0.999。

9.1.6 选择参数更新方法

到目前为止，我们已经学习了 4 种用于选择最优化参数的更新方法——SGD、Momentum、AdaGrad、Adam。比较这 4 种参数更新方法，如图 9.8 所示，发现使用的方法不同，参数更新的路径也不同。在图 9.8 中，AdaGrad 似乎是最好的，但实际上，结果会根据要解决的问题而变。并且，超参数（学习率等）的设定值不同，结果也会发生变化。总之，这 4 种更新方法各有各的特点，在实际应用中，可根据要解决的问题选择合适的更新方法。

以基于 MNIST 数据集的手写数字识别为例，比较上述的 SGD、Momentum、AdaGrad、Adam 方法，并确认不同方法在训练能力上的差异程度。基于 MNIST 数据集的 4 种参数更新方法的比较结果如图 9.9 所示，其横轴表示训练的迭代次数（iteration），纵轴表示损失函数的值（loss）。

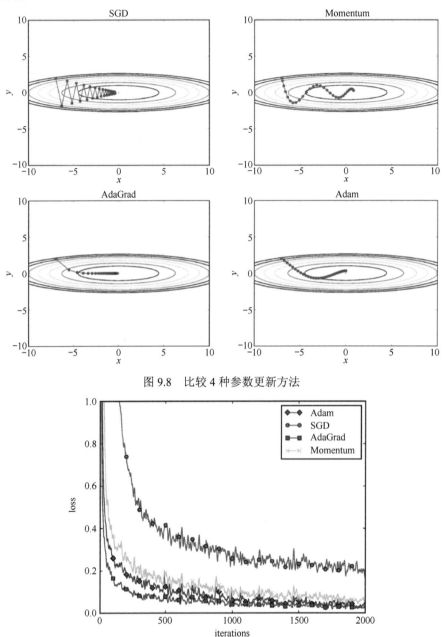

图 9.8　比较 4 种参数更新方法

图 9.9　基于 MNIST 数据集的 4 种更新方法的比较结果

上述实验以一个 5 层神经网络为对象，其中，每层有 100 个神经元，激活函数使用 ReLU。从图 9.9 所示的结果中可知，在训练速度相同的情况下，与 SGD 相比，其他 3 种方法的训练能力更强，识别精度更高，尤其是 AdaGrad 方法。需要注意的是，实验结果会随学习率等超参数、神经网络的结构的不同而发生变化。

9.2 权重初始值

在神经网络的训练中，权重初始值特别重要。实际上，权重初始值的设定经常关系到神经网络的训练能否成功。本节将介绍权重初始值的推荐值，并通过实验验证神经网络的训练能否快速进行。

9.2.1 可以将权重初始值设为 0 吗

权重衰减（Weight Decay）是一种抑制过拟合、提高泛化能力的技巧，将在 9.4 节中进行详细介绍。简单地说，权重衰减是一种以减小权重的值为目的进行训练的方法。通过减小权重的值能抑制过拟合的发生。如果要减小权重的值，那么一开始就应该将初始值设为较小的值。实际上，在这之前的权重初始值都是像 "0.01*np.random.randn(10,100)" 这样的，使用由标准差为 0.01 的高斯分布生成的值乘以 0.01 后得到。如果把权重初始值全部设为 0，可以吗？答案是否定的。若将权重初始值全部设为 0，则神经网络无法正确进行训练。这是因为在误差反向传播中，所有的权重值都会进行相同的更新。比如，在 2 层神经网络中，假设第 0 层和第 1 层的权重为 0。当正向传播时，因为第 0 层的权重为 0，所以第 1 层的神经元全部被传递为相同的值，这意味着当反向传播时，第 1 层的权重全部进行相同的更新，从而拥有重复的权重值。这使得神经网络应该拥有多个不同的权重失去意义。为了防止"权重均一化"（严格地讲，是为了瓦解权重的对称结构），必须随机生成权重初始值。

9.2.2 隐藏层的激活值分布

通过观察隐藏层的激活值（指激活函数的输出数据或在层之间流动的数据）分布，可以获得很多启发。下面做一个简单的实验——向一个激活函数为 Sigmoid 函数的有 5 层隐藏层的神经网络中传入随机生成的输入数据，用直方图绘制各层激活值的数据分布，从而观察权重初始值是如何影响隐藏层的激活值的分布的，代码如下：

```
importnumpy as np
import matplotlib.pyplot as plt
def sigmoid(x):
    return 1 / (1 + np.exp(-x))
x = np.random.randn(1000, 100) #1000 个数据
node_num = 100          #各隐藏层的神经元数
hidden_layer_size = 5 #隐藏层有 5 层
activations = {}        #保存激活值的结果
for i in range(hidden_layer_size):
    if i != 0:
        x = activations[i-1]
```

```
        w = np.random.randn(node_num, node_num) * 1
        z = np.dot(x, w)
        a = sigmoid(z)     # Sigmoid 函数
        activations[i] = a
```

假设神经网络有 5 个隐藏层，每层有 100 个神经元。然后，用高斯分布随机生成 1000 个数据作为输入数据，并把它们传入神经网络。使用 Sigmoid 函数作为激活函数，并将各层的激活值结果保存在 activations 变量中。上述代码使用的是标准差为 1 的高斯分布，但实验的目的是通过改变标准差，观察激活值的分布如何变化。

接着，将保存在 activations 变量中的各层数据画成直方图，代码如下：

```
#绘制直方图
for i, a in activations.items():
    plt.subplot(1, len(activations), i+1)
    plt.title(str(i+1) + "-layer")
    plt.hist(a.flatten(), 30, range=(0,1))
plt.show()
```

运行代码，使用标准差为 1 的高斯分布作为权重初始值的各层激活值的分布直方图如图 9.10 所示。

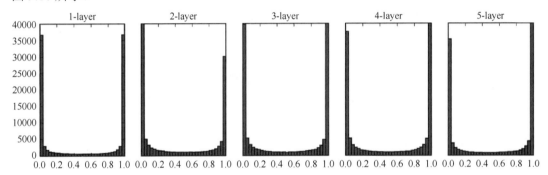

图 9.10 使用标准差为 1 的高斯分布作为权重初始值的各层激活值的分布直方图

由图可见，各层的激活值呈偏向 0 和 1 的分布。这是因为所使用的 Sigmoid 函数是 S 型函数，随着输出数据不断地靠近 0 或 1，它的导数逐渐接近 0。因此，偏向 0 和 1 的数据分布会导致反向传播中梯度的值不断变小，甚至消失，这一问题称为"梯度消失"（Gradient Vanishing）"。在层次加深的深度学习中，梯度消失的问题可能会更加严重。下面，将权重的标准差设为 0.01，其余实验条件不变，代码如下：

```
#w = np.random.randn(node_num, node_num) * 1
w = np.random.randn(node_num, node_num) * 0.01
```

运行代码，使用标准差为 0.01 的高斯分布作为权重初始值的各层激活值的分布直方图如图 9.11 所示。

由图可见，各层的激活值呈集中在 0.5 附近的分布。因为输出数据没有偏向 0 和 1，所以不会发生梯度消失的问题。但是，如果激活值的分布比较集中，那么神经元在表现力上会有很大问题。因为集中分布的激活值说明有多个神经元输出了相同的值，那么它们就没有存在的意义了。比如，如果 100 个神经元都输出相同的值，说明它们表达的事情基本相同，那么用 1 个神经元也一样可以表达清楚。因此，激活值集中分布在某个值附近会导致神经元"表现力受限"的问题。

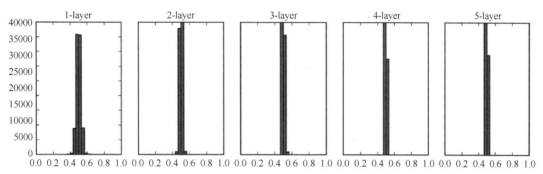

图 9.11　使用标准差为 0.01 的高斯分布作为权重初始值的各层激活值的分布直方图

因此，各层激活值的分布都应当有适当的广度。只有在各层间传递多样性的数据，神经网络才可以进行高效地训练。相反，如果传递的是有所偏向的数据，就可能出现梯度消失或表现力受限的问题，导致训练无法顺利进行。目前，在一般的深度学习框架中，Xavier 初始值已作为标准使用。比如，在 Caffe 框架中，通过在设定权重初始值时引入 Xavier 参数，就可以使用 Xavier 初始值。具体方法为：如果前一层的节点数为 n，那么初始值使用标准差为 $\frac{1}{\sqrt{n}}$ 的分布，确定 Xavier 初始值的方法示意图如图 9.12 所示。

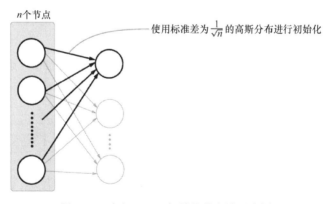

图 9.12　确定 Xavier 初始值的方法示意图

通过确定 Xavier 初始值的方法可以看出，前一层的节点数越多，要设定为目标节点的初始值的权重尺度越小。下面使用 Xavier 初始值进行实验，假设所有层的节点数均为 100，代码修改如下：

```
node_num= 100 #前一层的节点数
w = np.random.randn(node_num, node_num) / np.sqrt(node_num)
```

使用 Xavier 初始值作为权重初始值的各层激活值的分布结果如图 9.13 所示。可见，越靠后的层，图像越歪斜，但是分布更广。因为各层间传递的数据有适当的广度，所以 Sigmoid 函数的表现力不受限制，有望进行高效训练。

如果用 tanh 函数（双曲线函数）代替 Sigmoid 函数，图像歪斜的问题就能得到改善。实际上，在使用 tanh 函数后，图像会呈现漂亮的"吊钟形"分布。虽然 tanh 函数和 Sigmoid 函数都是 S 型曲线函数，但 tanh 函数是关于原点（0,0）对称的函数，而 Sigmoid 函数是关于 $(x,y)=(0,0.5)$ 对称的函数。一般地，作为激活函数的函数最好具有关于原点对称的性质。

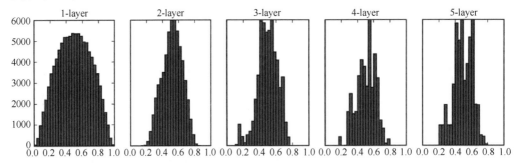

图 9.13 使用 Xavier 初始值作为权重初始值的各层激活值的分布结果

9.2.3 ReLU 的权重初始值

Xavier 初始值是在激活函数是线性函数的前提下得出的。因为 Sigmoid 函数和 tanh 函数都左右对称，且在坐标原点附近均可视为线性函数，所以使用 Xavier 初始值是合适的。但当使用 ReLU 作为激活函数时，一般使用 ReLU 专用的初始值，即由 KaimingHe 等人推导出的"He 初始值"。

确定 He 初始值的方法如下：当前一层的节点数为 n 时，初始值使用标准差为 $\sqrt{\frac{2}{n}}$ 的高斯分布。可以简单理解为，当 Xavier 初始值为 $\sqrt{\frac{2}{n}}$ 时，ReLU 的负值区域的值为 0，为了增加广度，需要乘以 2 倍的系数。

下面通过实验观察当使用 ReLU 作为激活函数时的激活值的分布。图 9.14 给出了激活函数使用 ReLU 时，不同权重初始值的激活值分布的实验结果，权重初始值分别是，使用标准差为 0.01 的高斯分布、Xavier 初始值及 He 初始值。

通过观察实验结果可得，当权重初始值使用标准差是 0.01 的高斯分布时，各层的激活值非常小，分别为，第 1 层：0.0396，第 2 层：0.00290，第 3 层：0.000197，第 4 层：1.32e-5，第 5 层：9.46e-7，这说明在反向传播时权重的梯度也很小。这是一个很严重的问题，表示训练基本没有进展。

当权重初始值为 Xavier 初始值时，随着层的加深，激活值的偏向逐渐变大。实际上，当层加深后，训练时会出现梯度消失的问题。而当初始值为 He 初始值时，各层中分布的广度相同，表明即便随着层的加深，数据的广度也能保持不变，因此当反向传播时，也会传递合适的值。

小结：

当激活函数使用 ReLU 时，权重初始值应使用 He 初始值；当激活函数为 Sigmoid 或 tanh 等 S 型曲线函数时，权重初始值应使用 Xavier 初始值。

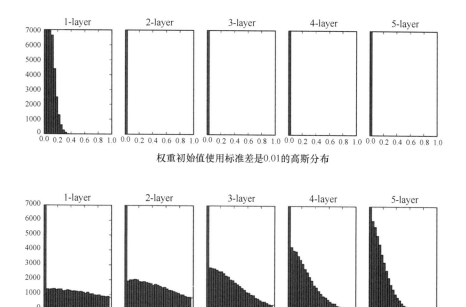

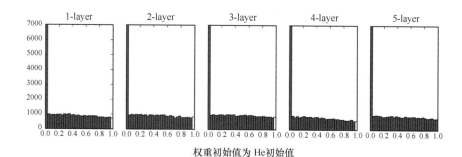

图 9.14 激活函数使用 ReLU 时,不同权重初始值的激活值分布的实验结果

9.2.4 基于 MNIST 数据集的不同权重初始值的比较

下面通过实际的数据,观察不同的权重初始值对神经网络训练的影响。首先,使用标准差为 0.01 的高斯分布、Xavier 初始值、He 初始值进行实验(源代码在 weight_init_compare.py 中)。基于 MNIST 数据集的不同权重初始值的比较结果如图 9.15 所示,其中横轴表示训练的迭代次数(iterations),纵轴表示损失函数的值(loss)。

在上述实验中,假设神经网络有 5 层,每层有 100 个神经元,使用 ReLU 作为激活函数。由图可见,当权重初始值使用标准差为 0.01 的高斯分布(图 9.15 中 std=0.01 对应的曲线)时完全无法进行训练。这是因为在正向传播时传递的值很小(数据集中在 0 附近),因此,在反向传播时求到的梯度也很小,权重几乎不进行更新。当权重初始值为 Xavier 初始值(图 9.15 中 Xavier 对应的曲线)或 He 初始值(图 9.15 中 He 对应的曲线)时,训练进展顺利,并且,使用 He 初始值的训练速度更快。

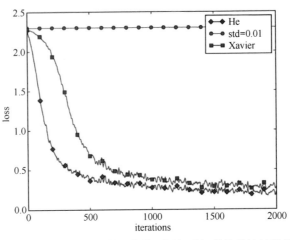

图 9.15 基于 MNIST 数据集的不同权重初始值的比较结果

小结：在神经网络的训练中，权重初始值非常重要，因此选择合适的权重初始值对神经网络的顺利训练非常关键。

9.3 BatchNormalization 算法

在上一节中，我们了解到通过设定合适的权重初始值，可以保证各层激活值的分布有适当的广度，从而顺利地进行训练。如果强制地调整激活值的分布会怎样呢？本节将对基于这一问题而产生的 BatchNormalization（简称 BatchNorm）算法进行介绍。

9.3.1 算法原理

BatchNorm 于 2015 年被提出，现已被广泛使用。实际上，根据机器学习竞赛的结果，会发现有很多利用这个算法获得优异成绩的例子。BatchNorm 具有以下优点：

- 可以使训练快速进行，即增大学习率；
- 不依赖初始值；
- 能抑制过拟合。

基于 BatchNorm 的优点，向神经网络中插入对数据分布进行正规化的层，即 BatchNorm 层，使用 BatchNorm 层的神经网络的示例如图 9.16 所示。

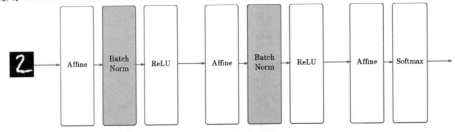

图 9.16 使用 BatchNorm 层的神经网络的示例

BatchNorm 表示以进行训练时的 mini-batch 为单位，按 mini-batch 进行正规化。具体地说，就是进行使数据分布满足均值为 0、方差为 1 的正规化。用数学式表示如下：

$$\mu_B \leftarrow \frac{1}{m}\sum_{i=1}^{m}x_i$$
$$\sigma_B^2 \leftarrow \frac{1}{m}\sum_{i=1}^{m}x_i(x_i - \mu_B)^2 \quad (9.7)$$
$$\hat{x}_i \leftarrow \frac{x_i - \mu_B}{\sqrt{\sigma_B^2 + \varepsilon}}$$

通过式（9.7），首先对 mini-batch 的 m 个输入数据的集合 B=$\{x_1, x_2,\cdots,x_m\}$ 求均值 μ_B 和方差 σ_B^2。然后，对输入数据进行均值为 0、方差为 1 的正规化。式（9.7）中的 ε 是一个微小值（如 10e-7 等），它是为了防止出现除数为 0 的情况而存在的。将这一处理插入激活函数的前面（或后面），就可以减小数据分布的偏向。接着，BatchNorm 层会对正规化后的数据进行缩放和平移交换，用数学式表示如下：

$$y_i \leftarrow \gamma \hat{x}_i + \beta \quad (9.8)$$

式中，γ 和 β 是参数。γ 和 β 的初始值分别为 1 和 0，通过训练将它们调整到合适的值。

以上为 BatchNorm 的算法原理。基于 BatchNorm 的正向传播的神经网络计算图如图 9.17 所示。

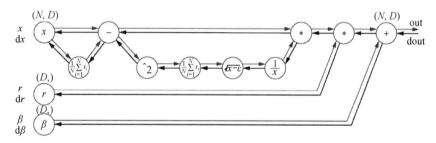

图 9.17　基于 BatchNorm 的正向传播的神经网络计算图

基于 BatchNorm 的反向传播的推导相对复杂，此处不进行介绍，感兴趣的读者可自行查阅相关资料学习。

9.3.2　算法评估

使用 BatchNorm 进行实验，根据实验结果对 BatchNorm 进行评估。首先，基于 MNIST 数据集，对比观察使用 BatchNorm 层和不使用 BatchNorm 层的训练变化过程，如图 9.18 所示。

图 9.18 的结果表明，在使用 BatchNorm 层后，训练进行得更快了。接着，赋予不同的权重初始值尺度，观察训练的过程如何变化。图 9.19 是权重初始值的标准差为不同的值时的训练过程图。图中的实线是使用 BatchNorm 层的结果，虚线是没有使用 BatchNorm 层的结果，每个图的标题标明了权重初始值的标准差。

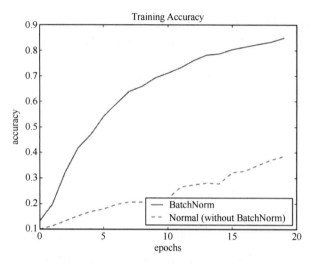

图 9.18 基于 MNIST 数据集，对比观察使用 BatchNorm 层和不使用 BatchNorm 层的训练变化过程

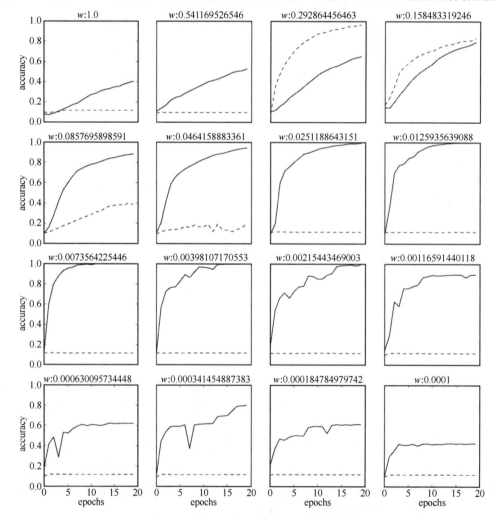

图 9.19 权重初始值的标准差为不同的值时的训练过程图

由图可见，几乎在所有的情况下，都是使用 BatchNorm 层的训练进行得更快。另外，在不使用 BatchNorm 层的情况下，如果不赋予神经网络一个好的权重初始值，训练将完全无法进行。

综上所述，使用 BatchNorm 算法可以推动训练的进行，同时也使得训练对权重初始值不那么敏感。

9.4 正则化

在机器学习的问题中，过拟合是一个很常见的问题。过拟合指只能拟合训练数据，不能很好地拟合不包含在训练数据中的其他数据。机器学习的目标是提高泛化能力，即使是没有包含在训练数据中的数据，也希望可以被模型正确地识别。因此，抑制过拟合很重要。

9.4.1 过拟合

发生过拟合的原因主要有两个：一是模型拥有大量参数、表现力强，二是训练数据少。

首先，故意满足这两个条件，制造过拟合现象。为此，从 MNIST 数据集的 60000 个训练数据中选定 300 个，并且使用 7 层神经网络（每层有 100 个神经元，激活函数为 ReLU），以增加网络的复杂度。下面是用于实验的部分代码，首先读入数据：

```
(x_train, t_train), (x_test, t_test) = load_mnist(normalize=True)
#为了再现过拟合，减少训练数据
x_train = x_train[:300]
t_train = t_train[:300]
```

接着进行训练——按 epoch（所有训练数据的单位）分别算出所有训练数据和所有测试数据的识别精度。

```
#按 epoch（所有训练数据的单位）分别算出所有训练数据和所有测试数据的识别精度
network= MultiLayerNet(input_size=784, hidden_size_list=[100, 100, 100,
 100, 100, 100], output_size=10)
optimizer = SGD(lr=0.01) # 用学习率为 0.01 的 SGD 更新参数
max_epochs = 201
train_size = x_train.shape[0]
batch_size = 100
train_loss_list = []
train_acc_list = []
test_acc_list = []
iter_per_epoch = max(train_size / batch_size, 1)
epoch_cnt = 0
for i in range(1000000000):
    batch_mask = np.random.choice(train_size, batch_size) #随机选取本批次训练集
```

```
            x_batch = x_train[batch_mask] #训练数据的 x 值
            t_batch = t_train[batch_mask]   #训练数据的 t 值
            grads = network.gradient(x_batch, t_batch)
            optimizer.update(network.params, grads) #更新网络参数
            if i % iter_per_epoch == 0:
                train_acc = network.accuracy(x_train, t_train) #计算训练精度
                test_acc = network.accuracy(x_test, t_test) #计算测试精度
                train_acc_list.append(train_acc)
                test_acc_list.append(test_acc)
                epoch_cnt += 1
                if epoch_cnt >= max_epochs:
                    break
```

train_acc_list 和 test_acc_list 中均以 epoch 为单位保存识别精度。将（train_acc_list，test_acc_list）绘制成图形，得到训练数据和测试数据的识别精度的变化结果，如图 9.20 所示。

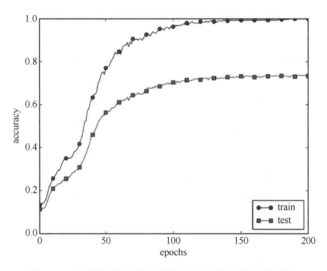

图 9.20　训练数据和测试数据的识别精度的变化结果

由图可见，在超过 100 个 epoch 后，训练数据的识别精度约为 100%。但是，测试数据的识别精度距离 100%还有很大差距。这个差距是过拟合了训练数据造成的。由图可知，模型对训练时没有使用的数据（如测试数据）拟合得不是很好。

9.4.2　权重衰减

权重衰减是一种常用于抑制过拟合的方法。由于很多过拟合是因为权重参数取值过大才发生的，因此该方法通过在训练的过程中对大的权重进行惩罚来抑制过拟合。神经网络训练的目的为减小损失函数的值，如果为损失函数加上权重的平方范数（L_2 范数），那么就可以抑制权重变大。用符号进行表示，如果将权重记为 W，那么 L_2 范数的权重衰减为 $\frac{1}{2}\lambda W^2$。

其中，λ 是控制正则化强度的超参数。λ 的值越大，对权重施加的惩罚就越重。

对于所有权重，权重衰减都会为损失函数加上 $\frac{1}{2}\lambda W^2$。因此，在权重梯度的计算中，要在之前的误差反向传播算法的结果上加上正则化项 $\frac{1}{2}\lambda W^2$ 的导数 λW。

L_2 范数表示各个元素的平方和。用数学式进行表示，若权重 $W=(w_1,w_2,...,w_n)$，则 L_2 范数可用 $\sqrt{w_1^2+w_2^2+...+w_n^2}$ 进行计算。除 L_2 范数外，还有 L_1 范数、$L\infty$ 范数等。L_1 范数表示各个元素的绝对值之和，相当于 $|w_1|+|w_2|+...+|w_n|$。$L\infty$ 范数也称为 Max 范数，表示各元素的绝对值中最大的那个。L_2 范数、L_1 范数、$L\infty$ 范数都可以作为正则化项，它们各有各的特点，此处主要使用比较常用的 L_2 范数。

对于上述实验，应用 $\lambda=0.1$ 的权重衰减，识别精度的结果如图 9.21 所示。

可见，相比于图 9.20，训练数据的识别精度与测试数据的识别精度间的差距变小，这说明过拟合受到了抑制。此外，还要注意的是，训练数据的识别精度没有达到 100%。

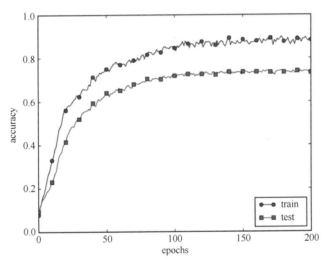

图 9.21　应用 $\lambda=0.1$ 的权重衰减，识别精度的结果

9.4.3　Dropout 方法

权重衰减实现简单，在某种程度上能够抑制过拟合。但是，如果神经网络的模型变得复杂，那么权重衰减有可能失效。在这种情况下，经常会使用 Dropout 方法。

Dropout 是一种在训练过程中随机删除神经元的方法。当训练时，Dropout 方法随机选出隐藏层的神经元并将其删除，被删除的神经元不再进行信号的传递，Dropout 方法的概念图如图 9.22 所示，其中，图 9.22（a）是一般的神经网络，图 9.22（b）是应用 Dropout 后的神经网络。在训练时，每传递一次数据，Dropout 就会随机选择要删除的神经元。然后，在测试时，各个神经元都要乘以训练时的删除比例后再输出。

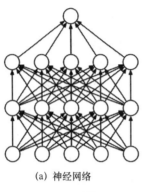
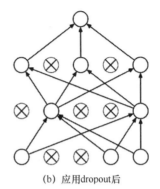

(a) 神经网络　　　　　　　(b) 应用dropout后

图 9.22　Dropout 方法的概念图

下面实现 Dropout 方法。因为在训练时如果进行了恰当的计算，那么当正向传播时，单纯地传递数据就可以了（不用乘以删除比例），所以在深度学习框架中进行如下实现：

```
#Dropout 方法的实现
class Dropout:
    def __init__(self, dropout_ratio=0.5):
        self.dropout_ratio = dropout_ratio
        self.mask = None
    def forward(self, x, train_flg=True): #正向传播
        if train_flg:
            self.mask = np.random.rand(*x.shape) > self.dropout_ratio
            return x * self.mask
        else:
            return x * (1.0 - self.dropout_ratio)
    def backward(self, dout): #反向传播
        return dout * self.mask
```

注意，当每次正向传播时，self.mask 都会以 False 的形式保存要删除的神经元。同时，self.mask 会随机生成与 x 形状相同的数组，并将值比 dropout_ratio 大的元素设为 True。反向传播时的行为与 ReLU 相同。也就是说，若神经元在正向传播时传递了信号，则在反向传播时，按原样传递信号；若神经元在正向传播时没有传递信号，则在反向传播时，信号将停在那。

下面使用 MNIST 数据集进行验证，确认 Dropout 的效果。源代码中使用 Trainer 类来简化实现，这个类可以实现之前所进行的网络训练。同样地，使用 7 层神经网络（每层有 100 个神经元，激活函数为 ReLU），一个不使用 Dropout，另一个使用 Dropout（dropout_rate=0.15），实验结果如图 9.23 所示。

可见，通过使用 Dropout，训练数据和测试数据的识别精度的差距变得更小。并且，训练数据也没有达到 100%的识别精度。结果表明，通过使用 Dropout，即使神经网络的模型是复杂的，也可以抑制过拟合。

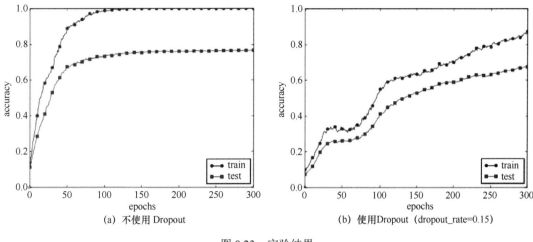

图 9.23　实验结果

9.5　超参数的验证

在神经网络中，除权重、偏置等参数外，超参数（Hyperparameter）也经常出现。这里所说的超参数是指各层的神经元数量、batch 大小、参数更新时的学习率或权重衰减等。如果这些超参数的值设置得不合理，模型的性能就会很差。虽然超参数的取值非常重要，但是在决定超参数取值的过程中一般都会伴随很多的试错。本节将介绍尽可能高效地选取超参数的值的方法。

9.5.1　验证数据

之前使用的数据分为训练数据和测试数据，训练数据用于学习，测试数据用于评估模型的泛化能力。

下面对超参数设置不同的值以进行验证。需要注意的是，不能使用测试数据评估超参数的性能。

为什么不能用测试数据评估超参数的性能呢？这是因为如果使用测试数据调整超参数，超参数的值会对测试数据发生过拟合。换句话说，如果用测试数据确认超参数的值的"好坏"，那么会导致超参数的值被调整为只拟合测试数据，因此可能导致得到不能拟合其他数据的泛化能力低的模型。因此，当调整超参数时，必须使用超参数专用的确认数据。用于调整超参数的数据一般称为验证数据（Validation Data）。训练数据用于参数（权重和偏置）的学习，验证数据用于超参数的性能评估。为了确认泛化能力，最后再使用测试数据。对于不同的数据集，有的会分为训练数据、验证数据、测试数据三部分，有的只分为训练数据和测试数据两部分，还有的不进行分割。在这种情况下，读者需要自行进行分割。如果使用 MNIST 数据集，获得验证数据的最简单的方法就是从训练数据中先分割 20% 作为验证数据，代码如下：

```
(x_train, t_train), (x_test, t_test) = load_mnist()
#打乱训练数据
x_train, t_train = shuffle_dataset(x_train, t_train)
#分割出验证数据
validation_rate = 0.20
validation_num = int(x_train.shape[0] * validation_rate)
x_val = x_train[:validation_num]
t_val = t_train[:validation_num]
x_train = x_train[validation_num:]
t_train = t_train[validation_num:]
```

可见，在分割出验证数据前，首先打乱训练数据和标签，这是因为数据集中的数据可能存在偏向（比如，数据从 0 到 10 按顺序排列等），所使用的 shuffle_dataset 函数利用了 np.random.shuffle。下面使用验证数据观察超参数的最优化方法。

9.5.2 超参数的最优化

当进行超参数的最优化时，逐渐缩小超参数的"好值"的存在范围非常重要。所谓逐渐缩小范围，是指首先大致设定一个范围，接着从这个范围中随机选出一个采样值，并用这个采样值进行识别精度的评估；然后，多次重复该操作，观察识别精度的结果，根据结果逐渐缩小超参数的范围。通过重复这一操作，就可以逐渐确定超参数的合适取值范围。超参数的范围只需"大致确定"就可以。所谓"大致确定"，是指像 0.001（10^{-3}）到 1000（10^3）这样，以"10 的阶乘"为尺度指定范围［也表述为"用对数尺度"（log scale）指定］。在超参数的最优化中，要注意的是，深度学习往往需要很长时间（如几天或几周）。因此，在超参数的搜索中，需要尽早放弃那些不符合逻辑的超参数。因此，在超参数的最优化中，通过减少训练的 epoch 从而缩短单次评估所需的时间是一个不错的方法。

超参数的最优化过程可简单归纳为如下 4 步。
- 步骤 0：设定超参数的范围。
- 步骤 1：从设定的超参数范围中随机采样。
- 步骤 2：使用步骤 1 中采样到的超参数的值进行训练，通过验证数据评估识别精度（注意：要将 epoch 设置得很小）。
- 步骤 3：重复步骤 1 和步骤 2（100 次等），根据识别精度的结果，逐渐缩小超参数的范围。反复进行上述操作，当范围缩小到一定程度时，从该范围中选出一个超参数的值。

上述介绍的超参数的最优化方法是实践性的方法，缺乏一定的科学性。在超参数的最优化中，如果需要更科学的方法，可以使用贝叶斯最优化（Bayesian Optimization）方法。贝叶斯最优化方法运用以贝叶斯定理为中心的数学理论，能够更严密、高效地进行最优化，读者可查阅资料进行学习。

9.5.3 超参数最优化的实现

使用 MNIST 数据集进行超参数的最优化的实现。此处将学习率（lr）和控制权重衰减的系数（下文称为"权重衰减系数"，weight-decay）这两个超参数作为对象进行最优化。这个问题的设定和解决思路可参考斯坦福大学的课程"CS231n"。

如前所述，从 0.001（10^{-3}）到 1000（10^3）这样的对数尺度的范围中随机采样进行超参数的验证，这一范围在 Python 中可写为"10**np.random.uniform(-3,3)"。在该实验中，假设权重衰减系数的初始范围为 10^{-8} 到 10^{-4}，学习率的初始范围为 10^{-6} 到 10^{-2}。那么，超参数的随机采样的代码如下：

```
weight_decay = 10 ** np.random.uniform(-8, -4)
lr = 10 ** np.random.uniform(-6, -2)
```

如上进行随机采样后，再使用采样到的超参数值进行训练。接着，使用不同的超参数值重复进行训练，观察合乎逻辑的超参数所处的范围。此处省略具体实现过程，只列出最终结果。下面以权重衰减系数在 10^{-8} 到 10^{-4} 范围内、学习率在 10^{-6} 到 10^{-2} 范围内进行实验，得到的验证数据和训练数据的识别精度结果如图 9.24 所示，其中实线表示验证数据的识别精度，虚线表示训练数据的识别精度。

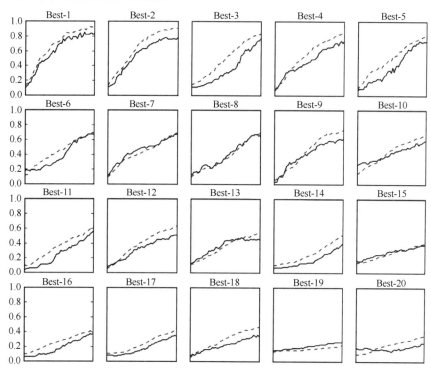

图 9.24 验证数据和训练数据的识别精度结果

在图 9.24 中，按识别精度从高到低的顺序排列了验证数据的训练变化情况。由图可见，在"Best-5"之前，训练都进行得很顺利。观察"Best-5"之前的超参数的值，结果如下所示：

> Best-1(val acc:0.83)| lr:0.0092, weight decay:3.86e-07
> Best-2 (val acc:0.78) | lr:0.00956, weight decay:9.04e-07
> Best-3 (val acc:0.77) | lr:0.00571, weight decay:1.27e-06
> Best-4 (val acc:0.74) | lr:0.00626, weight decay:1.43e-05
> Best-5 (val acc:0.73) | lr:0.0052, weight decay:9.97e-06

可见，当学习率在 10^{-3} 到 10^{-2} 范围内且权重衰减系数在 10^{-8} 到 10^{-4} 范围内时，训练可以顺利进行。

综上所述，观察可以使训练顺利进行的超参数的范围，从而逐渐缩小超参数的取值范围，重复操作直到缩小到合适的超参数存在范围为止，最后在该范围内选择一个最终的超参数值即可。

第10章 卷积神经网络

本章介绍卷积神经网络（Convolutional Neural Network，CNN）。CNN 可用于图像识别、语音识别等场合，在图像识别的比赛中，基于深度学习的方法几乎都以 CNN 为基础。

10.1 整体结构

首先介绍 CNN 的整体结构。与之前介绍的神经网络一样，CNN 可以通过组装层进行构建。不过，CNN 中出现了新的卷积层（Convolution 层）和池化层（Pooling 层），卷积层和池化层将在后续小节中详细介绍。在之前介绍的神经网络中，相邻层的所有神经元间都有连接，称为全连接，我们用 Affine 层实现全连接。基于 Affine 层，一个 5 层的全连接神经网络的实现如图 10.1 所示。在图 10.1 所示的全连接神经网络中，Affine 层后面紧跟着 ReLU 层（或 Sigmoid 层）。图中堆叠了 4 层"Affine-ReLU"组合，第 5 层为"Affine-Softmax"组合，由 Softmax 层输出最终结果（概率）。

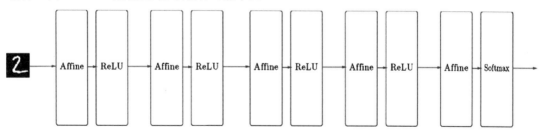

图 10.1　一个 5 层的全连接神经网络的实现（基于 Affine 层）

那么，CNN 的结构是什么样的呢？图 10.2 是基于 CNN 的神经网络的例子。

图 10.2 中，CNN 新增了 Convolution（Conv）层和 Pooling 层。CNN 层的连接顺序为"Conv-ReLU-（Pooling）"（Pooling 层有时可以省略）。这可以理解为把之前的"Affine-ReLU"组合替换为"Conv-ReLU-（Pooling）"组合。

注意，在图 10.2 所示的 CNN 中，靠近输出的层使用了"Affine-ReLU"组合。此外，最后的输出层使用了"Affine-Softmax"组合。一般情况下，这都是 CNN 中较为常见的结构。

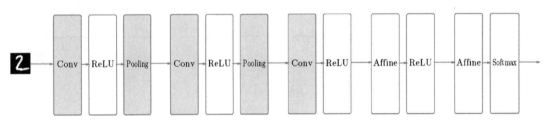

图 10.2　基于 CNN 的神经网络的例子

10.2　卷积层

在 CNN 中会出现了一些特有的术语，如填充、步幅等。此外，各层中传递的数据是有形状的数据（如 3 维数据），这与之前的全连接神经网络不同，因此刚开始学习 CNN 时，读者可能会难以理解。本节介绍 CNN 中使用的卷积层的结构。

10.2.1　全连接层存在的问题

之前介绍的全连接神经网络中使用了全连接层（Affine 层）。在 Affine 层中，相邻层的神经元全部连接在一起，输出的数量可以任意决定。然而 Affine 层存在数据的形状被"忽视"的问题。比如，当输入数据为图像时，其形状通常是高、宽、通道 3 个方向上的 3 维形状。但是，当向 Affine 层输入时，需要将 3 维形状拉平为 1 维形状。实际上，在前面提到的使用 MNIST 数据集的例子中，输入图像的形状就是高 28 像素、宽 28 像素、1 通道（28，28，1），但被排成 1 列，以 784 个数据的形式输入最开始的 Affine 层。如果图像是 3 维形状的，那么在这个形状中应该含有重要的空间信息，比如，空间上邻近的像素为相似的值、RBG 的各个通道间有密切的关联性、相距较远的像素间没有什么关联等，3 维形状中可能隐藏着值得提取的本质模式。但是，因为 Affine 层会忽视形状——将全部的输入数据作为相同的神经元（同一维度的神经元）处理，所以无法利用与形状相关的信息。

卷积层可以保持形状不变。当输入数据为图像时，卷积层会以 3 维数据的形式接收输入数据，并以 3 维数据的形式输出至下一层。因此，在 CNN 中，卷积层可以正确"理解"图像等具有形状的数据。有时将卷积层的输入/输出数据称为特征图（Feature Map），其中，卷积层的输入数据称为输入特征图（Input Feature Map），输出数据称为输出特征图（Output Feature Map）。

10.2.2　卷积运算

卷积层进行卷积运算，卷积运算相当于图像处理中的"滤波器运算"。下面介绍一个卷积运算的例子，如图 10.3 所示。

图 10.3　一个卷积运算的例子

图 10.3 中，符号"✻"表示卷积运算，输入数据和滤波器均为有高、宽方向形状的 2 维数据。假设用（height,width）表示输入数据和滤波器的形状，那么在本例中，输入数据的大小为(4,4)，滤波器的大小为(3,3)，输出数据的大小为(2,2)。注意，有的文献中用"核"表示这里所说的滤波器。

图 10.4 展示了图 10.3 中的卷积运算的计算顺序。

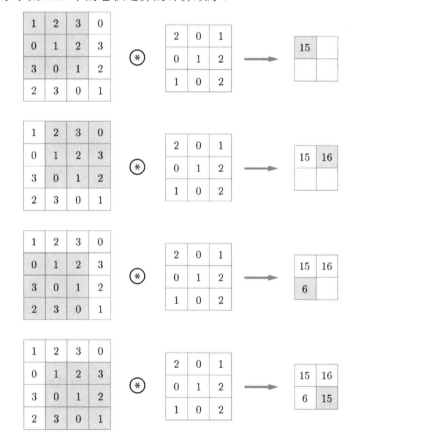

图 10.4　卷积运算的计算顺序

对于输入数据，卷积运算以一定间隔滑动与滤波器形状相同的窗口（指图 10.4 中灰色的 3×3 的部分）并进行矩阵乘法运算。图 10.4 中，将每个窗口中的各个位置上的输入数据与滤波器中对应的数据相乘，然后再累加求和。最后，将结果保存到输出数据的对应位置。所有窗口计算全部完成后，就得到卷积运算的输出。

在全连接神经网络中，除权重参数外，还存在偏置。在 CNN 中，滤波器的参数对应之前的权重参数。并且，CNN 也存在偏置。图 10.3 所示的例子展示了应用滤波器的处理流程，包含偏置的卷积运算的处理流程如图 10.5 所示。

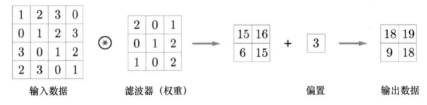

图 10.5　包含偏置的卷积运算的处理流程

在图 10.5 中，在应用了滤波器的数据上加上了某个固定值，即偏置。偏置通常是 1 维数据，只有 1 个值，这个值会被加到应用滤波器后所得的所有数据上。

10.2.3　填充

在进行卷积层的处理前，有时要向输入数据的四周填入固定的数据（比如 0 等），这称为填充（padding），填充在卷积运算中经常会用到。比如，在图 10.6 所示的卷积运算的填充处理的例子中，向大小为(4,4)的输入数据应用了幅度为 1 的填充，即用幅度为 1 个元素的固定数据"0"填充四周。

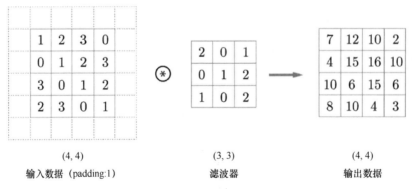

图 10.6　卷积运算的填充处理

通过填充，图 10.6 中的大小为(4,4)的输入数据的大小变为了(6,6)。然后，应用大小为(3,3)的滤波器，生成大小为(4,4)的输出数据。在这个例子中，填充被设置为 1，其实填充也可被设置为 2、3 等任意的整数。比如，如果将填充设置为 2，那么输入数据的大小变为(8,8)；如果将填充设置为 3，那么输入数据的大小变为(10,10)。

使用填充主要是为了调整输出数据的大小。比如，当对大小为(4,4)的输入数据应用大小为(3,3)的滤波器时，输出数据的大小为(2,2)，相当于输出数据的大小是输入数据的大小的 1/2。这在反复进行多次卷积运算的深度网络中会成为问题，为什么呢？因为如果每次进行卷积运算都缩小空间，那么在某个时刻，输出数据的大小就可能变为 1，导致无法再进行卷积运算。为了避免出现这样的情况，就需要使用填充。在上述例子中，如果将填充设置为 1，那么相对于输入数据的大小(4,4)，输出数据的大小也保持为(4,4)。因此，卷积运算就可以在保持空间大小不变的情况下将数据传给下一层。

10.2.4 步幅

应用滤波器的位置间隔称为步幅（stride）。在之前的例子中，步幅都为 1，步幅为 2 的卷积运算的例子如图 10.7 所示，即应用滤波器的窗口间的间隔变为 2 个元素。

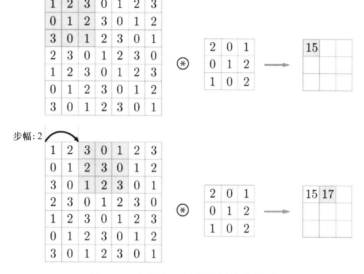

图 10.7 步幅为 2 的卷积运算的例子

在图 10.7 所示的例子中，对大小为(7,7)的输入数据，以步幅 2 应用了滤波器。通过将步幅设置为 2，输出数据的大小变为(3,3)。因此，步幅可以指定应用滤波器的间隔。

综上所述，如果增大步幅，那么输出数据的大小会变小；如果增大填充，那么输出数据的大小会变大。将这样的关系写成数学表达式，研究根据填充和步幅计算输出数据大小的方法。

假设输入数据的大小为（H, W），滤波器大小为（FH, FW），输出数据的大小为（OH, OW），填充为 P，步幅为 S。此时，输出数据的大小可通过式（10.1）进行计算：

$$\begin{aligned} \mathrm{OH} &= \frac{H+2P-\mathrm{FH}}{S}+1 \\ \mathrm{OW} &= \frac{W+2P-\mathrm{FW}}{S}+1 \end{aligned} \quad (10.1)$$

基于式（10.1）的计算示例如下。

【例 10.1】以图 10.6 为例，输入数据的大小为(4,4)，填充为 1，步幅为 1，滤波器大小为(3,3)，代入式（10.1）中，得：

$$\begin{aligned} \mathrm{OH} &= \frac{4+2\cdot1-3}{1}+1=4 \\ \mathrm{OW} &= \frac{4+2\cdot1-3}{1}+1=4 \end{aligned}$$

【例10.2】以图10.7为例，输入数据的大小为(7,7)，填充为0，步幅为2，滤波器大小为(3,3)，代入式（10.1）中，得：

$$OH = \frac{7+2\cdot 0-3}{1}+1=3$$

$$OW = \frac{7+2\cdot 0-3}{1}+1=3$$

【例10.3】假设输入数据的大小为(28,31)，填充为2，步幅为3，滤波器大小为(5,5)，代入式（10.1）中，得：

$$OH = \frac{28+2\cdot 2-5}{3}+1=10$$

$$OW = \frac{31+2\cdot 2-5}{3}+1=11$$

可见，通过在式（10.1）中代入值，就可以计算输出数据的大小。这里需要注意的是，代入值必须使式（10.1）中的 $\frac{W+2P-FW}{S}$ 和 $\frac{H+2P-FH}{S}$ 均为整数。当无法为整数时，需要采取报错等对策。另外，根据深度学习框架的不同，当无法为整数时，有时会向最接近的整数进行四舍五入，不进行报错而继续运行。

10.2.5 3维数据的卷积运算

上述卷积运算的例子都是以有高、宽方向的2维数据为对象进行的。但是，图像是3维数据，除高、宽方向外，还包括通道方向。下面按照与之前相同的顺序，举例说明3维数据的卷积运算。

图10.8是对3维数据进行卷积运算的例子，图10.9是计算顺序。与2维数据的卷积运算（图10.3）相比，可以发现，增加了在通道方向上的特征图。当通道方向上有多个特征图时，按通道顺序依次进行输入数据和滤波器的卷积运算，并将结果相加，得到输出数据。

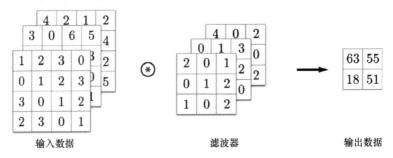

图10.8 对3维数据进行卷积运算的例子

需要注意的是，在3维数据的卷积运算中，输入数据和滤波器的通道数要设为相同的值。滤波器大小可以设为任意值，但每个通道的滤波器大小必须完全相同。在上述例子中，输入数据和滤波器的通道数均为3。

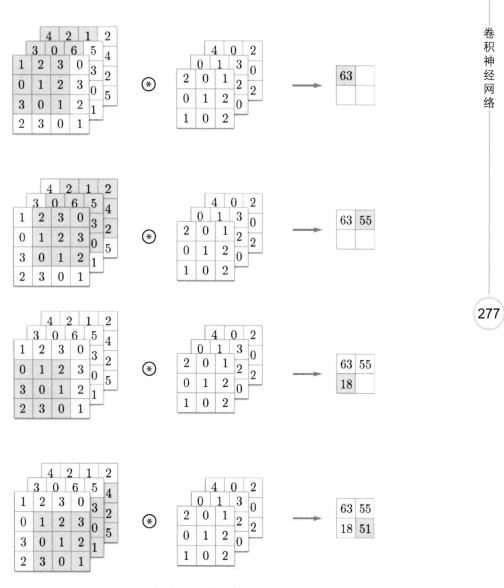

图 10.9 计算顺序

结合方块思考，3 维数据的卷积运算就很容易理解。方块是如图 10.10 所示的 3 维长方体。假设按照（channel,height,width）的顺序把 3 维数据表示为多维数组，比如，通道数为 C、高为 H、宽为 W 的 3 维数据可表示为（C,H,W）。同理，把滤波器也按（channel, height,width）的顺序表示，比如，通道数为 C、滤波器高为 FH、宽为 FW 的滤波器可以写为（C, FH, FW）。

在上述例子中，输出数据为 1 张特征图，即通道数为 1 的特征图。如果要在通道方向上获取多个卷积运算的输出数据，那么可以应用多个滤波器进行实现。基于多个滤波器的卷积运算的例子如图 10.11 所示。

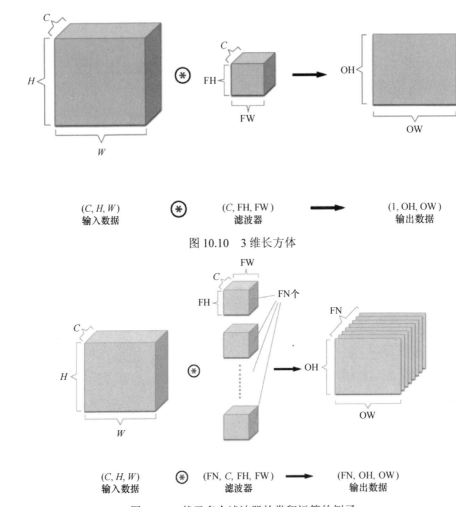

图 10.11 基于多个滤波器的卷积运算的例子

图 10.11 中,通过应用 FN 个滤波器,输出 FN 张特征图。如果将这 FN 张特征图汇集在一起,就能得到形状为(FN,OH,OW)的方块。将这个方块传递给下一层的过程,就称为 CNN 的处理流。如图 10.11 所示,在进行卷积运算时,必须考虑滤波器的数量。因此,对于 4 维数据,滤波器的权重数据要按(output_channel,input_channel,height,width)的顺序进行表示。比如,有 20 个通道数为 3、大小为 5×5 的滤波器可以写为(20,3,5,5)。对图 10.11 所示的例子进一步做追加偏置的加法运算,处理流程如图 10.12 所示。图 10.12 中,每个通道只有一个偏置,偏置的形状为(FN,1,1),滤波器输出结果的形状为(FN,OH,OW)。当这两个方块相加时,要对滤波器的输出结果(FN,OH,OW)按通道加上相同的偏置值。

10.2.6 批处理

在神经网络的实现中,进行了将输入数据打包的批处理。之前介绍的全连接神经网络通过批处理,实现了处理的高效化和对 mini-batch 的对应。卷积运算也可以进行批处理。为此,需要将在各层间传递的数据保存为 4 维数据。具体地讲,就是按(batch_num, channel,height,width)的顺序保存数据。比如，将图 10.12 中的输入数据改为 N 个，当对 N 个数据进行批处理时，卷积运算的处理流程如图 10.13 所示。在图 10.13 中的批处理的数据流中，各个数据的开头添加了批处理用的维度，被保存为 4 维数据在各层间传递。需要注意的是，批处理将数据的 N 次处理汇总为 1 次进行。

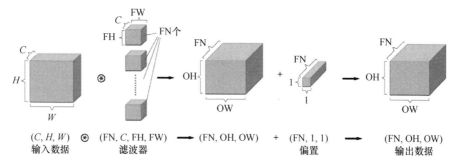

图 10.12　对图 10.11 所示的例子进一步做追加偏置的加法运算

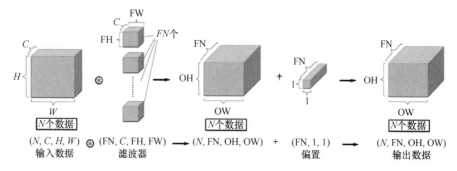

图 10.13　对 N 个数据进行批处理

10.3　池化层

池化是一种缩小高、宽方向上的空间的运算。比如，将 2×2 的目标区域集缩小为 1 个元素空间进行处理，例如，Max 池化的处理顺序如图 10.14 所示。

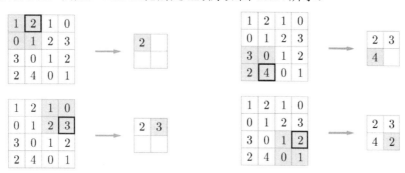

图 10.14　Max 池化的处理顺序

图 10.14 所示的例子是按步幅 2 进行 2×2 的 Max 池化处理。"Max 池化"表示获取最大值的运算，"2×2"表示目标区域的大小，"步幅 2"表示 2×2 窗口的移动间隔为 2 个元素。由图 10.14 可见，从 2×2 的目标区域中取出值最大的元素。一般地，将池化的窗口大小与步幅设为相同的值。比如，3×3 窗口的步幅一般设为 3，4×4 窗口的步幅一般设为 4 等。

除 Max 池化外，还有 Average 池化等池化方式。相对于 Max 池化从目标区域中取出最大值，Average 池化计算目标区域的均值。在图像识别领域，主要使用 Max 池化方法。因此，本书中的"池化层"均使用 Max 池化。

池化层的特征如下。

- 没有要学习的参数。

池化层与卷积层不同，没有要学习的参数。Max 池化只从目标区域中取最大值，所以不存在要学习的参数。

- 通道数不发生变化。

经过池化运算，输入数据和输出数据的通道数不会发生变化，即池化过程中通道数不变，如图 10.15 所示，计算是按通道独立进行的。

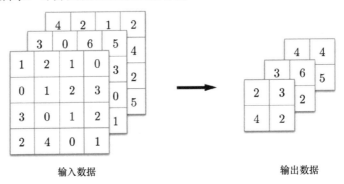

图 10.15 池化中通道数不变

- 对微小的变化具有鲁棒性。

当输入数据发生微小变化时，池化仍会返回相同的结果。因此，池化对输入数据的微小变化具有鲁棒性。比如，在 3×3 池化的情况下，当输入数据在宽度方向上只偏离 1 个元素时，仍输出相同的结果，如图 10.16 所示，即池化会吸收输入数据的偏差（根据数据的不同，结果有可能不一致）。

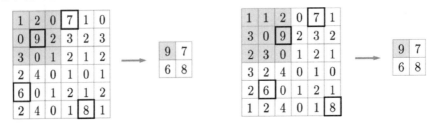

图 10.16 当输入数据在宽度方向上只偏离 1 个元素时，仍输出相同的结果

10.4 卷积层和池化层的实现

前面详细介绍了卷积层和池化层，本节用 Python 实现这两个层。与第 5 章一样，为用于实现的类赋予 forward 和 backward 方法，并使其可作为模块使用。

通过使用一些技巧，可以轻松地实现卷积层和池化层。本节将介绍这些技巧，首先将问题简化，然后再进行实现。

10.4.1 问题简化

1. 4 维数组

在 CNN 中，各层间传递的数据为 4 维数据。4 维数据的一个例子就是形状为 (10,1,28,28) 的数据，对应 10 个高为 28、宽为 28、通道为 1 的数据。用 Python 实现，代码如下：

```
>>> x = np.random.rand(10, 1, 28, 28) #随机生成数据
>>> x.shape
(10, 1, 28, 28)
```

若要访问第 1 个数据，用 x[0] 即可（注意 Python 的索引是从 0 开始的）。同样地，用 x[1] 可以访问第 2 个数据。

```
>>>x[0].shape # (1, 28, 28)
>>> x[1].shape # (1, 28, 28)
```

若要访问第 1 个数据第 1 个通道的空间数据，代码如下：

```
>>>x[0, 0] #或者 x[0][0]
```

可见，CNN 处理的是 4 维数据，因此卷积运算的实现很复杂，但是通过使用 im2col 函数，问题就能得到简化。

2. 基于 im2col 函数的展开

im2col 是一个函数，可以将输入数据展开以适合滤波器。im2col 函数的示意图如图 10.17 所示，可见，对 3 维的输入数据应用 im2col 函数后，数据被转换为 2 维的（准确地说，是把包含批大小的 4 维数据转换为 2 维数据）。

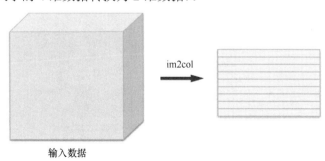

图 10.17 im2col 函数的示意图

如图 10.18 所示，对于输入数据，将应用滤波器的区域（3 维）横向展开为 1 列。im2col 函数会在所有应用滤波器的地方进行展开处理。

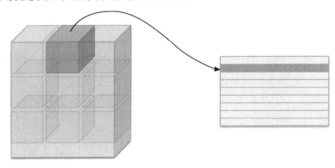

图 10.18　im2col 函数会把输入数据展开以适合滤波器

在图 10.18 中，为了便于观察，步幅设置得很大，以使滤波器的应用区域不重叠。而在实际的卷积运算中，滤波器的应用区域几乎都是重叠的。在滤波器应用区域重叠的情况下，使用 im2col 函数展开后，元素个数多于原方块的元素个数。因此，使用 im2col 函数存在内存消耗更多的缺点。但是，汇总成一个大的矩阵进行计算，颇有益处。比如，在矩阵计算的库（线性代数库）中，矩阵计算的实现已被高度最优化，可以高速地进行。因此，可以有效地利用线性代数库进行矩阵计算。

im2col 是"image to column"的缩写，可译为"从图像到矩阵"。Caffe、Chainer 等深度学习框架中都有名为"im2col"的函数，并且在卷积层的实现中也都使用了 im2col 函数。

使用 im2col 函数展开输入数据后，只需将卷积层的滤波器纵向展开为 1 列，并计算 2 个矩阵的乘积即可，卷积运算的滤波器处理的细节如图 10.19 所示，这与 Affine 层进行的处理基本相同。

图 10.19 中，基于 im2col 函数的输出结果是 2 维矩阵。因为 CNN 中的数据为 4 维数组，所以要将 2 维输出数据转换为合适的形状。

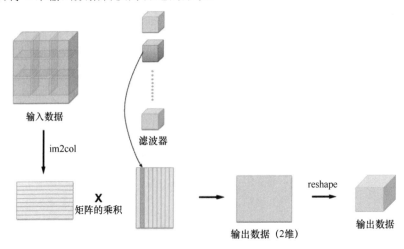

图 10.19　卷积运算的滤波器处理的细节

10.4.2 卷积层的实现

卷积层的实现使用 im2col 函数,并将其作为黑盒(不关心内部实现)使用。im2col 函数的实现在 common/util.py 中,是一个约占 10 行的简单函数,有兴趣的读者可以参考。

im2col 函数的接口如下:

```
im2col(input_data,filter_h,filter_w,stride=1,pad=0)
```

其中:

- input_data——由(batch_num,channel,height,width)4 维数组构成的输入数据;
- filter_h——滤波器的高;
- filter_w——滤波器的宽;
- stride——步幅;
- pad——填充。

im2col 函数会自动考虑滤波器的高、宽、步幅、填充,将输入数据展开为 2 维数组。实际应用 im2col 函数的代码如下:

```python
import sys, os
sys.path.append(os.pardir) #在环境变量中添加新路径
from common.util import im2col
x1 = np.random.rand(1, 3, 7, 7)
col1 = im2col(x1, 5, 5, stride=1, pad=0)
print(col1.shape) # (9, 75)
x2 = np.random.rand(10, 3, 7, 7) #10 个数据
col2 = im2col(x2, 5, 5, stride=1, pad=0) #进行卷积操作
print(col2.shape) # (90, 75)
```

可见,第一组数据的批大小为 1、通道为 3、高和宽均为 7,第二组数据的批大小为 10,其余数据形状与第一组相同。应用 im2col 函数后,两组数据第 2 维的元素个数均为 75,实际上,这是滤波器(通道为 3、大小为 5×5)元素个数的总和。当批大小为 1 时,应用 im2col 函数的结果是(9,75);当批大小为 10 时,相当于保存了 10 倍的数据,因此结果是(90,75)。下面使用 im2col 函数实现卷积层,在下述代码中,将卷积层用名为 Convolution 的类实现。

```python
#Convolution 类的实现
class Convolution:
    def __init__(self, W, b, stride=1, pad=0): #初始化
        self.W = W
        self.b = b
        self.stride = stride
        self.pad = pad
    def forward(self, x): #正向传播
        FN, C, FH, FW = self.W.shape
```

```
            N, C, H, W = x.shape
            out_h = int(1 + (H + 2*self.pad - FH) / self.stride)
            out_w = int(1 + (W + 2*self.pad - FW) / self.stride)
    col = im2col(x, FH, FW, self.stride, self.pad)
    col_W = self.W.reshape(FN, -1).T  #滤波器的展开
    out = np.dot(col, col_W) + self.b
    out = out.reshape(N, out_h, out_w, -1).transpose(0, 3, 1, 2)
    return out
```

由上可见，卷积层的初始化方法将滤波器、偏置、步幅、填充作为参数接收。滤波器的形状是(FN,C,FH,FW)的 4 维形状。粗体字表示 Convolution 类实现的重要部分——首先用 im2col 函数展开输入数据，并用 reshape 函数将滤波器展开为 2 维数组，然后计算展开后的矩阵的乘积。reshape(FN,-1)可将参数指定为-1，表示 reshape 函数会自动计算-1 维度上的元素个数，以使多维数组的元素个数前后一致。比如，形状为(10,3,5,5)的数组的元素个数为 750，使用 reshape(10, −1)后，会转换为形状为(10,75)的数组。

在 forward 方法的实现中，最后会将输出数据转换为合适的形状。使用 NumPy 中的 transpose 方法进行转换，transpose 方法通过指定索引，更改多维数组的轴的顺序。基于 NumPy 的 transpose 方法的轴顺序的更改示意图如图 10.20 所示，通过指定从 0 开始的索引（编号）序列，就可以更改轴的顺序。

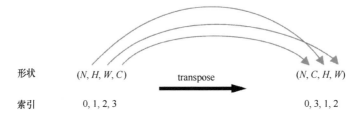

图 10.20　基于 NumPy 的 transpose 函数的轴顺序的更改示意图

可见，通过使用 im2col 函数进行展开后，就可以像实现 Affine 层一样实现卷积层。由于卷积层的实现与 Affine 层的实现有很多共通的地方，所以不再详细介绍卷积层的反向传播。需要注意的是，在进行卷积层的反向传播时，必须进行 im2col 函数的逆处理。这可使用 col2im 函数（col2im 函数的实现在 common/util.py 中）。

10.4.3　池化层的实现

池化层的实现与卷积层的实现相同，也使用 im2col 函数展开输入数据。不同的是，在池化时，通道方向上是独立的。池化的应用区域按通道单独展开的示例如图 10.21 所示。

按照图 10.21 进行展开后，只需求展开矩阵各行的最大值，并将输出数据的形状转换为合适的形状即可，池化层的实现流程如图 10.22 所示，其中池化的应用区域内的最大值元素用灰色表示。

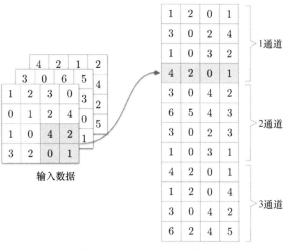

图 10.21 池化的应用区域按通道单独展开的示例

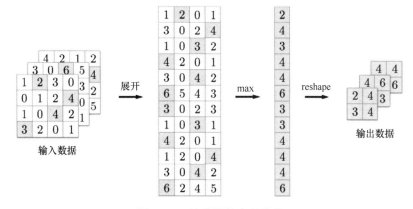

图 10.22 池化层的实现流程

用 Python 实现，代码如下：

```
#池化层的实现
class Pooling:
    def __init__(self, pool_h, pool_w, stride=1, pad=0): #初始化
        self.pool_h = pool_h
        self.pool_w = pool_w
        self.stride = stride
        self.pad = pad
    def forward(self, x): #正向传播
        N, C, H, W = x.shape
        out_h = int(1 + (H - self.pool_h) / self.stride)
        out_w = int(1 + (W - self.pool_w) / self.stride)
        #展开(1)
        col = im2col(x, self.pool_h, self.pool_w, self.stride, self.pad)
        col = col.reshape(-1, self.pool_h*self.pool_w)
        #最大值(2)
        out = np.max(col, axis=1)
```

```
#转换(3)
out = out.reshape(N, out_h, out_w, C).transpose(0, 3, 1, 2)
return out
```

综上所述，池化层的实现包括如下 3 个步骤：
- 展开输入数据；
- 求各行的最大值；
- 转换为合适的输出形状。

池化层的各步骤的实现都很简单，只需一两行代码。

最大值的计算可以使用 NumPy 中的 np.max 方法。np.max 可以指定 axis 参数，并在这个参数指定的维度的各个轴方向上求最大值。比如，如果写为 np.max(x,axis=1)，那么就可在输入数据 x 的第 1 维的各个轴方向上求最大值。

以上是池化层的 forward 方法的介绍。如上所述，通过将输入数据展开为容易进行池化的形状，后续的实现会变得非常简单。

关于池化层的 backward 方法，之前已经介绍过相关内容，此处不再赘述。在 common/layer.py 中有详细的池化层的实现方式，有兴趣的读者可以参考。

10.5 卷积神经网络的实现

组合上述已实现的卷积层和池化层，搭建可进行手写数字识别的 CNN。简单 CNN 的网络构成如图 10.23 所示。

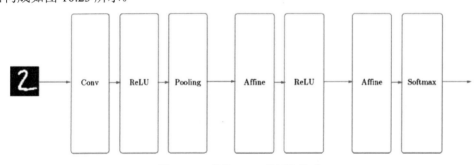

图 10.23 简单 CNN 的网络构成

由图 10.23 可见，网络的构成顺序为"Conv-ReLU-Pooling-Affine-ReLU- Affine-Softmax"，在实现时，将其命名为 SimpleConvNet 类。首先介绍 SimpleConvNet 类的初始化（__init__），选取参数如下：
- input_dim——输入数据的维度（通道，高，宽）；
- conv_param——卷积层的超参数（字典），字典的关键字包括：
  - filter_num——滤波器的数量；
  - filter_size——滤波器的大小；
  - stride——步幅；

- pad——填充；
- hidden_size——隐藏层（全连接）的神经元数量；
- output_size——输出层（全连接）的神经元数量；
- weitght_int_std——初始化时权重的标准差。

注意，卷积层的超参数通过名为 conv_param 的字典变量传入，假设其能自动保存必要的超参数值，如{'filter_num':30,'filter_size':5,'pad':0,'stride':1}。SimpleConvNet 类的初始化可分为 3 部分进行说明，以下是初始化的第 1 部分。

```
#SimpleConvNet 类的实现
class SimpleConvNet:
def __init__(self, input_dim=(1, 28, 28),
             conv_param={'filter_num':30, 'filter_size':5,
                         'pad':0, 'stride':1},
             hidden_size=100, output_size=10, weight_init_std=0.01):
    filter_num = conv_param['filter_num']
    filter_size = conv_param['filter_size']
    filter_pad = conv_param['pad']
    filter_stride = conv_param['stride']
    input_size = input_dim[1]
    conv_output_size = (input_size - filter_size + 2*filter_pad) / \
                       filter_stride + 1
    pool_output_size = int(filter_num * (conv_output_size/2) *
                           (conv_output_size/2))
```

通过上述代码，将初始化操作传入卷积层的超参数从字典变量中提取出来，然后，计算卷积层的输出大小。

接下来是初始化的第 2 部分——权重参数的初始化。

```
self.params = {}   #生成参数字典
self.params['W1'] = weight_init_std * \
                    np.random.randn(filter_num, input_dim[0],
                                    filter_size, filter_size)
self.params['b1'] = np.zeros(filter_num)
self.params['W2'] = weight_init_std * \
                    np.random.randn(pool_output_size,
                                    hidden_size)
self.params['b2'] = np.zeros(hidden_size)
self.params['W3'] = weight_init_std * \
                    np.random.randn(hidden_size, output_size)
self.params['b3'] = np.zeros(output_size)
```

可见，机器学习所需的参数是第 1 层卷积层和剩余 2 个全连接层的权重和偏置。将这些参数保存在实例变量的 params 字典中。将第 1 层卷积层的权重设为 W1，偏置设为 b1。同样，分别用 W2、b2 和 W3、b3 保存第 2 个和第 3 个全连接层的权重和偏置。

最后，通过完成初始化的第 3 部分生成必要的层。

```
self.layers= OrderedDict() #生成层字典
self.layers['Conv1'] = Convolution(self.params['W1'],
                                    self.params['b1'],
                                    conv_param['stride'],
                                    conv_param['pad'])
self.layers['Relu1'] = Relu()
self.layers['Pool1'] = Pooling(pool_h=2, pool_w=2, stride=2)
self.layers['Affine1'] = Affine(self.params['W2'],
                                 self.params['b2'])
self.layers['Relu2'] = Relu()
self.layers['Affine2'] = Affine(self.params['W3'],
                                 self.params['b3'])
self.last_layer = Softmaxwithloss()
```

可见，从头开始按顺序向有序字典 OrderedDict 的 layers 中添加层，只有最后的 Softmaxwithloss 层被添加到别的变量 last_layer 中。

以上就是 SimpleConvNet 类的初始化。实现初始化后，再来实现用于推理的 predict 函数和求损失函数值的 loss 函数：

```
def predict(self, x): #定义预测函数
    for layer in self.layers.values():
        x = layer.forward(x)
    return x
def loss(self, x, t):   #定义损失函数
    y = self.predict(x)
    return self.lastLayer.forward(y, t)
```

在上述代码中，参数 x 表示输入数据，t 表示标签。用于推理的 predict 函数从头开始依次调用已添加的层，并将结果传递给下一层。在求损失函数值的 loss 函数中，除使用 predict 函数进行 forward 处理外，forward 处理会一直持续到最后的 Softmaxwithloss 层。

以下是基于误差反向传播算法求梯度的代码：

```
#定义梯度函数
def gradient(self, x, t):
    # forward
    self.loss(x, t)
    # backward
    dout = 1
    dout = self.lastLayer.backward(dout)
    layers = list(self.layers.values())
    layers.reverse()
    for layer in layers:
        dout = layer.backward(dout)
    #设定
```

```
                grads = {}
                grads['W1'] = self.layers['Conv1'].dW
                grads['b1'] = self.layers['Conv1'].db
                grads['W2'] = self.layers['Affine1'].dW
                grads['b2'] = self.layers['Affine1'].db
                grads['W3'] = self.layers['Affine2'].dW
                grads['b3'] = self.layers['Affine2'].db
                return grads
```

利用误差反向传播算法求权重参数的梯度，通过组合正向传播和反向传播完成。因为在各层均已正确实现正向传播和反向传播的功能，所以只需以合适的顺序调用即可。最后，把各权重参数的梯度保存到 grads 字典中。

通过以上几步就实现了 SimpleConvNet 类。现在，使用 SimpleConvNet 类学习 MNIST 数据集，即使用 MNIST 数据集训练 SimpleConvNet 类，训练数据的识别精度为 91.82%，测试数据的识别精度为 91.96%（每次学习的识别精度存在的误差不同）。

下一章，我们会进一步通过叠加层来加深网络，使测试数据的识别精度大于 99%。综上所述，卷积层和池化层是图像识别中必备的模块，CNN 可以有效读取图像中的某种特性。特别地，在手写数字识别中，CNN 可以实现高精度识别。

10.6　卷积神经网络的可视化

在 CNN 中，卷积层用于"观察"什么呢？本节通过介绍卷积层的可视化，探索 CNN 所进行的处理。

10.6.1　卷积层权重的可视化

之前对 MNIST 数据集进行了简单的 CNN 学习，卷积层的权重的形状为（30,1,5,5），即 30 个大小为 5×5、通道为 1 的滤波器。通道为 1 表明滤波器可以被可视化为 1 通道的灰度图像，即将卷积层的滤波器显示为图像。比较学习前和学习后的卷积层的权重，如图 10.24 所示，图中统一将最小值显示为黑色（0），最大值显示为白色（255）。

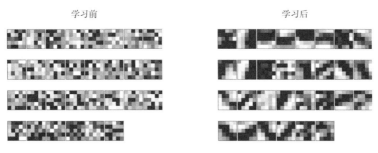

图 10.24　比较学习前和学习后的卷积层的权重

由图 10.24 可见，学习前的滤波器是随机进行初始化的，所以在颜色上无规律可循，但学习后的滤波器变为有规律的图像。由此说明，通过学习，滤波器被更新为有规律的滤波器，比如从白渐变到黑或含有块状区域等。

再者，当滤波器左半部分为白色、右半部分为黑色时，滤波器对水平方向和垂直方向的边缘都有响应，如图 10.25 所示。

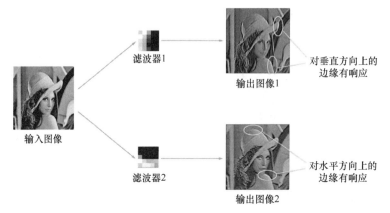

图 10.25　当滤波器左半部分为白色、右半部分为黑色时，滤波器对水平方向和垂直方向的边缘都有响应

在图 10.25 的输出图像 1 中，垂直方向的边缘出现白色像素，表明"滤波器 1"对垂直方向的边缘有响应；在输出图像 2 中，水平方向的边缘出现白色像素，表明"滤波器 2"对水平方向的边缘有响应。

小结：

卷积层的滤波器能提取边缘或斑块等原始信息，并且 CNN 会将这些原始信息传递给后面的层。

10.6.2　基于分层结构的信息提取

在堆叠多层的 CNN 中，从各层分别能提取怎样的信息呢？根据对深度学习可视化的相关研究，会发现从越靠后的层中提取的信息越抽象（神经元反应更强烈）。图 10.26 展示了进行一般物体（车或狗等）识别的 8 层 CNN。这个网络结构称为 AlexNet，AlexNet 网络堆叠了多个卷积层和池化层，最后通过全连接层输出结果。图 10.26 中的方块表示中间数据，对于这些中间数据，CNN 会连续应用卷积运算。

由图 10.26 可见，不同的卷积层提取了不同的信息。第 1 层的卷积层对边缘和斑块有响应，第 3 层的卷积层对纹理有响应，第 5 层的卷积层对物体部件有响应，最后的全连接层对物体类别（车或狗）有响应。可见，如果堆叠了多个卷积层，那么随着层次加深，提取的信息越来越复杂、抽象，即获取的信息越来越高级，这是深度学习中一个很有意思的地方。

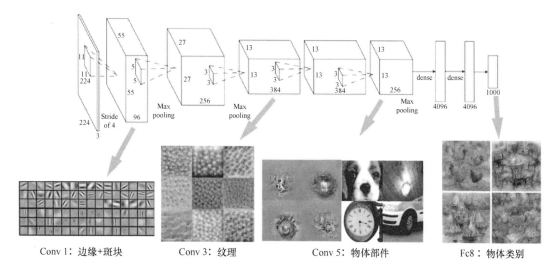

图 10.26　进行一般物体（车或狗等）识别的 8 层 CNN

10.7　具有代表性的卷积神经网络

迄今为止，专家、学者已经提出了很多关于 CNN 的网络结构。本节介绍其中比较重要的两个网络——1998 年首次提出的 CNN 元祖 LeNet 和 2012 年提出的备受关注的 AlexNet。

1. LeNet

LeNet 是进行手写数字识别的网络，LeNet 的网络结构如图 10.27 所示，可见，它有连续的卷积层和池化层，最后通过全连接层输出结果。

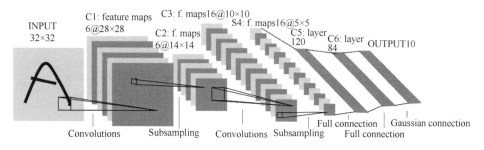

图 10.27　LeNet 的网络结构

与现在的 CNN 相比，LeNet 有如下几个特点。

一是激活函数。LeNet 使用 Sigmoid 函数作为激活函数，而现在的 CNN 主要使用 ReLU 函数作为激活函数。

二是原始的 LeNet 使用子采样（Subsampling）缩小中间数据的大小，而在现在的 CNN 使用 Max 池化缩小中间数据的大小。

2. AlexNet

在 LeNet 问世 20 多年后，AlexNet 被提出。AlexNet 是引发深度学习热潮的导火线，但是它的网络结构与 LeNet 基本相同，AlexNet 的网络结构如图 10.28 所示。

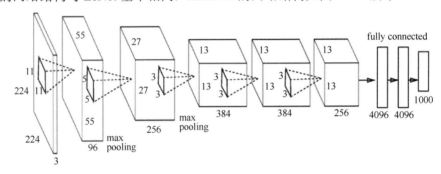

图 10.28　AlexNet 的网络结构

AlexNet 与 LeNet 有如下几个不同点。
- 激活函数使用 ReLU。
- 使用进行局部正规化的 LRN（Local Response Normalization）层。
- 使用 Dropout 方法，Dropout 方法是指在深度学习网络的训练过程中，对于神经网络单元，按照一定的概率将其暂时从网络中丢弃。

综上所述，LeNet 与 AlexNet 虽然网络结构相似，但是，它们在周围的环境和计算机技术方面都有很大的不同。具体地说，一方面，如今任何人都可能获得大量的数据；另一方面，擅长大规模并行运算的 GPU 得到普及，高速进行大量运算已经成为可能，大数据和 GPU 已成为深度学习发展的巨大动力。

第11章 项目实例-表情识别

人类习惯从面部表情中吸收非言语暗示，那么计算机可以吗？答案是肯定的，但是需要训练它学会识别情绪。本章主要介绍典型的人脸表情识别数据集 fer2013、加载 fer2013 数据集、断点续训及表情识别的 PyTorch 实现。

11.1 典型的人脸表情识别数据集 fer2013

11.1.1 fer2013 人脸表情数据集简介

fer2013 人脸表情数据集由 35886 张人脸表情图片组成，其中，训练图（Training）28708 张，公共测试图（Public Test）和私有测试图（Private Test）各 3589 张，每张图片由大小固定为 48 像素×48 像素的灰度图像组成，共有 7 种表情，分别对应数字标签 0~6，表情与数字标签的具体对应关系如下：0-anger（生气）；1-disgust（厌恶）；2-fear（恐惧）；3-happy（开心）；4-sad（伤心）；5-surprised（惊讶）；6-normal（中性）。

图 11.1 示意性地展示了 fer2013 数据集中的 4 张图片。

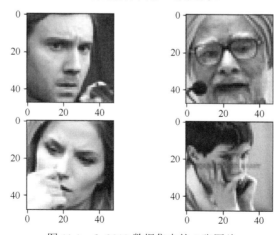

图 11.1 fer2013 数据集中的 4 张图片

实际上，fer2013 数据集并没有直接给出图片，而是将分别代表表情标签、图片数据、用途的数据保存到 csv 文件中，如图 11.2 所示。

```
emotion,pixels,Usage
0, 70 80 82 72 58 58 60 63 54
61 58 57 56 69 75 70 65 56 54
50 43 54 64 63 71 68 64 52 66
47 38 44 63 55 46 52 54 55 83
47 45 37 35 36 30 41 47 59 94
43 56 54 44 24 29 31 45 61 72
53 47 41 40 51 43 24 35 52 63
```

图 11.2　将分别代表表情、图片数据、用途的数据保存到 csv 文件中

图 11.2 中，第一行表示表头，说明每列数据的含义；第一列表示表情标签，第二列表示图片数据，此处指原始的图片数据，最后一列表示用途。

图 11.3 是 fer2013 数据集整体的 csv 文件，其中的表情标签并没有直接给出图片，而是给出了像素值，只需在整理的时候将其转换为图片即可。

	emotion	Usage	pixels
0	0	Training	70 80 82 72 58 58 60 63 54 58 60 48 89 115 121...
1	0	Training	151 150 147 155 148 133 111 140 170 174 182 15...
2	2	Training	231 212 156 164 174 138 161 173 182 200 106 38...
3	4	Training	24 32 36 30 32 23 19 20 30 41 21 22 32 34 21 1...
4	6	Training	4 0 0 0 0 0 0 0 0 0 0 3 15 23 28 48 50 58 84...
...	...	...	...
35882	6	PrivateTest	50 36 17 22 23 29 33 39 34 37 37 37 39 43 48 5...
35883	3	PrivateTest	178 174 172 173 181 188 191 194 196 199 200 20...
35884	0	PrivateTest	17 17 16 23 28 22 19 17 25 26 20 24 31 19 27 9...
35885	3	PrivateTest	30 28 28 29 31 30 42 68 79 81 77 67 67 71 63 6...
35886	2	PrivateTest	19 13 14 12 13 16 21 33 50 57 71 84 97 108 122...

35887 rows × 3 columns

图 11.3　fer2013 数据集整体的 csv 文件

11.1.2　将表情图片提取出来

知道数据结构后，首先使用 Pandas 库（Python 语言的一个扩展程序库，用于数据分析）解析 csv 文件，再将原始图片数据保存为 jpg 文件，并对用途和表情标签进行分类，分别保存到对应的文件夹下，代码如下：

```
#encoding:utf-8
import pandas as pd
import numpy as np
```

```python
import scipy.misc as sm
import os
emotions = {
    '0':'anger', #生气
    '1':'disgust', #厌恶
    '2':'fear', #恐惧
    '3':'happy', #开心
    '4':'sad', #伤心
    '5':'surprised', #惊讶
    '6':'normal', #中性
}
#创建文件夹
def createDir(dir):
    if os.path.exists(dir) is False:
        os.makedirs(dir)
def saveImageFromFer2013(file):
    #读取 csv 文件
    faces_data = pd.read_csv(file)
    imageCount = 0
    #遍历 csv 文件内容，并将图片数据分类保存
    for index in range(len(faces_data)):
        #解析 csv 文件每一行内容
        emotion_data = faces_data.loc[index][0]
        image_data = faces_data.loc[index][1]
        usage_data = faces_data.loc[index][2]
        #将图片数据转换成 48*48 像素矩阵
        data_array = list(map(float, image_data.split()))
        data_array = np.asarray(data_array)
        image = data_array.reshape(48, 48)
        #选择分类，并创建文件名
        dirName = usage_data
        emotionName = emotions[str(emotion_data)]
        #要保存图片的文件夹
        imagePath = os.path.join(dirName, emotionName)
        #创建"用途文件夹"和"表情"文件夹
        createDir(dirName)
        createDir(imagePath)
        #图片文件名
        imageName = os.path.join(imagePath, str(index) + '.jpg')
        sm.toimage(image).save(imageName)
        imageCount = index
    print('共有' + str(imageCount) + '张图片')
if __name__ == '__main__':
    saveImageFromFer2013('fer2011.csv')
```

运行后得到的文件夹如图 11.4 所示。

图 11.4 运行后得到的文件夹

可见，得到 3 个文件夹，每个文件下有相应表情的子文件夹，如图 11.5 所示。

图 11.5 每个文件下相应表情的子文件夹

子文件夹下又有相应的表情图片，如图 11.6 所示。

图 11.6 子文件夹下的表情图片

11.2 加载 fer2013 数据集

下面是加载 fer2013 数据集的代码：

```
import matplotlib.pyplot as plt
import numpy as np
import pandas as pd
def load_data(data_file):
    """ loads fer2013.csv dataset
```

```
# Arguments: data_file fer2013.csv
# Returns: faces and emotions
            faces: shape (35887,48,48,1)
            emotions: are one-hot-encoded
"""
data = pd.read_csv(data_file) #读取数据集
pixels = data['pixels'].tolist() #图片
width, height = 48,48 #图片的宽、高
faces = []
for pixel_sequence in pixels:
    face = [int(pixel) for pixel in pixel_sequence.split(' ')]
    face = np.asarray(face).reshape(width,height)
    faces.append(face)
faces = np.asarray(faces)
print(faces.shape)
#faces = preprocess_input(faces)
faces = np.expand_dims(faces,-1)
df = pd.get_dummies(data['emotion'])
emotions = df.as_matrix()
return faces, emotions
def preprocess_input(images):
    """ preprocess input by substracting the train mean
    # Arguments: images or image of any shape
    # Returns: images or image with substracted train mean (129)
    """
    images = images/255.0
    return images
```

由上述代码可知,load_data 函数的输入为 fer2013.csv 文件的路径,返回值为一个元组,包含 faces 的图像矩阵和 emotions 的 one-hot-encoded 矩阵。data = pd.read_csv(data_file)表示利用 Pandas 库读取 csv 文件到 data 变量中。pixels = data['pixels'].tolist()表示返回一个列表,列表中的每个数据如下:

```
70 80 82 72 58 58 60 63 54 58 60 48 89 115 121 119 115 110 98 91 84 84 90 99 110 126
133 153 158 171 169 172 169 165 129 110 113 107 95 79 66 62 56 57 61 52 43 41 65 61
58 57 56 69 75 70 65 56 54 105 136 154 151 151 155 ...
```

列表中的每个数据都是表情图片像素点的值集合,用空格进行分隔。遍历图片列表,代码如下:

```
for pixel_sequence in pixels:
    face = [int(pixel) for pixel in pixel_sequence.split(' ')]
    face = np.asarray(face).reshape(width,height)
    faces.append(face)
```

接着再将其转换为 48*48 的像素矩阵,并加入列表 faces 中:

```
faces = np.asarray(faces)
```

然后将列表 faces 再次转换为 NumPy 矩阵,此时 faces 的形状为(35887,48,48)。

```
faces = np.expand_dims(faces,-1)
```

再扩充 faces 的维度,扩充后的形状为(35887,48,48,1),进行此操作的目的是将数据转换为符合神经网络输入图片格式(height,width,通道),代码如下:

```
df = pd.get_dummies(data['emotion'])
```

其中,pd.get_dummies(data['emotion'])获得每个表情分类的 one-hot 表示,并返回一个 dataframe,最后通过调用,将其类型转换为矩阵。

```
emotions = df.as_matrix()
```

11.3 断点续训

在神经网络训练中难免遇到停电、死机等情况,导致训练无法进行,如果没有设置断点续训,那么就得从头开始,非常浪费时间和资源。要实现断点续训,首先要保存之前训练的模型,除此之外,还有优化器的状态。这是因为目前很多优化器的参数是会随着训练而不断变化的。

11.3.1 Checkpoint 神经网络模型

Checkpoint 是一种为长时间运行进程所准备的容错技术,也是一种当系统故障时拍摄系统状态快照的方法,可防止出现问题时进度全部丢失。Checkpoint 可以直接使用,也可以作为从它停止的位置开始重新运行的起点。在训练深度学习模型时,Checkpoint 是模型的权重,既可以用于预测,也可以作为持续训练的基础。

Keras 库通过回调 API 提供 Checkpoint 功能。ModelCheckpoint 回调类允许定义检查模型权重的位置在何处,文件应如何命名,以及在什么情况下创建模型的 Checkpoint。API 可以指定要监视的指标,如训练或验证数据的准确性;还可以指定是否寻求最大化或最小化分数的改进。最后,用于存储权重的文件名可以包括诸如训练次数的编号或标准的变量。当模型调用 fit 函数时,可以将 ModelCheckpoint 传递给训练过程。注意,上述操作可能需要安装 h5.py 库,以 HDF5 格式输出网络权重。

11.3.2 Checkpoint 神经网络模型改进

当应用 Checkpoint 功能时,应在每次训练中观察利于神经网络模型改进的输出模型权重。下面创建一个小型神经网络,分析 Pima 印第安人发生糖尿病的二元分类问题。可以在 UCI 机器学习库下载数据集,数据集下载地址如下:https://raw.githubusercontent.com/jbrownlee/Datasets/master/pima-indians-diabetes.data.csv。

本示例使用 33%的数据进行验证。

当验证数据的分类精度提高时,用 Checkpoint 保存网络权重(monitor='val_acc' and

mode='max')。权重存储在一个包含评价的文件中(weights-improvement-{val_acc=.2f}.hdf5)。下面是应用 Checkpoint 功能的源代码：

```python
# Checkpoint the weights when validation accuracy improves
from keras.models import Sequential
from keras.layers import Dense
from keras.callbacks import ModelCheckpoint
import matplotlib.pyplot as plt
import numpy# fix random seed for reproducibility
seed = 7
numpy.random.seed(seed)
# load pima indians dataset
dataset = numpy.loadtxt("pima-indians-diabetes.csv", delimiter=",")
# split into input (X) and output (Y) variables
X = dataset[:,0:8]
Y = dataset[:,8]# create model
model = Sequential()
model.add(Dense(12, input_dim=8, kernel_initializer='uniform', activation='relu'))
model.add(Dense(8, kernel_initializer='uniform', activation='relu'))
model.add(Dense(1, kernel_initializer='uniform', activation='sigmoid'))
# Compile model
model.compile(loss='binary_crossentropy', optimizer='adam', metrics=['accuracy'])
# checkpoint
filepath="weights-improvement-{epoch:02d}-{val_acc:.2f}.hdf5"
checkpoint = ModelCheckpoint(filepath, monitor='val_acc', verbose=1, save_best_only=True, mode='max')
callbacks_list = [checkpoint]
# Fit the model
model.fit(X, Y, validation_split=0.33, epochs=150, batch_size=10, callbacks=callbacks_list, verbose=0)
```

运行代码，输出如下（有删减）：

```
...
Epoch 00134: val_acc did not improve
Epoch 00135: val_acc did not improve
Epoch 00136: val_acc did not improve
Epoch 00137: val_acc did not improve
Epoch 00138: val_acc did not improve
Epoch 00139: val_acc did not improve
Epoch 00130: val_acc improved from 0.83465 to 0.83858, saving model to weights-improvement-130-0.84.hdf5
Epoch 00131: val_acc did not improve
Epoch 00132: val_acc did not improve
Epoch 00133: val_acc did not improve
Epoch 00134: val_acc did not improve
```

Epoch 00135: val_acc did not improve
Epoch 00136: val_acc improved from 0.83858 to 0.84252, saving model to weights-improvement-136-0.84.hdf5
Epoch 00137: val_acc did not improve
Epoch 00138: val_acc improved from 0.84252 to 0.84252, saving model to weights-improvement-138-0.84.hdf5
Epoch 00139: val_acc did not improve

另外，在工作目录中会包含多个 HDF5 格式的网络权重文件，例如：

```
...
weights-improvement-53-0.76.hdf5
weights-improvement-71-0.76.hdf5
weights-improvement-77-0.711.hdf5
weights-improvement-99-0.711.hdf5
```

上述介绍的 Checkpoint 功能是非常简单的。如果验证精度在训练周期内上下波动，那么可能会创建大量不必要的 Checkpoint 文件。然而，这将确保发现运行期间的最佳模型的快照。

11.3.3　Checkpoint 最佳神经网络模型

如果验证精度提高，那么更简单的 Checkpoint 功能是将模型权重保存到相同的文件中。这可以使用以下代码轻松完成，并将输出文件名更改为不包括评价或次数的信息的固定的名称。在这种情况下，只有当验证数据的模型的分类精度提高到当前最佳时，才会将模型权重写入文件 weights.best.hdf5 中。

```python
# Checkpoint the weights for best model on validation accuracy
from keras.models import Sequential
from keras.layers import Dense
from keras.callbacks import ModelCheckpoint
import matplotlib.pyplot as plt
import numpy
# fix random seed for reproducibility
seed = 7
numpy.random.seed(seed)
# load pima indians dataset
dataset = numpy.loadtxt("pima-indians-diabetes.csv", delimiter=",")
# split into input (X) and output (Y) variables
X = dataset[:,0:8]
Y = dataset[:,8]
# create model
model = Sequential()
model.add(Dense(12, input_dim=8, kernel_initializer='uniform', activation='relu'))
model.add(Dense(8, kernel_initializer='uniform', activation='relu'))
model.add(Dense(1, kernel_initializer='uniform', activation='sigmoid'))
# Compile model
```

```
model.compile(loss='binary_crossentropy', optimizer='adam', metrics=['accuracy'])
# checkpoint
filepath="weights.best.hdf5"
checkpoint = ModelCheckpoint(filepath, monitor='val_acc', verbose=1, save_best_only=True, mode='max')
callbacks_list = [checkpoint]
# Fit the model
model.fit(X, Y, validation_split=0.33, epochs=150, batch_size=10, callbacks=callbacks_list, verbose=0)
```

运行代码，输出如下（有删减）：

```
...
Epoch 00139: val_acc improved from 0.79134 to 0.79134, saving model to weights.best.hdf5
Epoch 00130: val_acc did not improve
Epoch 00131: val_acc did not improve
Epoch 00132: val_acc did not improve
Epoch 00133: val_acc did not improve
Epoch 00134: val_acc improved from 0.79134 to 0.79528, saving model to weights.best.hdf5
Epoch 00135: val_acc improved from 0.79528 to 0.79528, saving model to weights.best.hdf5
Epoch 00136: val_acc did not improve
Epoch 00137: val_acc did not improve
Epoch 00138: val_acc did not improve
Epoch 00139: val_acc did not improve
```

另外，在本地目录中可看到权重文件：

```
weights.best.hdf5
```

上面介绍的是一个常用的、方便的 Checkpoint 功能。它将确保最佳模型被保存，以便后续使用。它避免了手动输入代码进行跟踪的麻烦，并在训练时序列化最佳模型。

11.3.4 加载 Checkpoint 神经网络模型

加载 Checkpoint 神经网络模型，利用该模型对整个数据集进行预测，代码如下：

```
# How to load and use weights from a checkpoint
from keras.models import Sequential
from keras.layers import Dense
from keras.callbacks import ModelCheckpoint
import matplotlib.pyplot as plt
import numpy
# fix random seed for reproducibility
seed = 7
numpy.random.seed(seed)# create model
model = Sequential()
model.add(Dense(12, input_dim=8, kernel_initializer='uniform', activation='relu'))
model.add(Dense(8, kernel_initializer='uniform', activation='relu'))
model.add(Dense(1, kernel_initializer='uniform', activation='sigmoid'))
```

```python
# load weights
model.load_weights("weights.best.hdf5")
# Compile model (required to make predictions)
model.compile(loss='binary_crossentropy', optimizer='adam', metrics=['accuracy'])
print("Created model and loaded weights from file")
# load pima indians dataset
dataset = numpy.loadtxt("pima-indians-diabetes.csv", delimiter=",")
# split into input (X) and output (Y) variables
X = dataset[:,0:8]
Y = dataset[:,8]
# estimate accuracy on whole dataset using loaded weights
scores = model.evaluate(X, Y, verbose=0)
print("%s: %.2f%%" % (model.metrics_names[1], scores[1]*100))
```

运行结果如下：

```
Created model and loaded weights from file
acc: 77.73%
```

断点续训的代码如下：

```python
# Checkpoint the weights for best model on validation accuracy
from keras.models import Sequential
from keras.layers import Dense
from keras.callbacks import ModelCheckpoint
import matplotlib.pyplot as plt
import numpy
# fix random seed for reproducibility
seed = 7
numpy.random.seed(seed)
# load pima indians dataset
dataset = numpy.loadtxt("pima-indians-diabetes.csv", delimiter=",")
# split into input (X) and output (Y) variables
X = dataset[:,0:8]
Y = dataset[:,8]# create model
model = Sequential()
model.add(Dense(12, input_dim=8, kernel_initializer='uniform', activation='relu'))
model.add(Dense(8, kernel_initializer='uniform', activation='relu'))
model.add(Dense(1, kernel_initializer='uniform', activation='sigmoid'))
# # load weights
model.load_weights("weights.best.hdf5")
# Compile model
model.compile(loss='binary_crossentropy', optimizer='adam', metrics=['accuracy'])
# checkpoint
filepath="weights.best.hdf5"
checkpoint = ModelCheckpoint(filepath, monitor='val_acc', verbose=1, save_best_only=True, mode='max')
```

```
callbacks_list = [checkpoint]
# Fit the model
model.fit(X, Y, validation_split=0.33, epochs=150, batch_size=10, callbacks=callbacks_list, verbose=0)
```

11.4 表情识别的 PyTorch 实现

11.4.1 数据整理

将分类好的数据转换为图片,先将其分为训练数据和验证数据两个文件夹,代码如下:

```
import numpy as np
import pandas as pd
from PIL import Image
import os
train_path = './data/train/' #训练数据路径
vaild_path = './data/vaild/'
data_path = '../fer2011.csv'
def make_dir():
    for i in range(0,7):
        p1 = os.path.join(train_path,str(i))
        p2 = os.path.join(vaild_path,str(i))
        if not os.path.exists(p1):
            os.makedirs(p1)
        if not os.path.exists(p2):
            os.makedirs(p2)
#保存图片
def save_images():
    df = pd.read_csv(data_path) #csv 文件
    t_i = [1 for i in range(0,7)]
    v_i = [1 for i in range(0,7)]
    for index in range(len(df)):
        emotion = df.loc[index][0]
        usage = df.loc[index][2]
        image = df.loc[index][1]
        data_array = list(map(float, image.split()))
        data_array = np.asarray(data_array)
        image = data_array.reshape(48, 48)
        im = Image.fromarray(image).convert('L')# 8 位黑白图片
        if(usage=='Training'):
            t_p = os.path.join(train_path,str(emotion),'{}.jpg'.format(t_i[emotion]))
            im.save(t_p)
            t_i[emotion] += 1
            #print(t_p)
```

```
                else:
                    v_p = os.path.join(vaild_path,str(emotion),'{}.jpg'.format(v_i[emotion]))
                    im.save(v_p)
                    v_i[emotion] += 1
                    #print(v_p)
make_dir()
save_images()
```

11.4.2 简单分析

图 11.7 是表情分布情况，可见表示厌恶表情的数据特别少，表示其他表情的数据相对平均。

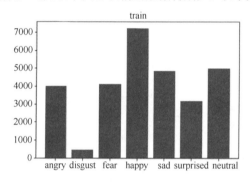

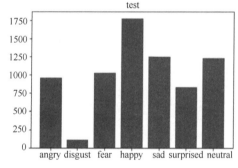

图 11.7　表情分布情况

11.4.3 数据增强处理

对上述图片做数据增强处理，代码如下：

```
import torch
import torchvision
import torchvision.transforms as transforms
import cv2
import numpy as np
import matplotlib.pyplot as plt
BATCH_SIZE=200
path_train = './data/train/'
```

```python
path_vaild = './data/vaild/'
transforms_train = transforms.Compose([
    transforms.Grayscale(),#若使用 ImageFolder，则默认扩展为三通道
    transforms.RandomHorizontalFlip(),#随机翻转
    transforms.ColorJitter(brightness=0.5, contrast=0.5),#随机调整亮度和对比度
    transforms.ToTensor()
])
transforms_vaild = transforms.Compose([
    transforms.Grayscale(),
    transforms.ToTensor()
])
data_train = torchvision.datasets.ImageFolder(root=path_train,transform=transforms_train)
print(data_train[0][0])
data_vaild = torchvision.datasets.ImageFolder(root=path_vaild,transform=transforms_vaild)
train_set = torch.utils.data.DataLoader(dataset=data_train,batch_size=BATCH_SIZE,shuffle=True)
vaild_set = torch.utils.data.DataLoader(dataset=data_vaild,batch_size=BATCH_SIZE,shuffle=False)
for i in range(1,16+1):
    plt.subplot(4,4,i)
plt.imshow(data_train[0][0].reshape(-1,48*48),cmap='Greys_r')
    plt.axis('off')
plt.show()
```

11.4.4 模型搭建

使用 nn.Sequential 函数可快速实现模型搭建，代码如下：

```python
CNN = nn.Sequential(
    nn.Conv2d(1,64,3),
    nn.ReLU(True),
    nn.MaxPool2d(2,2),
    nn.Conv2d(64,256,3),
    nn.ReLU(True),
    nn.MaxPool2d(3,3),
    Reshape(),#在卷积和池化后，tensor 的形状为（batchsize,256,7,7）
    nn.Linear(256*7*7,4096),
    nn.ReLU(True),
    nn.Linear(4096,1024),
    nn.ReLU(True),
    nn.Linear(1024,7)
)
class Reshape(nn.Module):
    def __init__(self, *args):
        super(Reshape, self).__init__()
    def forward(self, x):
        return x.view(x.shape[0],-1)
```

编写 Reshape 类，实现 tensor 的格式变换，以便传入全连接层，代码如下：

```
class Reshape(nn.Module):
    def __init__(self, *args):
        super(Reshape, self).__init__()
    def forward(self, x):
        return x.view(x.shape[0],-1)
```

11.4.5 对比几种模型的训练过程

下面对比几种模型的训练过程。

1. fer2013 收敛效果

图 11.8 是 fer2013 的收敛效果。由图 11-8 可见，在第 17 个 epoch 时，验证数据的识别精度达到极值。

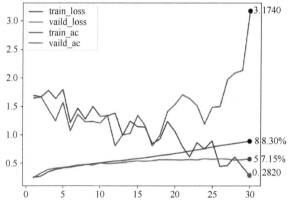

图 11.8 fer2013 的收敛效果

2. VGG[①]收敛效果

图 11.9 是 VGG 的收敛效果。

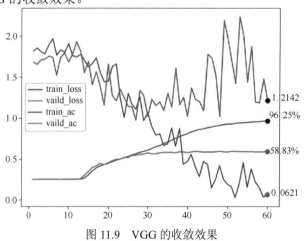

图 11.9 VGG 的收敛效果

---

① VGG 是 Oxford 的 Visual Geometry Group 提出的网络，该网络获得 2014 年 ILSVRC 竞赛的第二名，该网络证明了增加网络的深度能够在一定程度上影响网络最终的性能。

VGG 的优点为能使用相同的模块快速加深网络，更深的网络可能会带来更好的训练效果，因此可以增加训练次数观察曲线。

3. ResNet[②]收敛效果

图 11.10 是 ResNet 的收敛效果。

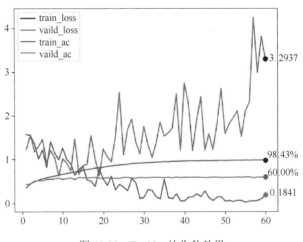

图 11.10　ResNet 的收敛效果

由图可见，经过 60 个 epoch 后，模型收敛，并且此时模型对 fer2013 Publi Test 的识别精度为 98.43%，对 Private Test 的识别精度为 60%，而人眼分辨 fer2013 Public Test 的准确率为 65% 左右。

综上所述，ResNet 对室内人脸和表情识别较为准确，但在复杂环境中其分辨能力有所下降。

---

② ResNet（Deep Residual Network，深度残差网络）是一种完成许多计算机视觉任务的经典神经网络，该网络获得 2015 年 ImageNet 挑战赛的第 1 名。ResNet 最根本的突破在于它使得我们可以训练成功非常深的神经网络，在 ResNet 出现之前，由于梯度消失的问题，训练非常深的神经网络是非常困难的。